A Review of Global Cyberspace Security
Strategy and Policy（2021-2022）

全球网络空间安全
战略与政策研究
（2021—2022）

赵志云 李欣 谢袆 卞丽娟◎编著

人 民 邮 电 出 版 社

北 京

图书在版编目（CIP）数据

全球网络空间安全战略与政策研究. 2021—2022 /
赵志云等编著. -- 北京：人民邮电出版社，2022.11
ISBN 978-7-115-59798-4

Ⅰ. ①全… Ⅱ. ①赵… Ⅲ. ①网络安全－研究－世界
－2021-2022 Ⅳ. ①TN915.08

中国版本图书馆CIP数据核字(2022)第147154号

内 容 提 要

　　本书聚焦网络空间安全领域的战略与政策问题，从网络安全防护、数据治理、内容管理、信息化发展等方面系统梳理了 2021 年全球网络空间安全政策动态，分析了每个月的态势和特点，重点研究了美国、英国、俄罗斯、日本、韩国等国家及欧盟的网络安全政策变化发展情况，同时对一些重点国家和组织的战略政策文件、智库报告等进行了摘编评述和翻译，全景式展现和反映了 2021 年全球网络空间安全政策的变化形势。本书主要面向党政机关、事业单位、高校、科研机构、企业等相关从业人员，可以帮助读者了解 2021 年全球网络空间安全的方方面面。

　◆ 编　　著　赵志云　李　欣　谢　祎　卞丽娟
　　　责任编辑　唐名威
　　　责任印制　马振武

　◆ 人民邮电出版社出版发行　　北京市丰台区成寿寺路 11 号
　　邮编　100164　　电子邮件　315@ptpress.com.cn
　　网址　https://www.ptpress.com.cn
　　固安县铭成印刷有限公司印刷

　◆ 开本：700×1000　1/16
　　印张：16.75　　　　　　　　2022 年 11 月第 1 版
　　字数：274 千字　　　　　　 2022 年 11 月河北第 1 次印刷

定价：159.80 元

读者服务热线：**(010)81055493**　印装质量热线：**(010)81055316**
反盗版热线：**(010)81055315**
广告经营许可证：京东市监广登字 20170147 号

当今世界正经历百年未有之大变局，新一轮科技革命和产业变革深入发展，以互联网为代表的信息技术日新月异，深刻改变了人们的生产和生活方式，拓展了国家治理新领域，极大提高了人类认识世界、改造世界的能力。

我国是互联网发展大国，党和国家高度重视网络安全在经济社会发展和国家安全中的重要作用。党的十八大以来，我国互联网事业快速发展，网络安全和信息化工作扎实推进，取得了显著进步，也面临着新的风险和挑战。新冠肺炎疫情肆虐、世界经济低迷、国家间竞争和博弈加剧等都对网络空间安全和治理提出了新的要求。为了实现建设网络强国战略目标，必须统筹国内国际两个大局、发展安全两件大事，与世界各国携手构建网络空间命运共同体，共同维护网络空间和平与安全，促进开放与合作。

为了整体把握 2021 年全球网络空间安全战略和政策形势，本书系统梳理了 2021 年部分国家（地区）和组织在网络空间安全领域的主要战略政策动向，跟踪分析了重点领域的趋势特点，并对部分国家（地区）和组织的安全政策、实际举措做出分析研判。全书分 4 章：第 1 章对 2021 年重点国家（地区）和组织的网络治理举措和网络空间重点领域重要动向和发展趋势进行了概括性评述；第 2 章按月份对 2021 年全球网络空间形势进行了分析研判；第 3 章对 2021 年全球部分国家和组织出台的具有代表性的重要网络安全战略、政策及立法进行了摘述；第 4 章编译了 2021 年美国等国家和欧盟出台的部分政策文件，以及相关智库报告。全书在描述相关事件时若没有特意指出具体年份，均默认为 2021 年。

本书力图通过对 2021 年全球主要国家（地区）和组织的网络安全政策进行全景梳理，为相关部门决策提供参考依据。同时，本书也适合高校和相关机构的科研人员及与网络治理相关的专业人员阅读，并期望为对网络空间安全问题感兴趣的读者掌握全球宏观形势提供帮助。

本书受到 2021 年度国家社会科学基金重大项目"网络信息安全监管的法治体系构建研究"（No.2021&ZD194）的资助。

目　录

第 1 章

全球网络安全和信息化发展总体形势

1.1 2021 年美国网络空间治理动向综述

2021 年，美国进一步强化网络空间监管，在网络信息安全、隐私保护、平台监管、内容管理、技术发展、网络攻防等方面出台一系列政策措施，通过行政命令、法律法规、人才和机构建设、部门行动计划等方式加强网络信息安全保障。

一、2021 年美国网络空间主要动向

（一）行政立法先行，加强战略规划，保障网络安全

一是发布多项行政命令，保障网络安全。3 月 3 日，拜登政府发布一份《临时国家安全战略纲要》，把网络安全作为重中之重和政府工作当务之急，鼓励私营部门与各级政府合作，增强网络空间战备能力和应变能力。5 月 12 日，拜登签署《改善国家网络安全行政令》，旨在通过保护联邦网络、改善美国政府与私营部门间在网络问题上的信息共享以及增强美国对事件发生时的响应能力，提高国家网络安全防御能力。此外，拜登还延长了制裁网络攻击和网络犯罪的行政命令。二是批准一系列涉及网络安全的两党法案。2021 年，美国众议院及其下属委员会通过了一系列涉及网络安全的法案，从增加投入、改进漏洞报告机制、抵御网络攻击、加强关键系统安全、确保电信网络安全性、评估供应链公司竞争力等方面进行立法，不断提升美国的网络安全保障能力，抵御外部威胁。相关法案包括《州和地方网络安全改进法案》《网络安全漏洞补救法案》《网络安全与基础设施安全局（Cybersecurity and Infrastructure Security Agency，CISA）网络演习法案》《2021 年工业控制系统能力增强法案》《网络感知法案》《2021 年安全设备法》《通信安全咨询法案》《信息和通信技术战略法案》等。特别是，1 月 1 日，美国国会参议院表

决通过《2021 财年国防授权法案》，新授权"国土安全部网络部门追踪政府网络上的威胁"，赋予国土安全部 CISA 发出行政传票的权力，增强该机构调查私营部门网络黑客攻击的能力。9 月 23 日，美国众议院通过了《2022 财年国防授权法案》修正案，着重强化网络安全、创新技术和信息系统的发展意识，并大幅增加对关键研发领域的投资。三是政府多个重要部门发布网络战略。以国土安全部（Department of Homeland Security，DHS）、CISA、国家安全局（National Security Agency，NSA）为首的关键部门不断提高对网络安全的关注度，加大网络安全投入，应对勒索软件攻击，加强关键基础设施的网络弹性等。DHS 2 月 25 日宣布，将增加 2500 万美元拨款以增强政府网络安全，并提出一系列计划以打击勒索软件。CISA 2 月 19 日发布《CISA全球参与》，概述了 CISA 将如何与国际伙伴开展合作，以履行职责、开展工作，与合作伙伴团结一致，共同致力于提高对网络安全的认识，促进信息共享，增强关键基础设施、供应链和全球网络生态系统的安全性和弹性等。NSA 发布了网络安全框架——D3FEND，旨在加强国家安全系统以及国防工业基础的网络弹性。

（二）健全机构设置，完善人事布局，加强队伍建设

一是拜登政府一系列涉及网络安全的人事任命悉数到位。美国参议院公布涉及网络工作的各委员会领导层名单。安妮·纽伯格被任命为网络安全顾问，并加入美国国家安全委员会（National Security Council，NSC）。克里斯·英格利斯当选为国家网络总监。拜登竞选团队中的前高级网络官员克里斯·德鲁沙担任联邦首席信息安全官（Chief Information Security Officer，CISO），网络安全行业的资深人士阿米特·米塔尔担任国家安全委员会的网络安全策略和政策高级总监，并兼任总统特别助理。美国国务院聘请曾在国土安全部多个高级职位上有多年经验的系统工程师马修·格拉维斯担任其首位常任首席数据官（Chief Data Officer，CDO）。二是大刀阔斧改革机构，为新部门授权扩权。白宫科技政策办公室（Office of Science and Technology Policy，OSTP）成立国家人工智能（Artificial Intelligence，AI）倡议办公室，主要负责执行国家的人工智能战略，并监督和协调联邦政府和私人部门之间的研究工作。众议院军事委员会新成立了网络、创新技术和信息系统小组委员会，对网络安全行动和部队、IT 系统、人工智能政策和程序、电子战政策和计算机软件采购政策拥有管辖权。10 月 27 日，美国国务院宣布成立网络空间和数字政策局，负责处理网络安全和新兴技术问题，以协助美国的网络外交行动。

（三）直面新型冠状病毒肺炎疫情下的网络安全风险，强化安全评估、防范措施

针对新型冠状病毒肺炎（COVID-19，以下简称新冠肺炎）疫情带来的网络攻击、隐私泄露、数据滥用、虚假信息泛滥等诸多网络安全风险，美国多措并举。一是发布《新冠肺炎疫情反应和应急国家战略》，要求实施网络威胁风险评估。该战略提出了涉及网络安全的应对措施，要求国家情报总监进行网络威胁风险评估；建议联邦政府采取措施应对新冠肺炎疫情带来的网络威胁；建议国家情报总监在联邦政府的指导下，制定措施保护生物技术基础设施，避免受网络攻击和发生知识产权盗窃，提供及时有效的响应措施等。二是提出法案加强新冠肺炎疫情防控期间隐私及健康数据的安全性。1月28日，20多名美国两院议员提出一项名为《公共卫生紧急状况隐私法》的立法，旨在加强与新冠肺炎疫情大流行有关的个人健康数据的隐私与安全性。三是要求企业阻止有关新冠肺炎疫苗的虚假信息传播。美国众议院能源和商业委员会的民主党领导人弗兰克·帕隆2月2日致信脸谱网（Facebook）、谷歌（Google）和推特（Twitter）的首席执行官称，希望了解科技巨头正在采取什么措施来制止平台上关于新冠肺炎疫苗的虚假信息以及效果如何。

（四）高度重视网络安全领域供应链、产业链安全

一是拜登签署行政命令或扩展到信息技术产品。1月25日，拜登签署"确保未来由美国工人在美国制造"的行政命令，要求将更多联邦政府支出花在美国企业身上，以便美国企业和产品优先被联邦政府采购，从而刺激美国国内制造业发展。二是美国商务部发布《确保信息和通信技术及服务供应链安全》规则。1月19日，美国商务部发布《确保信息和通信技术及服务供应链安全》的最新规则，建立并完善"用于识别、评估和处理美国人与外国人之间涉及设计、开发、制造或提供信息和通信技术或服务的某些交易（包括交易类别）"的流程和程序。三是全面审查美国关键供应链以减少对其他国家的技术依赖。2月24日，拜登签署《美国供应链行政令》，为了确保关键供应链安全，规定对4个关键行业进行为期100天的针对性审查，并对更多的行业进行为期一年的全面审查，以减少美国在稀土、药物原料和半导体等领域对他国的依赖。

二、2021 年美国网络信息安全领域特点分析

（一）网络安全立法及举措不断更新完善

拜登政府对网络安全的重视日益加强，通过发布行政命令、战略计划和立法等举措，赋予网络安全机构更大的权利，提高网络安全的重要性，将网络犯罪、网络安全准则、软件和供应链安全、网络恢复能力、网络审查、威胁情报收集分析、保持新兴技术领先地位等新要求、新变化纳入保障网络安全的范畴，打击网络攻击行为，不断完善美国的网络安全框架和国家战略。大力加强对网络安全和信息技术的投入，通过各种法案、计划、方案，提高网络安全预算资金，计划总投入为数百亿美元，同时加强网络安全培训，更新网络知识，提高实战经验。

（二）多方面加强对社交媒体平台的监管

2021 年，美国累计提出《网络恐怖主义预防法案》《新闻竞争与保护法案》《社交媒体数据法案》《打击大型科技公司法案》等社交媒体平台监管法案 20 余部，强化对科技巨头和社交媒体的监管。美国政府围绕新闻付费、数字内容分销、互联网企业兼并等进行规范和约束，打破大型科技企业的垄断地位，加强对科技巨头的反垄断调查。同时，加强对社交媒体有害信息的监管和审查，要求社交媒体平台对信息内容承担更多责任，提高透明度，加强问责制和消费者保护力度，负责对平台上的内容进行审核，防范外国势力通过社交媒体传播虚假信息，进行政治分裂。同时，要求社交媒体加强隐私保护，提高数据使用透明度，保护消费者合法权益。美国两党参议员提出《社交媒体隐私保护和消费者权益法案》，允许用户拒绝数据跟踪，并要求科技公司在如何使用消费者数据方面更加透明。

（三）重视个人数据保护，形成隐私立法潮流

自 2021 年以来，美国各州高度重视消费数据和隐私保护，累计出台各类消费数据和隐私法案 30 余部，涵盖健康、生物等数据，将消费者隐私保护推至最前端。加利福尼亚州修改隐私法，增加了更严格的数据收集惩处条款。弗吉尼亚州州长签署了《消费者数据保护法》，这标志着弗吉尼亚州成为美国第二个通过全面数据隐私法的州。内华达州州长签署新互联网隐私法案，对数据经纪人收集数据进行了详细的规定。科罗拉多州州长签署《科罗拉多州隐私法案》，这使得该州成为继加利福尼亚州和弗吉尼亚州之后第三个拥有全面数据

隐私法的州。佛罗里达州众议院通过《佛罗里达州消费者隐私法案》，要求公司披露其正在收集的数据，并迫使其根据消费者的要求删除这些数据。犹他州参议院制定《消费者隐私和商业电子邮件法案》，规定了消费者访问、更正和删除某些个人数据的权利。纽约州提出《生物识别隐私法》，为生物识别码、生物识别信息数据库以及机密和敏感信息添加新定义。华盛顿州议会再次审议2021年《华盛顿州隐私法案》，提出《人民隐私法案》，赋予消费者保护隐私的权利，设计"黄金标准"规范数据收集。马里兰州众议院拟议生物识别信息隐私法案，为拥有个人的"生物识别符"和"生物识别信息"的"私人实体"建立规则。得克萨斯州、阿拉斯加州、亚拉巴马州、俄勒冈州、科罗拉多州、宾夕法尼亚州、俄亥俄州、俄克拉何马州等州也提出了消费者隐私法，形成一股美国各州争相出台消费者隐私保护法的潮流。

（四）加强对我国网信战略博弈和施压

美国采取多手段对我国科技企业进行打压，督促出台多项涉华法案。美国议员提出《2021年安全设备法》《美国公司回国法案》《我们在中国的资金透明度法案》《中国技术转让控制法案》《中国债务偿还决议》《民主技术合作法案》等针对我国的法案。6月，美国国会参议院通过《2021年美国创新与竞争法》，旨在向美国技术、科学和研究领域投资逾2000亿美元，强调通过战略、经济、外交、科技等手段同我国开展竞争。此外，美国设立新机构专门负责网络外交活动，构建网络外交思路，提高美国处理国际网络安全合作问题的能力。9月，美日印澳举办"四方安全对话"首次领导人峰会，明确四方在尖端技术标准方面加强协同；9月底，美国－欧盟贸易和技术委员会（Tradeand Technology Council，TTC）举办首次会议，决定成立技术标准、供应链安全、出口管制、投资筛选、应对全球贸易挑战等10个工作组，强化美、欧相关领域政策和行动协调，进一步深化跨大西洋经贸关系和技术合作，全方位应对中国。

三、对我国的启示及建议

（一）持续完善网信领域法律法规建设

全面贯彻落实现有法律法规，尽早出台实施细则，切实保护信息安全、数据安全和网络安全。加强我国法律体系与国际通行做法或相关规定的对接，破除融入国际网络规则体系的法律障碍。从法律层面，完善供应链评估、审查机制，确保我国供应链安全。

（二）密切关注美国网络空间动向，妥善做好危机管控和应对

应密切关注美国的政策动向，积极主动推进双边对话机制建设，开展有效的对话沟通，通过对话深化务实合作，尤其应与美国探讨建立危机管控机制。在对美国合作保持善意的同时，也要做好充分准备，坚决回击美国可能的挑衅行为，有效维护国家安全和经济利益。

（三）加强网信领域国际交流合作，完善互联网国际治理体系

积极巩固同亚洲、东盟、拉丁美洲、非洲、"一带一路"沿线等区域的合作，从双边合作入手带动区域合作、多边合作，与有关国家共同解决发展动能不足、数字鸿沟扩大、网络安全威胁、个人隐私保护等问题，积极推动构建网络空间命运共同体。

1.2　2021 年欧盟和英国数据跨境传输政策动向综述

近年来，当数据流动伴随数字经贸和社会交往越来越活跃时，国家安全、本国数字市场利益保护、公共道德和个人隐私保护等诸多关切随之出现。如何在数据跨境管理中平衡大数据自由流动和有效独立管治间的矛盾，始终是各国关注的焦点。

由于数据跨境传输至今未形成全球统一的规则体系，区域性的传输协议常常只能维持暂时的平衡与共识。2020 年发生了两件大事：其一，欧盟于 2020 年 7 月宣布《欧美隐私盾牌》协定失效（Schrems Ⅱ判决），跨大西洋数据传输规则一时间失去了共识；其二，英国与欧盟于 2020 年 12 月底达成"脱欧"贸易协议，欧盟与英国之间的数据传输面临关系的重塑。因此 2021 年对于数据跨境传输的规制体系来讲是关键的一年，诸多国家关注着规则的重建。

一、2021 年数据跨境传输方面的重大动态

（一）欧盟出台新的跨境传输标准合同条款（Standards Contractual Clauses, SCC）

2021 年年初，欧洲数据保护委员会（European Data Protection Board, EDPB）和欧洲数据保护监管局（European Data Protection Supervisor, EDPS）发布欧盟《关于新的标准合同条款的联合意见》，6 月又通过了新的两组标准合同条款，其中一项适用于数据控制者与数据处理者之间的数据委托处理活动（简称为"委托处理SCC"），是首个欧盟层面的数据处理协议模版；另一项适用于向第三国传输个人数据的情形（简称为"个人数据跨境传输标准合同条款"或"跨境传输SCC"）。

与原跨境传输SCC相比，新的标准合同条款的变化在于，首先，新版SCC的具体条款内容更进一步地呼应了《通用数据保护条例》（General Data Protection Regulation，GDPR）的要求。比如，在原有的跨境数据传输类型——控制者至控制者、控制者至处理者上，增加了处理者至处理者、处理者至控制者的情况，还增加了关于问责制的条款等。其次，衔接Schrems II判决的要求，对第三国政府数据的访问进行了限制，并对数据进口方施加了相关的强制性义务，赋予了数据出口方在认为不能确保数据转移有适当的保障措施时对数据转移予以暂停或终止合同的权利。最后，具有更灵活的适用性。最新版跨境传输SCC相较于先前版本的跨境传输SCC明确允许多方签约，并允许随着时间的推移增加新的签署方。这一创新为在多个企业之间的数据传输中实施跨境传输SCC的情形提供了便利。

（二）欧盟宣布正式通过针对英国数据保护的充分性决定

欧盟数据向外流动主要依赖充分性认定机制。欧盟委员在评估第三国或地区的法律法规、司法系统、人权保护状况、国防及国家安全体系等因素后，如果认定其数据保护体系强劲有力，能达到与欧盟法律"实质等同"的保护水平，欧盟可单方面发布对该国的充分性认定决定，如此则数据可以自由地从欧盟传输至该国境内所有的经济组织，包括私人企业[①]。2021年6月，欧盟委员会宣布正式通过基于GDPR和《执法指令》（Law Enforcement Directive，LED）的针对英国数据保护的充分性决定，这意味着至少未来4年内，个人数据可以自由地在欧盟和英国之间流动，并确保享有与欧盟法律所保证的基本相同的保护水平。

（三）欧洲数据保护委员会发布"关于数据跨境转移的补充措施最终建议"

为了帮助数据发送方（无论是控制者还是处理者，无论是私人实体还是公共机构，在GDPR的适用范围内处理个人数据）完成评估第三国的复杂任务，并在必要时确定适当的补充措施，EDPB为数据发送方提供了一系列可遵循的步骤、潜在的信息来源以及一些可实施的补充措施的例子。EDPB提供了一个

---

① 单文华, 邓娜. 欧美跨境数据流动规制: 冲突、协调与借鉴——基于欧盟法院"隐私盾"无效案的考察[J]. 西安交通大学学报(社会科学版), 2021, 41(5): 94-103.

6 步建议：第一步，EDPB 建议数据发送方了解自己的转移情况；第二步，验证转移所依赖的工具；第三步，评估第三国的法律或实践中是否有任何因素可能会影响传输工具在具体传输中的有效性；第四步，确定并采取必要的补充措施，使传输数据的保护水平达到欧盟的基本等同标准；第五步，实施第四步中可能需要的所有正式程序步骤；第六步，每隔适当时间重新评估对向第三国转移的数据提供的保护水平。

（四）英国发布数据跨境传输SCC

自 2021 年 1 月 1 日起，英国开始独立于欧盟，运行自己的数据保护制度。在此之前，英国政府在 2020 年推出了《国家数据战略》，将"倡导数据的国际流动"作为其 5 个优先行动领域之一。2021 年 8 月 11 日，英国信息专员办公室（Information Commissioner's Office，ICO）发布了一份关于在英国 GDPR 下的国际数据转移的立法咨询文件。与该文件同时发布的文件包括《国际数据转移协议草案》（International Data Transfer Agreement，IDTA，又称"英国 SCC"）、《欧盟委员会新标准合同条款的英国增编附录》（UK Addendum to the EU SCC）以及转移风险评估工具（Transfer Risk Assessment Tool）。该咨询文件是推进"倡导数据的国际流动"这一优先领域的第一步，也是英国脱欧后数据保护法中最重要的发展建议。该咨询文件还包括备受期待的《组织指南》（Guidance for Organization）草案，说明他们需要采取的措施，以便将个人数据合法地转移到第三国。相对于欧盟的谨慎，英国表现出较明显的鼓励与乐观态度。

二、特点和趋势分析

（一）欧盟坚持"充分保护原则"，力图将欧盟标准打造为世界标准

保护公民权利是欧盟成员国共同的价值理念。在"数据主体权利"的思想指引下，欧盟接连出台了《关于个人数据自动化处理的个人保护公约》《个人数据保护指令》、GDPR 等，不断提高个人数据保护标准，明确"个人的数据权利"，坚持"充分保护原则"[②]。在跨境传输的规则制定方面，由于强调对跨境个人数据的安全保护，欧盟坚持要求只有当欧盟以外的数据接收方拥有与欧盟一致的数据保护水平时，数据方可跨境。这种对"欧盟标准"的坚持，让欧盟表现出较为强硬的立场，并在一定程度上拥有与他方确定协议时的主动

---

② 邓崧, 黄岚, 马步涛. 基于数据主权的数据跨境管理比较研究[J]. 情报杂志, 2021,40(6): 119-126.

权和国际规则的主导权。除了通过立法等方式制定规则，欧盟的巨额罚款对于诸多企业也是不小的震慑。欧盟凭借其巨大的市场资源形成的单方面监管全球市场的能力，即所谓的"布鲁塞尔效应"，让跨国公司为了避免对数据流动造成代价高昂的中断，而选择根据欧盟规则调整其数字隐私政策③。迫于欧盟的压力，微软宣布了一项名为"微软云的欧盟数据边界"的新举措，旨在使欧盟客户能够在欧盟境内处理和存储其全部数据，无须将数据转移到欧盟之外。

（二）欧盟对美国既对抗又妥协，跨大西洋传输协议协商艰难推进

虽然欧洲数据处理市场基本上被美国垄断，但欧盟庞大的优质消费者市场还是赋予其较强的引领国际规则制定的能力。从近两年欧盟与美国关于数据跨境传输的政策变动来看，欧盟确实表现出较多的对抗姿态。2020 年 7 月，欧盟宣布《欧美隐私盾牌》协定无效（Schrems Ⅱ 判决），打破了欧美间数据传输的既定框架。2021 年，欧盟推出的新版 SCC 协议又特别衔接 Schrems Ⅱ 判决的要求，对欧盟境外的数据接收方所在国的法律、数据接收方应对其所在国政府机关提出的具有法律约束力的披露个人数据的请求等情形做出规定，对数据传输各方提出了更加严格的实质审核和安全保证要求。另外，2021 年欧盟实际上并未放弃重建规则的努力，新版 SCC 协议的推出就是在进行明晰框架的工作。"关于数据跨境转移的补充措施最终建议"也被认为是一种向美国的妥协——即使法律可能不满足欧盟标准，但只要出口方能够证明法律条文或者实践中不适用于跨境数据，那么甚至可以不采取"补充措施"。2021 年，欧盟与美国也一直在寻求对话。《华尔街日报》曾报道欧盟相关人员于 2021 年夏季赴美展开了一轮谈判之后，双方于 9 月继续谈判，以期找到欧盟严格的隐私保护法案与美国监控措施之间存在的长期冲突的化解方案。

（三）"脱欧"后的英国开始数据跨境传输的全面布局

自 2020 年 1 月退出欧盟后，历经 11 个月的过渡期，英国于 2021 年 1 月 1 日起开始自主运行本国的数据保护制度。在 2021 年 6 月获得欧盟的"充分性决定"、8 月 ICO 推出跨境传输协议 SCC 这两个大动作后，8 月 26 日，英国政府公布其在"脱欧"后的新全球数据计划，将与美国、澳大利亚、新加坡、韩国、新西兰、日本、加拿大、印度、巴西、肯尼亚和印度尼西亚等国家建立

---

③ 黄志雄, 韦欣妤. 美欧跨境数据流动规则博弈及中国因应——以《隐私盾协议》无效判决为视角[J]. 同济大学学报(社会科学版), 2021, 32(2): 31-43.

全球数据合作伙伴关系。英国数字、文化、媒体和体育事务大臣奥利弗·道登公开表示，英国现已"脱欧"，英国政府决心通过自主制定世界领先的数据政策来抓住数字经济的机遇，为全体英国人民和企业带来"脱欧"红利。9月，英国新任国际贸易大臣在伦敦科技周全球领袖创新峰会上表示，英国政府将推出一项数字战略，以期为企业和消费者改善国际数字贸易环境。该战略致力于打造开放的全球数字市场，在数字贸易中维护消费者和企业利益，减少数据本地化措施；简化数字贸易的海关和边境流程，构建便捷的数字贸易系统；鼓励全球数字标准和框架的互操作性；与日本、新加坡、北欧等国家和地区达成更多的"最先进的数字自由贸易协定"，刺激本国数字服务出口；反对电子跨境传输征税，打破贸易壁垒；推进创新和新兴技术、金融科技和网络安全等领域的自由贸易合作协定，重塑国际数字贸易政策。

三、对我国的启示及建议

（一）转变观念，直面数据跨境流动这一迫切且重大的命题

在很长一段时间里，我国数据处理市场中占主导地位的一直是本土企业。与欧美市场之间的互相影响与渗透不同，我国数据处理市场相对封闭，涉及的数据出入境规则及域外效力问题较少。因此之前我国数据立法的主要目的不是防止他国挑战我国的数据处理市场，而是如何为本土信息产业的壮大创造良好的制度环境，并防范本土企业实施不正当竞争。然而，随着我国向世界开放的节奏加快，数据的跨境流动和保护也必然成为我国要解决的关键问题。一方面，我国企业在发展的过程中开始遇到一些现实问题。2020 年，美国政府以数据安全为由对字节跳动旗下的抖音海外版 TikTok 进行封杀。2021 年，TikTok 在意大利和荷兰又两次因儿童隐私问题遭到处罚。这些案例充分体现了我国企业个人信息保护与国际规则接轨的紧迫性。另一方面，一些外资企业将我国数据传输回境外总部的行为危及了我国的数据安全。我国目前面临的已经不再是一个国内市场的"内部问题"，我们迫切需要转变观念，积极主动与世界对接，创建一套高水准的、符合我国国情的数据保护体系。

（二）进一步建立健全数据跨境流动规则体系，细化操作性制度

目前，我国关于数据传输的法制体系正在逐步健全。我国以《中华人民共和国网络安全法》（以下简称《网络安全法》）、《中华人民共和国数据安全法》

（以下简称《数据安全法》）确立了数据出境的基本框架，即重要数据原则上应在境内存储，确需向境外提供时应当进行安全评估；《中华人民共和国个人信息保护法》（以下简称《个人信息保护法》）确立了关于个人信息的 3 种跨境流动机制，包括安全评估、个人信息保护认证和标准合同文本；《数据安全法》和《个人信息保护法》对数据跨境调取都有"奉行平等原则"的基本规定。下一步，我国应加快推进出台具有可执行性和透明度的实施细则；应考虑对个人数据进行更加明确的分级分类，并制定不同的审核和保护标准等。

（三）提升数据跨境传输保护的技术能力

5G、大数据、云计算等数字技术的发展和传感器的普及使得大量有价值的数据被过度收集，并被以更隐蔽的方式传输至境外。技术的问题尚需要技术的手段去解决。各类信息创新技术是支持数据跨境合规有序、高质量流动的有效工具，如支付标记化技术、区块链技术、联邦学习技术等，均可帮助实现数据隐私保护与数据应用之间的平衡[4]。我国应全面加快推动数据存储、传输和分析等技术研发，加强数据安全风险评估、信息共享、监测预警等技术能力建设，提升数据防护水平，实现数据跨境流动全环节安全。

（四）努力提升我国在国际数据跨境传输规则体系中的话语权

目前数据跨境管理尚未形成全球统一的规制话语体系，呈现出以欧盟和美国两大单边独立法域先行主导，发展中国家迎头积极开展跨境数据治理，经济合作与发展组织（Organization for Economic Co-operation and Development，OECD）、亚太经济合作组织（Asia-Pacific Economic Cooperation，APEC）、二十国集团（Group of 20，G20）、世界贸易组织（World Trade Organization，WTO）、全面与进步跨太平洋伙伴关系协定（Comprehensive and Progressive Agreement for Trans-Pacific Partnership，CPTPP）等多边机制为数据跨境管理重要参考依据的格局[5]。我国已经做出了相当多的努力，积极开展国际交流与合作，建立跨境数据流动"朋友圈"，扩大中国模式的影响力。2021 年，我国在继签署《区域全面经济伙伴关系协定》（Regional Comprehensive Economic Partnership，RCEP）和中欧投资协定之后，寻求 CPTPP 谈判和签署，着力促进"一带一路"沿线各国贸易和投资自由化、便利化。未来我国可以进一步研究将符合相关条件的国家或地区纳入可进行数据自由流动的范

---

④ 姚前. 数据跨境流动的制度建设与技术支撑[J]. 中国金融, 2020(22): 27-29.
⑤ 邓崧，黄岚，马步涛. 基于数据主权的数据跨境管理比较研究[J]. 情报杂志, 2021, 40(6): 119-126.

围[⑥]，以"朋友圈"为起点，逐步扩大自身在数据传输与保护方面的国际影响力。

1.3　2021 年俄罗斯社交媒体监管政策分析及启示建议

2021 年，俄罗斯全方位加强社交媒体监管，从立法层面明确了社交媒体（俄罗斯称"社交网络"）审查和限制平台非法内容的责任，对脸谱网、推特等社交媒体巨头发起严厉执法，不断探索开发技术手段以强化网络信息安全监测能力。相关举措是俄罗斯落实新版《俄罗斯联邦国家安全战略》信息安全领域"去西方化"的重要战略行动。相关情况如下。

一、主要举措

（一）加强立法规制，夯实主体责任

2021 年 2 月 1 日，《俄罗斯联邦信息、信息化和信息保护法》修正案生效，俄罗斯正式建立起社交媒体平台内容自我监管机制。该法案将"社交网络"定义为在俄罗斯境内拥有超过 50 万用户的网络信息服务平台（涵盖境外的脸谱网、推特、优兔（YouTube）、照片墙（Instagram）、电报（Telegram）、WhatsApp 等），赋予相关平台承担审查和限制非法内容（包括污言秽语、反对派政客言论等）的法律义务，并明确由俄罗斯联邦通信、信息技术和大众传媒监督局（Roskomnadzor）建立"社交网络登记册"管理制度，并由其负责监督各大平台的自我监督运行情况。根据此项立法，该局 2021 年开展多次执法行动，明确要求俄罗斯本国和外国媒体检查并删除平台上发布的非法内容。

（二）深化用户赋能，保障自主权利

2021 年 3 月，俄罗斯《个人数据法》修正案生效，该法律明确提出俄罗斯公民是互联网上其个人数据的所有者，有权要求网站、社交网络、通信软件等停止传播或删除其个人数据，相关企业和平台应当在受理个人申请的 3 天内停止传播或删除其个人数据，否则公民有权对其提起诉讼。8 月，俄罗斯联邦反垄断局（Federal Antimonopoly Service of the Russian Federation，FAS）公布《数字平台市场原则》草案，提出 5 点原则以赋予用户自主权：一是合理开放

---

⑥ 黄志雄, 韦欣好. 美欧跨境数据流动规则博弈及中国因应——以《隐私盾协议》无效判决为视角[J]. 同济大学学报(社会科学版), 2021, 32(2): 31-43.

数字平台；二是平等对待市场各方（包括竞争对手）；三是确保平台用户自主权；四是避免在数字平台规则中使用宽泛和模棱两可的语言；五是确保平台用户权利，及时处理用户请求并提供完整答复。

（三）推动技术治网，强化涉外管控

一是探索平台限流。2021 年 4 月起，俄罗斯开始通过网络限流技术，对推特等境外社交网络平台进行管控。11 月，俄罗斯联邦通信、信息技术和大众传媒监督局表示，如果推特不将非法内容全部删除，俄罗斯将继续对推特移动端进行限速。二是开发管控手段。2021 年 5 月，俄罗斯监管部门披露，俄罗斯正在开发 3 种监管系统来打击社交媒体上的非法内容，包括一套用于自动搜索平台危险性内容的信息监控系统（MIR-1）、一套视觉信息监控系统（Oculus），以及一套信息威胁防御系统（Vepr）。三是规范外企经营。2021 年 6 月，俄罗斯国家杜马二读通过《外国人在俄罗斯联邦境内从事互联网业务法》，要求日均用户超过 50 万名俄罗斯人的大型国外信息技术公司必须在俄罗斯开设分支机构或代表处，否则就禁止其开展安插广告、收集和跨境传输俄罗斯公民数据等活动。

（四）加大惩处力度，形成常态震慑

针对脸谱网、推特等社交媒体平台未及时删除涉黄、涉赌、涉毒等有害信息的情况，俄罗斯监管部门不断加大处罚和打击力度。2021 年 3 月，俄罗斯联邦通信、信息技术和大众传媒监督局负责人公开宣称，如果推特不遵守删除涉黄、涉毒、涉儿童自杀等有害内容的相关规定，政府将在一个月内封锁推特。7 月 22 日，俄罗斯以未删除有害内容为由，对推特、脸谱网、电报分别罚款550 万卢布、600 万卢布、1100 万卢布。据不完全统计，2021 年，俄罗斯联邦通信、信息技术和大众传媒监督局几乎每个月都会对脸谱网、推特等至少 1 家社交媒体提起诉讼，并由联邦法院对其处以罚款，罚款金额累计超过 2 亿卢布。

（五）动用雷霆手段，捍卫政治安全

自 2021 年以来，俄罗斯线上线下出现大量声援反对派人员阿列克谢·纳瓦尔尼的示威活动。对此，俄罗斯政府采取政策吹风、行政处罚、软件下架等措施进行处置。1 月，俄罗斯总检察长办公室公开呼吁脸谱网等平台封锁相关煽动性言论。在平台未给予全力配合的情况下，4 月俄罗斯法院以未删除煽动未成年人参加支持阿列克谢·纳瓦尔尼抗议活动的内容为由，对推特、TikTok 分别罚款 890 万卢布、260 万卢布。8 月，俄罗斯联邦通信、信息技术和大众传媒监督局要求苹果和谷歌应用商店下架支持纳瓦尔尼从事极端主义活动的 App——"Navalny"。

二、分析研判

总体来看，2022 年俄罗斯社交媒体监管呈现以下 4 个方面的特点和趋势。

（一）政治安全是首要关切

2021 年俄罗斯出"重拳"治理社交媒体，其关键动因就是敌对势力不断利用有关平台煽动大众参加反对派阿列克谢·纳瓦尔尼的示威活动，甚至干预俄罗斯 9 月开展的国家杜马选举。2024 年俄罗斯将迎来总统大选，敌对势力有可能利用具有国际影响力的社交媒体煽动俄罗斯境内反对势力加紧进行示威游行和颠覆性活动，从而对俄罗斯未来的政治走向施加政治影响。可能出于维护国家主权和政权安全的目的，俄罗斯继续强化对社交媒体平台的监管。

（二）政企博弈是长期样态

自 2022 年以来，俄罗斯监管部门多次遭遇脸谱网、推特等平台的"消极配合"，以致将罚款金额不断推高，惩治措施愈发严厉。可以预计，在大国博弈、地缘冲突等复杂因素交织的背景下，相关社交媒体与俄罗斯监管部门的权力冲突博弈会更加激烈持久。

（三）技管结合是主要抓手

一方面，俄罗斯将市场准入、行政处罚等监管手段通过立法的形式确定下来，直接抬高相关社交媒体的违法成本，起到了在境内给脸谱网、推特等国外平台"套箍""设圈"的目的；另一方面，俄罗斯在不断探索实施"流量控制""技术管控""App 下架"等手段，努力提升监管部门与大型社交媒体交涉博弈的"筹码"，支撑监管和执法行动的展开。俄罗斯应该会持续做好社交媒体网络信息安全管理。

（四）正面引导是重要方向

俄罗斯 2021 年新版《俄罗斯联邦国家安全战略》明确指出，网络信息的"西方化"威胁着俄罗斯人的文化主权，强调应通过在信息安全领域的"去西方化"来塑造俄罗斯人（特别是青年群体）的传统价值观和历史观。在持续敦促平台清理网络违法有害信息的同时，俄罗斯政府也在不断加强网络正面宣传和引导力度。据报道，到 2021 年年底，俄罗斯财政部向俄罗斯互联网发展研究所拨付了总计 100 亿卢布，用于制作政府支持的内容，包括旨在使年轻人形成俄罗斯公民身份及其精神和道德价值观的材料。

三、对我国的启示及建议

当前，相当一部分国家对加强网络信息内容治理、规范大型互联网平台监管等方面给予高度重视。俄罗斯的相关做法可以为我国提供一些有益的启示和建议。一是不断强大自身对"网络阵地"的掌控力，持续加强对网络有害信息的治理能力，将网络内容监管主动权掌控在自己的手中；二是健全相关立法，夯实社交媒体监管的法治基础，进一步夯实平台企业配合网络信息安全手段建设和行政监管的法定义务；三是密切交流沟通，充分利用联合国互联网治理论坛、世界互联网大会等国际平台，加强同有关国家在网络内容治理等领域的立场沟通、政策协调和务实合作，为全球网络空间治理贡献中国智慧、中国方案。

1.4　2021年日韩网络空间治理综述

2021年，日本与韩国不断加强网络空间能力建设，从不同角度加强对互联网内容的管理，将处罚作为遏制不良信息传播的重要手段；加大与北约、"五眼联盟"（Five Eyes Alliance，FVEY）等组织的联系与合作；持续推进完善个人隐私与数据保护制度，确保国民跨境数据流通安全；加强对科技巨头的反垄断调查和监管，尤其关注网络平台治理；通过整合本国企业与行业，谋求在6G、量子通信等新技术、新应用领域提升国际竞争力。相关动向值得关注。

一、相关举措梳理

（一）日本

一是发布网络安全战略立法，确保自由、公正、安全的网络安全空间。5月13日，日本内阁秘书处内阁网络安全中心发布了《下一代网络安全战略纲要》《网络安全研发战略（修订版）》《网络安全委员会倡议》，旨在确保自由、公正、安全的网络安全环境，提高经济社会活力与持续性发展水平。7月12日，日本发布新版《网络安全战略》草案，并征求公众意见。草案指出，要通过数字化变革、协调合作等措施确保实现"自由、公平和安全的网络空间"。7月29日，日本内政部与通信部发布《2021年信息和通信网络安全措施》，指出为了实现数字化改革和"社会5.0"战略，随着物联网、5G等信息和通信技术不断普及，网络空间逐渐演变为全民参与的公共空间，进一步加强防范网络安全风险的措施已成为当务之急。9 月，日本政府网络安全战略本部召开会议，批准了为期 3 年的新版《网络安全战略》草案。文件指出，日本面临的安全形势日益严峻，而网络空间成为国家间的竞技场。为了增强网络实力，日本将密切加强与"四方安全对话"其他成员（澳大利亚、印度和美国）的合作。

二是完善个人信息保护制度，重点关注跨境数据传输及数据安全有效利用。2 月 19 日，日本经济产业省发布《个人健康记录（PHR）信息处理指南》草案，旨在保障公民个人健康记录的数据安全和有效利用。5 月 12 日，日本国会通过了包括《为形成数字化社会完善相关法律的法案》在内的 6 部数字化改革法案。法案要求对个人信息保护制度进行审查修改，提高行政程序的效率等。《个人信息保护法》修正案作为完善法案的一部分，也将与完善法案同时生效。修正案的核心在于立法的统一化，将《个人信息保护法》《行政机关保有的个人信息保护法》和《独立行政法人等保有的个人信息保护法》整合为一部法律，规定关于地方公共团体个人信息保护制度的共同规则，并明确由个人信息保护委员会进行统一监管等。8 月 3 日，日本个人信息保护委员会发布了《个人信息保护法》指南草案，重点关注跨境数据传输，涵盖各国为了配合日本《个人信息保护法》而必须满足的标准。

三是加强网络内容审核与安全管控，推进反垄断合规制度管理与建设。在东京奥运会开幕前，东京奥组委成立专门小组，用于监控运动员发表的不雅网上言论。在发现特别恶意的网络评论时，小组将立刻通报调查部门。9 月 14 日，日本法务大臣上川阳子表示，日本正在考虑引入更严厉的监禁刑罚，作为处罚网络犯罪的一部分。2021 年 4 月日本议会出台一项法律，旨在建立一个更简单的法庭程序，帮助网络欺凌受害者寻找肇事者。在反外国企业垄断方面，日本政府接连出台新举措。9 月，日本公平贸易委员会结束长达 5 年的反垄断调查，要求苹果公司允许应用开发者创建应用内支付链接，连接至这些公司网站的注册页面，即绕开苹果自带应用商店的佣金。10 月，日本的反垄断监管机构对苹果和谷歌展开全面审查，以确定它们是否不公平地利用了其在手机、智能手表和其他可穿戴设备上的主导地位。

四是鼓励通过成立行业联盟、企业协议合作等方式，加强本国在量子技术、6G、数字经济、人工智能等方面的研发。4 月，美国总统拜登和日本前首相菅义伟宣布共同投资 45 亿美元开发"超越 5G"的下一代通信技术，日本与思科、英特尔等多家公司签署了合作协议。5月，日本"通过量子技术创造新产业委员会"创始人协会成立，旨在推进建立产业委员会的准备工作，并制定促进量子技术发展方面的举措。7月，新加坡和日本签署数字经济、人工智能、网络安全和信息通信技术合作备忘录，双方将就数字化、人工智能等领域的最佳做法、相关政策和法规进行交流和信息分享，合力支持和推动数字贸易的发展以及框架互操作性的建立。同月，美国IBM公司和东京大学联合推出了首台商用量子计算机，此举将推进日本对量子科学、商业和教育的探索。9月，富士通、日立、东芝、丰田等24家公司在会员大会上正式成立了产业委员会，并将委员会更名为量子战略产业革命联盟（Q-STAR）。

五是促进国际间交流合作，重点加强与美国的战略协调合作。3月，欧盟、美国和日本为来自印太地区合作伙伴国家的专家组织了为期一周的网络安全演习，内容涵盖了工业过程中使用的设备、系统、网络和控件的安全性。当月，日美澳三国的官员同意加强海底电缆方面的合作，三国政府下属的金融机构将为海底电缆项目提供资金。9月，美日印澳在美国举行首次"四方安全对话"领导人面对面峰会，就构建"安全的半导体供应链"达成一致。

（二）韩国

一是加强互联网内容管理，通过政策和技术等手段加强个人信息保护。2月，韩国个人信息保护委员会宣布推出"人工智能信息侵权预见支撑系统"，该系统将自动评估个人数据收集的合规性和个人信息侵权因素，从而促进和支撑个人信息保护委员会的合规检查和侵权审判。6月，韩国个人信息保护委员会表示，因对个人信息保护不力，该机构对微软、Kakao等6家互联网巨头或韩国公司处以罚款。8月，韩国国会举行会议，审议包括旨在纠正误报和假新闻对策在内的《媒体仲裁法案》，按照该法律的修改规定，对于故意或重大过失引起的虚假报道、对财产和人权的侵害，媒体应赔偿最高5倍的损失，受害人还可以要求纠正报道和禁止阅览报道。同月，韩国个人信息保护委员会召开第14次全体会议，对脸谱网、网飞、谷歌3家企业违反《个人信息保护法》的行为处以共计约67亿韩元的罚款，并发布改正令和改善建议等。

二是加强与西方国家合作，联手对抗勒索软件攻击等网络安全问题。2021年5月韩美首脑举行会谈，深化网络安全合作达成协议的后续措施。7月，韩国政府召开由国安首长主持的国家网络安全政策协调会议，决定成立韩美网络安全工作组，加强合作构建共同应对体系。当月，韩国与北约进行商讨，希望彼此加强在网络防御和军备控制等领域的合作。8 月，在美国国防部首席信息官办公室和韩国国防部规划与协调办公室领导人第一次双边信息和通信技术合作委员会在线论坛上，双方达成了深化合作的相关协议。9 月，韩美两国举行了勒索软件工作组首次会议，联手对抗黑客勒索。

三是对科技巨头提高警惕，出台政策法规予以打击遏制。7 月韩国国会通过《电气通信事业法》修正案（又名《防止谷歌霸王条款法》），以阻止谷歌和苹果强制要求软件开发商使用它们的支付系统。同月，作为韩国最大的电子商务平台，Coupang 因强迫其供应商降低商品价格而被罚款 33 亿韩元。9 月，韩国公平交易委员会宣布，因谷歌涉嫌滥用市场支配地位，决定对其处以 2074 亿韩元罚款。韩国公平交易委员会当天发表声明称，谷歌在与手机制造商就应用商店许可和操作系统事先使用权签署协议时，强制要求手机制造商签署"反碎片化协议"，规定手机制造商不可直接开发安卓操作系统的定制版本，其生产的手机也不可搭载此类系统。谷歌这一行为反映了其滥用市场支配地位限制手机操作系统市场的竞争。

四是以技术创新带动网络空间治理，在人工智能、6G、区块链、元宇宙、星际互联网等方面持续发力。5 月，中韩领导人会晤时承诺，通过人工智能、5G、6G、O-RAN 技术、量子技术和生物技术等新兴技术引领创新，共同努力发展面向未来的伙伴关系。6 月，韩国科学和信息通信技术部制定 6G 研发实施计划，要求到 2025 年在 6 个重点领域投资约 1.94 亿美元。同月，韩国政府批准了一批基于区块链的投票系统试点，可供超过 1000 万人使用。7 月，韩国科学和信息通信技术部宣布，将建立一个以研究太空政策为主的智库，为未来的 6G 网络技术做准备。9 月，韩国科技部长林慧淑（Lim Hye-Sook）在网络会议上表示，韩国政府将在 2025 年年底前为超连接性及相关技术（包括元宇宙、区块链、云技术）投资 2.6 万亿韩元。

二、特点及趋势分析

（一）攻防并重布局网络空间威慑能力，成为网络空间的竞争新战略

一是战略强化。日本新版《网络安全战略》包含了大量与以往战略截然不同的内容，主要包括"提高优先度、迎合印太、数字改革"等方面。相较于以往版本，具体举措包括：强化防卫省和自卫队的"网络防御"能力，采用包括外交谴责、刑事诉讼在内的各种手段进行反击，继续保持和强化日美同盟

的威慑力等。二是联合行动。6月，美国陆军和日本陆上自卫队举行"东方盾牌"年度演习，旨在测试安全威胁能力，并完善双边互操作性。三是扩充"网军"。7月，日本防卫省为强化网络作战能力推出重要举措，计划在2023年前将自卫队网络作战力量扩充至1000人以上规模，并建立统一的指挥机构。通过"任务外包"的形式，委托民间研究机构对大数据应用、网络攻击人工智能分析、网络病毒研发、网络反击能力建设等展开研究。

（二）推动国际供应链重组，从硬件入手加强网络空间控制成为新手段

一方面，联合把控通信设备市场。3月，美日澳印首次首脑视频会晤建立"新兴与关键技术四边工作组"，主张就"电信建设与设备供应商多元化"展开合作。5月，美日共同启动"全球数字互联互通伙伴计划"，计划共同鼓励印太、欧洲和南美地区的国家采购美日制造商生产的5G基站、海底缆线等基础设施。另一方面，强化半导体产业链合作。4月，时任日本首相营义伟访美期间，美日商定设立专门工作组，共同巩固半导体供应链。

（三）由全政府合作拓展到全社会动员，成为网络安全体系的落地新抓手

日本、韩国参与国际合作的范围明显拓展，从多部门的"全政府合作"演变为涵盖政府、军队、企业、科研机构、民间组织的"全社会动员"。日本新版《网络安全战略》草案从数字化转型，促进网络空间安全，增强参与、协调和合作，实现公民能够安全地生活等方面，突出网络空间国家安全对内向民众生活和价值观等的延伸以及对外向国际合作和地缘政治的延展。美日未来将寻求合作开展网络管理，以构建起覆盖范围更广的制度化网络合作体系。

（四）谋求前沿技术研发应用突破，成为网络空间博弈新焦点

日韩在开放式5G网络（Open Ran）、下一代通信技术（6G）、第三代半导体、量子计算、人工智能等信息通信技术前沿领域持续推进或探讨合作研发，以求抢占技术制高点，塑造未来通信技术标准，重构生态体系。4月，时任日本首相营义伟访美，美日宣布共同出资45亿美元，用于"安全网络和先进信息通信技术的研究、开发、测试和部署"。美日还协同步调，分别通过国内立法、加强政策指导等方式，将先进计算机、通信技术、半导体及微电子等领域列为"关键及新兴技术"，加大对这些领域的外国投资审查及限制力度。

（五）印太版"北约"谋求网络空间"建章立制"，加剧网络空间战略竞争

拜登上台后，在网络空间延续了特朗普政府对我国的战略，广泛拉拢盟友，欲求打造印太版"北约"维护其网络空间霸权，日本借助美国支持提升网络空间国际存在感。一是联合支援发展中国家建设网络能力，借"先进标准"推广治网理念。3 月，在日本主导下，美、日、印、东盟与部分欧盟国家首次联合举办面向印太地区的网络安全演习。二是推动制定有约束力的网络空间治理规则，联合"志同道合国家"打造"共同规则圈"。4 月，美日联手推动"七国集团"与欧盟共同发表《数字与技术部长级宣言》，宣布将在信息通信产业供应链、数字技术标准、数据自由流动等方面开展"价值观驱动"的合作，以促进网络人权维护，提升"数字竞争"中的优势。三是借助制定"负责任国家行为规范"，推动"自由开放"的网络秩序。7 月，美、日联合欧盟、英国、加拿大等共同发表"声明"，无端指责相关国家"雇佣黑客"对美国企业发动"网络攻击"，并宣称要对此"追责"。

三、对我国的启示及建议

面对日韩的网络空间治理动向，我国应在准确分析双方优劣势的基础上，提高应对的主动性。一是健全完善日韩网络空间动向监测评估。对日韩的网络空间治理动向措施进行评估，探索构建具有前瞻战略性的预警–分析–解决体系。二是加快关键核心技术攻关。围绕芯片技术研发、集成电路产业、半导体产业、关键基础设施防护等领域，强化国家战略科技力量，加大财政对研发的支持力度，完善科技项目和创新基地布局。三是拓宽对外交流与合作渠道。通过协同推进国内多方合作和国际交流，加强与"一带一路"沿线国家的交流合作，探索构建相关产业联盟，提升国际合作水平，构建国际新生态，掌握国际网络空间治理主动权。

1.5　2021 年新技术新应用发展态势综述

2021 年，在新冠肺炎疫情持续蔓延和经济不确定性增加的背景下，全球新技术新应用前进的步伐仍未停止。世界主要国家持续加大新兴技术投资力度，以量子技术、AI、5G、数字货币等为代表的新技术新应用发展速度迅猛，元宇宙等新技术概念也成为领域热点。与此同时，各国针对新技术新应用发展的治理也未停下脚步，持续出台战略政策法规，加大资金投入，加强网络安全监管，展开技术联盟合作。相关情况如下。

一、2021 年发展态势情况

（一）深入发展 AI 和超级计算机技术，加强 AI 在网络攻防能力建设中的应用

2021 年，美欧持续推出 AI 战略，巴西、智利、菲律宾等国也加速战略规划进程，并积极同美欧展开 AI 领域合作，提升自身竞争力。综合来看，多数国家主要通过制定战略规划、斥资加大投入、开展国际合作等方式来发展 AI 技术，加速布局，以期成为 AI 领域的领导者。在技术发展成果方面，美国劳伦斯伯克利国家实验室部署了世界上最快的 AI 超级计算机；英国和 IBM 公司联合耗资 2.1 亿英镑建立新人工智能和量子计算中心；新西兰推出世界上最先进的 AI 超级计算机；英伟达发布全球最小的 AI 超算和元宇宙虚拟化身平台等。与此同时，AI 在 2021 年被越来越多地应用到网络战攻防能力建设当中。如，美国国防部长签署 JADC2 战略推进战场上 AI 和数据共享的使用程度；美国国防部推动作战指挥部使用 AI 技术处理数据；美国国防高级研究计划局（Defense Advanced Research Projects Agency，DARPA）计划创建 AI 文化翻译器项目以协助国防行动；美国陆军批准"战术空间层"计划，利用人工智能加快攻击；英国国防部科学技术实验室建立新 AI 研究团队；英美合作开发支持武装部队的综合 AI 技术；以色列推动军事数字化转型。

（二）重点布局量子信息技术，持续加大该领域投资力度

近年来，量子计算、量子通信和量子测量三大领域科研探索和技术创新持续活跃，代表性研究成果亮点纷呈，应用场景探索广泛开展，产业生态培训方兴未艾。2021 年，量子信息技术成为一些国家科技政策布局和科技企业发展的热点。一是加大量子计算技术资金投入。美国能源部宣布投入 6100 万美元用于推进量子信息科学（Quantum Information Science，QIS）的基础设施和研究项目。德国联邦教育和研究部为量子中继器项目提供 3500 万欧元资助，证明基础的量子中继器系统可以在长达 100 千米的距离内成功运行。荷兰将为量子基础科学拨款 4200 万欧元，以加强和提升量子技术科学基础。二是加大相关技术研究力度。法国启动国家量子计划，空中客车公司被欧盟委员会选中领导量子通信基础设施联盟来设计欧盟范围的量子通信网络，该网络将于 2024 年前开展验证任务，于 2027 年前初步投入使用。俄罗斯第一条量子通信线路在莫斯科和圣彼得堡之间开通，该线路为第一阶段成果，全长约 700 千米，目前是欧洲最长量子通信线路、世界第二长量子通信线路。英国启动未来量子数据

中心项目建设，以保护数据在未来不受量子系统的攻击。三是加强量子科学技术领域国际合作。美国与英国签署关于量子信息科学和技术合作的联合声明，加强在量子科学和技术领域的合作。法国与荷兰签署备忘录以加强量子技术研发合作，共同参与建造高性能超级计算机的竞赛。所有欧盟成员国签署欧洲量子通信基础设施（EuroQCI）协议，承诺与欧盟委员会和欧洲航天局（European Space Agency，ESA）合作，共同建设覆盖整个欧盟的安全量子通信基础设施。澳大利亚国防部联手加拿大量子计算公司 D-Wave、日本电子集团 NEC 在澳子公司，合作开发混合量子计算技术。美国 IBM 公司和东京大学联合推出首台商用量子计算机。

（三）区块链技术深入发展、产业跨步式增长，央行数字货币火热

区块链作为新兴技术在 2021 年继续深入发展，在监管政策和应用上均有所延续和突破。区块链产业跨步式增长，新兴领域赛道火热：一是区块链技术成为多国战略，加密货币政策两极分化；二是区块链支出规模增长，银行业支出领先；三是非同质化代币（Non-Fungible Token，NFT）、加密货币、元宇宙赛道火热。随着数字化成为货币流通和支付领域的一种趋势，全球央行对数字货币的探索如火如荼。自 2021 年以来，越来越多地区和国家的中央银行数字货币（Central Bank Digital Currencies，CBDC）研发工作显著提速。继巴哈马后，东加勒比海地区也发行了央行数字货币。瑞典和韩国已开始试点；欧元区、日本、俄罗斯等地区和国家已决定推出 CBDC，进入概念验证或研发阶段；英国和加拿大虽然未做出发行 CBDC 的决定，但持续开展相关研究和技术准备；美国联邦储备系统（以下简称美联储）态度仍略显消极，但技术准备不落人后。

（四）持续拓展开发 5G 技术和应用，多国开始布局 6G 赛道，抢占全球领先地位

目前 5G 在全球的部署，已从中美欧日韩的"星星之火"渐成遍布五大洲的"燎原之势"。此外，诸多国家在加速 5G 技术的大规模军事应用测试、部署，积极探索基于太空的 5G 全球网络。在 6G 技术方面，中国、美国、日本、韩国等部分国家及欧盟也开始积极研发、布局试验。欧盟委员会宣布通过有关 6G 的立法提案；美国国家科学基金会（National Science Foundation，NSF）启动公私学术研究项目，与苹果、谷歌、高通等公司合作研发 6G 技术；美国电信行业解决方案联盟（Alliance for Telecommunications Industry Solutions，

ATIS）启动 6G 路线图，以期占据全球 6G 领先位置；欧盟委员会宣布通过有关 6G 的立法提案；德国政府宣布为 6G 技术提供资金支持；俄罗斯研究机构称俄罗斯 6G 网络可能在 2035 年投入使用；日本在开发 6G、7G 基站的节能通信技术；韩国科学和信息通信技术部在制定 6G 研发实施计划；三星美国研究中心在美国启动 6G 试验；苹果公司开始研发 6G 无线网络技术。

（五）元宇宙概念被热炒，科技巨头纷纷进入抢占"先机"

2021 年，元宇宙成为热门话题，这个融合了多种技术领域前沿研究的新兴形态引起了人工智能、区块链、机器视觉等不同领域的关注，以脸谱网、微软、谷歌为代表的互联网公司纷纷宣布布局元宇宙，成为"头号玩家"。2021 年，脸谱网更名为"Meta"并提出"元宇宙"的概念，同时投资 5000 万美元构建元宇宙，正式发布虚拟现实应用，向元宇宙迈出重要的一步；脸谱网还宣称，每年将投资 50 亿美元，用 5 年时间将脸谱网打造成一家元宇宙公司。微软、英伟达等科技公司也已开始相关布局。彭博、普华永道等机构十分看好元宇宙的未来，彭博预计，元宇宙将在 2024 年达到 8000 亿美元的市场规模；普华永道预计，元宇宙市场规模在 2030 年将达到 1.5 万亿美元。目前，元宇宙的核心技术并未被充分开发，产业仍处于萌芽期，很多积极抢占"先机"的企业在付出"试错"的代价。一旦元宇宙规模迅速扩大，相关法律、安全监管条例的制定与执行势在必行。

二、2021 年新技术新应用治理情况

（一）美欧持续加强顶层设计，进一步加大对新兴技术的投资力度，制定相应技术标准

2021 年，科技领域大国竞争日益激烈，美欧持续加强对新兴技术的顶层设计，提出全面、深入的法案以巩固其全球领先地位。2021 年，美国两院提出《确保美国领导力的国家战略法案》《2021 年美国创新与竞争法》《下一代计算研究与发展法案》《2021 年国家科学技术战略法案》《2021 年技术标准工作组法案》《国家科学基金会未来法案》等，布局技术应用创新。同时，美国众议院科学、太空和技术委员会在预算计划中向国家标准与技术研究院（National Institute of Standards and Technology，NIST）提供近 12 亿美元用于网络和新兴技术研究；美国众议院提议增加多个联邦机构的研究经费；法国总统马克龙公布投资 300 亿欧元的"法国 2030"计划，旨在打造法国的"未来

高科技冠军"。美西方国家还致力于制定新兴技术标准，如美国两党参议员提出《2021 年技术标准工作组法案》，提议提升新兴技术标准制定的主导地位。

（二）注重新技术新应用网络安全及伦理问题，出台举措及标准促进其安全健康发展

在人工智能、云计算、5G 等新技术发展过程中，网络安全风险需时刻警惕。诸多国家密切关注各类新技术新应用硬件、软件的网络安全问题，及时出台相关安全举措保护技术发展行稳致远。2021 年，美国众议院通过《FedRAMP 授权法案》以改良云安全计划；美国能源部开发人工智能风险管理框架以推进可信任人工智能的发展；美国 NSA 等部门联合发布《5G 基础设施的潜在威胁要素分析报告》；美国 NIST 发布《硬件安全：为云计算和边缘计算用例实现平台安全的分层方法》指南；欧美监管机构普遍加强云技术审查，以减轻金融系统过度依赖云服务的安全风险等。此外，新技术新应用发展过程中的伦理道德问题也是各国持续关注的一大问题。2021 年，联合国教科文组织成员签署《人工智能伦理问题建议书》，对人工智能健康发展所需的价值观和原则进行了定义，确保它不会被用于不良目的。

（三）加强联盟合作，在量子通信、5G 等技术领域开展竞争，争夺技术主导地位

以美国为首的西方国家不断拉拢盟国，加强技术合作，试图争夺技术主导地位。美英等七国正联合开发基于卫星的量子加密网络；英国与美国签署关于量子信息科学和技术合作的联合声明；澳大利亚与美国签署量子技术合作协议等。美西方国家除了强强联合之外，还与亚洲国家展开技术合作。以量子信息技术发展为例，美国、澳大利亚、加拿大纷纷向日本、印度抛出合作"橄榄枝"。美国和日本联合推出 IBM 量子计算机；澳大利亚国防部及加拿大与日本企业合作开发量子计算技术；澳大利亚与印度计划在网络安全、量子计算和人工智能等新技术领域开展合作。

（四）重视新技术发展中的数据保护与隐私安全，欧盟等强力禁止人脸识别技术在公共场所的使用

人工智能驱动的远程监控技术，如面部识别，对隐私等基本权利和自由有巨大影响，但已经在欧洲的公共场合被悄然使用。2021 年 4 月，欧盟行政部门提出了监管人工智能技术的高风险使用的立法草案，其中包括禁止社交评分，并在原则上禁止在公共场合使用远程生物识别监控。10 月，欧盟通过一项在警察和司法部门使用人工智能系统的决议，禁止警方在公共场所使用面部识别技术，并对其使用人工智能进行预测性警务活动实施严格的限制措施。德国新联合政府公布联合协议，其中提及要求禁止公共场合的生物识别，并拒绝广泛的图片监控系统及将生物识别用于监视作用。

三、对我国的启示及建议

一是加速前沿科技布局。美欧加紧对元宇宙、人工智能、量子计算、6G等新技术领域的布局，建议我国借鉴相关经验，积极推进相关部署，同时制定好相关领域安全标准及技术规范，对新技术新应用的潜在风险予以积极应对。二是加强国际交流合作。积极参与国际新技术合作与竞争，扩大科技合作"朋友圈"，积极推动国际社会就元宇宙、人工智能、6G开展常态化的多边沟通，推动建立国际技术标准规范体系和监管框架，努力成为数字空间的规则确立者、标准制定者、行业领导者。三是支持企业"出海"。鼓励拥有自主知识产权核心技术的优势产业"走出去"，充分融入全球创新网络，在全球产业链上布局技术方向，在国际竞争中不断提升技术水平与产品议价能力。

1.6　2021年全球数据治理综述

一、2021年全球数据治理动向梳理

（一）持续推进数据监管治理立法，顶层设计更加完备

2021年，美国、英国、澳大利亚、加拿大等国家进一步推动数据监管与治理的政策体系建设，织就更加严密完备的法律监管体系，加强对数据的保护与治理。美国统一法律委员会通过《统一个人数据保护法》，旨在统一州隐私立法示范；美国弗吉尼亚州通过《消费者数据保护法》，成为第二个制定全面隐私立法的州；德国议会通过了一项关于电信和电信媒体中数据保护和隐私保护的法律草案；欧盟发布《电子隐私条例》草案，该法案作为GDPR在电子通信领域的细化和补充的特别法，加强和扩大了对隐私保护的力度和范围。此外，俄罗斯、巴西、新加坡、越南、阿拉伯联合酋长国（以下简称阿联酋）等国也纷纷出台了数据立法。

（二）不断强化政府数据掌控力度，主权理念更趋统一

2021 年，多数国家普遍认识到数据作为国家战略性资源的重要性，数据本地化成为全球跨境数据流动的主要趋势。根据美国智库信息技术与创新基金会（Information Technology and Innovation Foundation，ITIF）研究报告数据，2021 年采取数据本地化政策的国家从 2017 年的 35 个增加到 62 个，相关政策的数量也从 2017 年的 67 项增加到 144 项，"保护数据主权"成为主流。欧盟委员会发布报告，强调了政府在制定数字市场规则和确保数据产生的价值在社会上更公平分配方面的关键作用，呼吁各国政府控制数据的产生和收集方式；俄罗斯国家杜马通过《通讯法》，要求电信运营商将语音、文本、图像、声音、视频以及其他消息在俄罗斯境内存储 3 年，并在必要时将数据提供给执法机构；澳大利亚内政部推进制定《国家数据安全行动计划》，将在两年内"明确"数据主权，以向政府和行业提供更清晰的联邦数据主权和安全方法。此外，德国、卢森堡、荷兰、瑞典和匈牙利等国，要求欧盟域内电信公司将网络连接、位置详细数据等保留在欧洲。可以看出，多数国家（地区）已经充分认识到当前全球数字发展格局的不平衡，数据发展与治理理念更加强调本国的信息安全，数据主权理念被更多国家接受。

（三）加快构建数据跨境流动体系，圈层趋势日益加剧

2021 年，多数国家不断探索构建更加完备、科学、合理的数据跨境流动体系，深化数字经贸的交流与合作。欧洲和美国利用关系的解冻，达成一项允许跨越大西洋交换私人数据的协议，以取代之前被欧盟法院否决的协议；G20 数字化部长级会议提出加强互联互通和社会包容，促进自由、可信的跨境数据流动；G7 峰会强调支持数据自由流动、发挥数据驱动技术的潜力，以应对与隐私和数据保护相关的挑战；英国数字、文化、媒体和体育部（Department for Culture, Media and Sport，DCMS）宣布成立国际数据传输专家委员会，发布一揽子计划，包括与美国、澳大利亚和韩国等 10 个国家建立"数据充分性"伙伴关系，促进贸易创新发展。

（四）持续重拳监管大型网络平台，数字生态有所改善

2021 年，一些国家和组织继续对大型网络平台施加监管压力。如欧盟通过《关于针对社交媒体用户的指南》，进一步明确社交媒体平台的个人数据保护要求；欧洲数据保护委员会对脸谱网和瓦次普的数据共享采取紧急约束性决定；法国数据保护监管机构对苹果公司展开调查，指控其违反欧盟隐私规定；

爱尔兰数据保护委员会（Data Protection Commission，DPC）以数据共享不透明为由，对瓦次普处以 2.66 亿美元的罚款；亚马逊因违反欧盟数据保护条例被重罚 8.87 亿美元等；英国《适龄设计规范》正式落地，对互联网企业涉及儿童数据处理的各个方面进行了细致的规定，为各国的专门儿童信息保护立法树立了参考典范。在政府的强力施压下，部分平台自律行为进一步规范。苹果公司推出了应用程序跟踪透明度工具，该工具会提示用户选择应用程序是否可以跟踪自己的行为；谷歌宣布为全球 18 岁以下的用户关闭追踪位置数据的"位置历史记录"功能；推特将成立一个内部数据治理委员会，以促进其隐私和安全政策及标准的实施。

（五）不断适应新兴技术发展环境，保护手段不断进步

多数国家日益认识到保密算法、区块链、云计算等新技术给当前数据保护带来的冲击，开始探索新技术环境下的数据保护机制和技术研究。美国国会两院议员提出《促进数字隐私技术法案》，以推动对个人数据保护技术的研究，对数据匿名工具、保密算法和其他隐私增强工具提供编码支持，旨在发展适应新技术背景的数据保护技术；西班牙数据保护局公布《默认数据保护指南》，重点阐释了默认数据保护原则的策略、实施措施、记录和审计要求等；比利时数据保护局批准《欧盟云服务供应商数据保护行为准则》，为云服务供应商提供了实际指导和约束性要求，是欧盟首个针对云服务提供商的数据保护准则；美国国家安全局（NSA）和网络安全与基础设施安全局（CISA）发布 5G 环境中的数据治理指导意见，对云服务提供商、5G 网络运营商的安全责任进行了分类，并为其列出了安全行动清单，从而更好地保护个人数据。

（六）继续寻求激活数据经济价值，市场探索更加深入

2021 年，诸多国家和组织竞相出台数据发展战略，这凸现出政府正在数据利用中发挥着越来越重要的作用。美国白宫管理和预算办公室（Office of Management and Budget，OMB）更新《联邦数据战略》，增加 11 项有关数据管理的行动计划，并持续关注围绕数据治理、基础设施和劳动力等的基础行动；欧盟委员会正式发布《2030 数字指南针：欧洲数字十年之路》规划，提出其数字化转型最新目标，包括不断提升欧洲社会和企业的数字化程度、升级数字基础设施、培养数字人才队伍等；韩国国务会议通过了《数据产业振兴和利用促进基本法》，旨在为发展数据产业和振兴数据经济奠定基础，是全球首部规制数据产业的基本立法，对数据的开发利用进行统筹安排；德国政府发布

《联邦政府数据战略》，确立构建高效且可持续的数据基础设施、促进数据创新并负责任地使用数据、提高数字能力并打造数字文化、加强国家数字治理四大行动，旨在增强德国的数字能力，使德国成为欧洲数据共享和创新应用领域的领导者。可以看出，相当一些国家政府和组织日益将数据视为关键要素，将数字经济作为经济增长的新动能、新空间。

二、全球数据治理动向风险研判

（一）美欧及其盟友在数据治理领域加速抢占规则高地

美欧借助其数据技术优势及数据治理风向标地位，积极倡导国际规则制定。欧盟新版战略形成包括GDPR在内的强调"数字团结"且外紧内松的统一数据治理框架理念。美国积极与伙伴国家对接规则，拓展合作空间，甚至赋予执法机构"长臂管辖权"，以在博弈中掌握主动。如拜登签署了《关于保护美国人的敏感数据不受外国敌对势力侵害的行政命令》，要求采取基于标准和证据的措施来控制外国的信息和通信技术。

（二）发达国家大力构建"数字朋友圈"，数据流动全球格局不平衡加剧

联合国贸易和发展会议发布的《2021年数字经济报告》指出，国家和国际层面上的数据跨境流动政策走向不仅影响贸易、创新和经济进步，还将影响与数字化成果分配、人权、执法和国家安全有关的一系列问题。在数据跨境流动的规制问题上，美国正在加紧与欧盟、澳大利亚、英国等建立"朋友圈"，力求通过签订双边或多边协议形成有利于西方发达国家的数据跨境流动规制体系，以充分促进数字经济的发展，形成西方数字发展联盟。这将导致发达国家与不发达国家之间的数字鸿沟进一步扩大，阻碍全球技术进步、减少竞争，对大多数发展中国家产生重大负面影响，致使国际性的数据跨境监管辩论陷入僵局，还会减少商业机会，并给跨司法辖区的合作制造更多障碍。

（三）数据垄断与数据泄漏仍严重，全球数据安全威胁给国家安全带来挑战

当前，从互联网平台企业滥用个人信息，到数据跨境流动带来国家安全隐患，作为数字化安全的重中之重，数据安全治理正成为重大难题。产业目前普遍面临着"数据泄露、数据信息滥用、数据跨境流动风险、数据安全技术零散、数据权属争议、数据监管效能低下、数据安全管理制度缺失"等多项数据安全问题。随着云计算技术的发展，数据流动规模剧增，越来越

多的公司直接掌握个人数据，对隐私保护提出了前所未有的挑战。数据泄露事件也在持续高频发生，如2021年10月，加拿大纽芬兰与拉布拉多省的卫生网络遭到网络攻击发生瘫痪，导致全省数千人的医疗预约被取消，多个地方卫生系统被迫重新使用纸张，黑客还窃取了近14年以来众多东部卫生系统中患者和员工的个人信息。由网络攻击引发的个人隐私、数据安全、国家秘密泄露等问题在未来一段时间内将成为全球网络空间最显著的威胁，使各国的国家安全、社会稳定持续面临安全风险，因此需对其保持高度警惕。

三、对我国的启示及建议

（一）加强"规范+组织"以完善数据治理体系

在规范化层面，我国在2021年出台《数据安全法》《个人信息保护法》等，数据安全法律体系宏观架构已经比较健全。下一步应推动、指导各部门、各行业和企业组织根据自身实际情况和安全需求，制定包括个人信息、重要数据、数据跨境等方面在内的管理、技术标准与实施细则。在组织层面，为了解决我国数据"九龙治水"式的治理难题，应建立协同高效的治理组织体制，可考虑由中央和地方在网信部门设立国家数据治理的协同组织，专职负责相关统筹工作。

（二）采取"分级+分类"以规范企业数据跨境

欧美英俄在数据跨境流动方面存在诸多差异。建议我国企业持续追踪上述主要经济体的数据跨境制度，及时分析最新动向。可借鉴欧盟在公共数据安全与个人数据保护方面的管理机制，关注美国对可能涉及国家安全的敏感数据的分级管理制度，加大数据传输主体的风险评估责任，针对不同的数据流出地分级分类地设置流动规范与标准。

（三）完善"交易+评估"以释放数据要素价值

治理是为了更好地发展。要进一步激活数据资产的价值，需建立合规安全可流通的数据标准，引入不同管理、运营、开发主体，以及制定相匹配的法律法规和管理制度体系，让各参与主体之间的权责利关系更清晰。构建"数据金库"，打通数据资产链和数据价值链，催生数据资源、数据元件、数据产品三级市场，将数据资源加工为可析权、可计量、可定价且风险可控的初级产品。同时要加强数据市场评估体系建设，在数据实现资产化后，还需要对数据资产进行金融化评级产品的开发。

1.7　2021 年全球互联网平台治理综述

2021 年，全球主要国家延续对超大互联网平台（以下简称平台）的"强监管"态势，治理方式和手段不断向纵深拓展，监管和惩治力度持续增强，平台的垄断监管、数据治理、算法规制、内容治理等初步实现制度化落地。围绕平台监管规则的竞合博弈成为网络空间治理的重要议题。相关情况综述如下。

一、相关动向

（一）严管市场垄断，加大力度规范平台不正当竞争和投资并购活动

一是细化反垄断相关法律法规。美国国会参议员 4 月提出法案，拟授权联邦贸易委员会（Federal Trade Commission，FTC）禁止市值 1000 亿美元以上的数字企业收购潜在竞争对手。6 月，众议院司法委员会通过《美国创新与选择在线法案》《终止平台垄断法案》《平台竞争和机会法案》等共 6 项旨在加强反垄断执法和加强在线竞争的反垄断相关法案，直指谷歌、脸谱网、亚马逊和苹果四大巨头。8 月，美国参议院提出《开放应用市场法案》，旨在限制苹果、谷歌等在应用商店的主导地位。11 月，美国两党议员提出限制大型互联网公司并购法案。欧盟稳步推进《数字服务法》和《数字市场法》立法进程，11 月 23 日，欧洲议会内部市场和消费者保护委员会（Committee on Internal Market and Consumer Protection，IMCP）以绝对多数票通过《数字市场法》建议案，明确目标是限制国际互联网巨头的不正当竞争行为。俄罗斯联邦反垄断局 8 月发布《数字市场和平台原则草案》，旨在管理数字市场参与者行为，促进行业透明度，防止行业中的不公平做法。8 月，韩国通过《电信商业法》修订案，禁止苹果和谷歌强制应用程序开发者使用其自身的支付系统，这实际上宣告两家公司应用商店的支付垄断行为是非法的。二是密集发起反垄断执法活动。以欧洲国家为主，对平台采取严格的规制策略，积极运用反垄断手段，审查经营者集中案件，查处滥用支配地位的行为，频频开出天价罚单。6 月，法国竞争管理局对谷歌处以 2.2 亿欧元罚款，认定谷歌在线广告业务存在滥用市场主导地位的行为。英国竞争和市场管理局（Competition and Markets Authority，

CMA）对苹果和谷歌展开调查，评估这两家公司对移动操作系统、应用商店和网络浏览器的控制是否损害数字市场的竞争。德国基于1月颁布的针对数字平台的新竞争法，在2021年对脸谱网、谷歌、亚马逊发起了反垄断调查。三是严格审查并购交易和投资。1月，欧盟和英国宣布对英伟达收购芯片设计公司安谋（ARM）的交易展开反垄断调查。2月，美国FTC对脸谱网发起反垄断诉讼，要求其剥离Instagram和WhatsApp两项业务。5月，法国、德国与荷兰共同签署文件，呼吁欧盟加强平台并购审查，特别关注"平台企业为了遏制竞争而系统性收购新生企业的战略"的情况。7月，美国总统拜登签署促进美国各行业竞争的行政命令，要求对涉及大型科技公司的并购行为进行更严格的审查，重点关注旨在消除小企业竞争威胁的所谓"杀手级收购"。11月，英国竞争和市场管理局指示脸谱网撤销对图片搜索引擎公司Giphy的收购，这是监管机构首次要求平台放弃已经完成的并购交易。

（二）强化数据治理，重点加强平台算法审查和个人隐私保护

一是提升算法透明度、强化算法审查。美国公布《算法正义和在线平台透明度法案》《保护美国人免受危险算法侵害法案》等相关法案，要求脸谱网、谷歌等平台向消费者显示算法之外的信息，提高在线内容审核的透明度，并防止"算法歧视"。10月，美国FTC就算法和应用程序危害等对脸谱网展开调查，此前泄露的脸谱网内部文件称，该公司的算法助长了意见分歧。5月，加拿大众议院提出法案，强制要求优兔、TikTok等平台修改算法，在显著位置展示更多加拿大创作者的作品。二是对数据处理行为做出明确要求，加强用户隐私权保护。1月，WhatsApp称将与脸谱网共享账户注册信息、互动信息、移动设备信息、IP地址等数据，引发多国监管介入，土耳其、印度、德国先后采取措施禁止脸谱网收集WhatsApp的数据。2月，美国地方法院一项涉及脸谱网侵犯用户隐私的集体诉讼达成了6.5亿美元的和解协议，该案件指控脸谱网"标签建议"功能违反了伊利诺伊州《生物识别信息隐私法》。3月，美国加利福尼亚州法院裁定，谷歌在用户使用隐私"隐身"模式时仍秘密收集数据，谷歌将面临集体诉讼。6月，韩国个人信息保护委员会表示，因未能有效地保护用户的个人信息，该机构已对微软和本国互联网巨头Kakao的分支机构等6家公司和机构处以罚款。三是加大对数据违规行为的执法与惩戒力度。据统计，2021年，欧盟根据《通用数据保护条例》（GDPR），对相关平台违反数据保护规定的行为共开出412张罚单，累计罚款超10亿欧元，是2020年罚款总额（1.72亿欧元）

的近6倍。俄罗斯要求外国平台对俄罗斯用户的数据进行本地化存储，因违反这一规定，分别对推特、脸谱网、WhatsApp、谷歌等平台处以罚款。

（三）聚焦内容安全，针对网络售假、虚假宣传、不良信息等问题强化治理

一是持续完善平台内容治理政策法规体系。美国得克萨斯州立法，禁止大型科技公司屏蔽或限制用户；美国提出《外国代理人免责声明增强法》，以减少外国虚假信息和宣传在社交媒体上的传播。加拿大政府提出《媒体传播法》修订草案，将流媒体平台纳入该法管辖范围，授权加拿大广播电视和电信委员会采取措施确保宣传内容真实合法。巴西总统签署法令明确社交媒体的监管权力以保障言论自由，打击社交媒体任意删除账户、个人资料和内容的行为。二是设立内容治理新机构。印度成立数字媒体内容监管委员会，土耳其政府计划开设社交媒体理事会，二者均旨在对平台非法和有害内容进行检查和监管，以阻止虚假、有害信息的传播。三是明确要求平台承担内容治理责任。美国参议员提出《平台问责制和消费者透明度法案》，将取消平台通过"230条款"（"230条款"是指美国1996年《通信规范法》第230条款内容，即网络平台对于他人在其网站上发布的内容免于承担法律责任）获得的现有保护。俄罗斯法院以未删除被禁止内容为由，对脸谱网、推特、电报等社交媒体的进行罚款。澳大利亚政府发布《基本在线安全期望》公众意见征询稿，要求社交媒体和科技公司保护用户免受有害内容侵害。四是探索使用技术手段加强内容治理。一些国家开始强调利用技术手段对平台进行"即时管控"。俄罗斯联邦通信、信息技术和大众传媒监督局3月表示，由于推特违反了"网络社交平台有义务识别和阻止被禁止传播的内容"的法律规定，电信运营商使用深度报文检测设备限制推特的访问速度。2021年，乌兹别克斯坦、埃塞俄比亚、赞比亚等国先后以信息泄露、未遵守个人数据保护法律法规、保护政治选举安全等为由，对脸谱网、电报、WhatsApp等社交媒体的网络访问采取了限制措施。

（四）寻求国际协同，探索全球平台治理的同向互动和统一框架

2021年，更多国家呼吁超大互联网平台治理应走出长期分裂和分散的格局，加快形成高效率的全球协商和协同机制。特别是美欧就数字经济发展、网络和信息安全监管开展国际合作趋势明显，意图制定共同规则规制平台企业。1月，欧盟委员会主席呼吁美国与欧盟一起"创建一个在全世界都有效的数字经济规则手册"，以控制大型科技公司的权力，限制虚假信息的传播。6月，美国总统拜登表示将加强欧美技术对话合作，弥合在隐私保护、数据流动、人工智能、数字税、反垄断、虚假信息等领域的具体分歧，制定兼容的技术标准和新技术监管措施。9月，一份备忘录草案显示，美国和欧盟计划采取更加统一的方式，限制谷歌、脸谱网等大型科技公司日益增长的市场力量。此外，澳大利亚竞争和消费者委员会（Australian Competition and Consumer Commission，ACCC）8月发布的《应用程序市场数字平台服务调查报告》指出，现有的监管框架无法很好地应对数字市场带来的挑战，呼吁全球采取一致性的监管和执法办法，以推动公平竞争。

二、分析研判

2021年，全球主要国家同步对平台企业由重发展向重监管转变，通过行政、经济、法律、技术等手段综合施策，推动平台治理向制度化、精准化、技术化、协同化方向发展，呈现出一些新特点和新趋势。

（一）治理精准性提升，找准监管发力重点

总体来看，多数国家在平台治理实践中聚焦市场垄断、数据治理、内容安全等大方向。同时，随着治理进程的深入以及监管与发展寻求平衡的现实需要，多数国家监管部门从不同平台的属性特点、应用逻辑、盈利模式、突出问题等情况出发，聚焦具体治理难题，进一步找准监管发力点，呈现出面到点、精准发力的特征。比如在反垄断方面，在一贯重视的并购审查基础上，重点关注苹果和谷歌应用商店的主导地位影响公平竞争的情况，对应用商店的准入规则、支付政策、收入分成等进行审查，美国、俄罗斯、意大利等国均要求苹果应用商店改变禁止开发者使用应用程序内购买机制的行为。在隐私保护方面，WhatsApp与脸谱网共享个人数据的行为成为2021年监管发力的着眼点，印度、土耳其、南非、阿根廷和欧盟裁定该共享行为违反隐私保护法律。

（二）平台创新性发展，凸显监管滞后短板

2021年，受平台经济进入存量竞争阶段、移动互联网红利消退、监管趋严导致政策压力增大等多方面因素的影响，超大互联网平台力求寻找发展新突破，"元宇宙"概念大热，脸谱网、谷歌、微软等科技巨头纷纷入局，由此引发的舆论安全、网络安全、资本炒作、隐私泄露、道德风险等问题催生新的治理难题，现有的治理体系和治理能力不足以对其进行有效解答和规制。多数国家和地区对"元宇宙"处于研究和观望阶段，对相关问题的监管存在政策和法律空白。此外，多数国家的平台治理手段往往基于原有治理体系进行移植、细

化、深入，实质性的创新监管较为少见。如何对可能颠覆社会形态的新技术新应用进行有效监管，为政府、产业界、学术界提供了新的研究课题。

（三）政企对抗性增加，平台挑战监管权威

面对政府的监管措施，特别是针对平台垄断发起的各项调查，各大互联网平台并没有严肃整改，而是通过"法律武器"和"游说法宝"双管齐下，挑战政府决策的有效性。一方面，通过上诉，要求法院驳回反垄断诉讼和判决。脸谱网在与美国 FTC 的反垄断诉讼案中，多次要求法院驳回反垄断诉讼，反对拆分该公司；对于英国监管机构要求其撤销对图片搜索引擎公司 Giphy 收购的裁决，脸谱网做出强硬回应，认为该裁决"非常不合理和不适当"。谷歌多次向欧盟、法国、韩国法院提出上诉，要求撤销因滥用安卓主导地位、新闻版权纠纷等原因做出的巨额罚款决定。苹果和亚马逊也对意大利反垄断机构的罚款决定进行上诉。另一方面，通过游说，与遏制科技巨头的立法行为进行博弈。美国反垄断相关立法来自平台企业的压力上升，苹果、谷歌、推特等资助的游说团体 Chamber of Progress 公开对美国《开放应用市场法案》提出抗议。另外，欧洲企业观察组织和德国研究机构发布的研究显示，谷歌、脸谱网和微软是欧盟游说支出最多的公司，其中谷歌以 575 万欧元高居榜首，后面依次是脸谱网（550 万欧元）、微软（525 万欧元）、苹果（350 万欧元）。

（四）欧美协同性提升，意图形成监管技术联盟

2021 年，欧美积极布局针对大型平台的监管合作网络，试图形成全球性的监管体系，对平台全球化发展进行规制。欧美在数字税、平台反垄断、数据跨境管理等方面已达成实质性成果。美国与欧盟宣布成立美国 – 欧盟贸易和技术委员会，意图建立反垄断监管技术联盟。G7 国家的数据保护和隐私部门 9 月会议后发布公报，一致同意制定个人数据跨境转移框架，对政府访问个人数据的规则加强沟通合作。

三、对我国的启示及建议

2021 年是我国平台治理的关键一年，相关法律法规密集出台、监管行动果断坚决、治理手段创新发展，平台治理取得显著成效。我国应进一步统筹发展与安全、国际与国内、创新与竞争、保护与利用等之间的关系，针对我国平台经济发展的阶段和现实问题，推动平台治理综合性、立体化发展。一是健全完善顶层制度设计。加快推动《中华人民共和国反垄断法》修订，抓住《数据安全法》《个人信息保护法》出台等时机，加快完善相关配套制度规定，组织制定细分领域的指南文件，为平台合规提供指引。二是强化信息技术监管应用。探索运用大数据、云计算、人工智能等技术，建立集数据信息汇总、监测监管、前瞻分析研判为一体的数字化智慧平台监管系统，建立健全数据标准规范，通过各类数据的整合、分析、利用，充分挖掘数据价值，为平台治理提供决策参考。三是深化拓展基础理论研究。加强网信高端智库和人才队伍建设，鼓励围绕政企关系、反垄断沿革、新兴技术风险等问题开展基础性、前瞻性研究，为创新平台治理理论体系和研究框架提供支持。四是构建跨境平台监管框架。建议加强相关国家的沟通，通过联合国、世界互联网大会等平台和机制，促进交流、求同存异、增进共识。加强同我国周边国家、友好国家，特别是"一带一路"沿线国家在相关领域的合作，介绍我国平台治理的经验和成效，争取并扩大我国在平台治理领域的"朋友圈"，让"中国主张"得到更多国家的支持。

第 2 章

全球网络安全和信息化动态月度综述

2.1　2021年1月全球网络安全和信息化动态综述

2021年1月，多个国家持续完善本国网络空间法律建设，加强疫情防控期间的网络与信息安全措施部署，强化数据信息保护。不断加大对新兴技术和产业发展的布局，力争通过发展新技术、培育新产业抢占信息技术竞争制高点，刺激经济复苏。具体情况综述如下。

一、大力推动网络空间立法和战略布局

1月，多国政府提出或发布涉及网络空间的法案、战略，继续完善本国网络空间法律建设。一是网络安全方面。美国国会参议院1月1日表决通过《2021财年国防授权法案》，该法案包括多项与"太阳风"（SolarWinds）黑客攻击直接相关的网络安全条款，其中包括允许"国土安全部网络部门追踪政府网络上的威胁"的新授权；加拿大联邦政府计划近期制定法律打击儿童网络色情或者性剥削等行为，无论网络平台公司的注册地、总部或者服务器在何地，通过网络传播的儿童色情内容必须在24小时内从网站中删除；巴西国家电信局（Anatel）1月5日发布了关于电信设备网络安全要求的第77号法规，规定Anatel有责任识别已认证产品中影响用户或该国电信网络安全的任何故障或漏洞。二是大型社交媒体管理方面。美国两党议员1月5日提出《网络恐怖主义预防法案》，要求定期在社交媒体网站上披露指定的外国恐怖组织，将对未能从其平台上删除恐怖主义内容的社交媒体公司处以经济和刑事处罚；美国民主党众议员和纽约州共和党众议员1月26日再次提出《外国代理人免责声明增强法》，以减少外国虚假信息和宣传在社交媒体上的传播，防止外国势力通过网络虚假信息传播政治分裂思想；土耳其根据新媒体法于1月19日对推特、Pinterest和Periscope发出了广告禁令，并允许当局从其

平台上删除内容；印度将制定OTT（Over the Top）平台和新闻网站自律法规，要求包括OTT平台和新闻网站在内的数字媒体自律，以解决敏感视频内容和虚假新闻问题。三是信息化方面。美国众议院科学、空间和技术委员会（Committee on Science,Space,and Technology，CSST）的高级成员弗兰克·卢卡斯及民主党人埃迪·伯尼斯·约翰逊1月12日提出《农村STEM教育研究法案》，旨在提高农村地区的科学、技术、工程、数学和计算机科学（STEM）教育水平；印度尼西亚通信与信息技术部1月6日发布《2020—2024战略计划》草案；巴基斯坦1月13日发布《2021年数字巴基斯坦政策》草案，以促进本国数字化转型。

二、不断强化新冠肺炎疫情防控期间应对网络安全的措施部署

为了确保新冠肺炎疫情防控期间网络基础设施与信息安全，防止发生重大网络安全事件，以美国为代表的西方国家不断加强应对措施。美国政府1月21日发布《新冠肺炎疫情反应和应急国家战略》，提出涉及网络安全的应对措施，要求国家情报总监进行网络威胁风险评估；建议联邦政府采取措施应对新冠肺炎疫情带来的网络威胁，建议国家情报总监制定措施保护生物技术基础设施，避免受网络攻击和知识产权盗窃，提供及时有效的响应措施等。同日，拜登签署《关于确保以数据为导向应对新冠肺炎和未来严重公共卫生威胁的行政命令》，强调不得强制或授权披露保密信息、执法信息、国家安全信息、个人信息或法律禁止披露的信息。此外，拜登政府还将推出总投资1.9万亿美元的新冠肺炎疫情救助计划，其中包括提供超过100亿美元的资金用于提高国家网络安全和信息技术水平。

三、全面加强数据和隐私保护

新年伊始，多国政府和组织强化数据隐私权益保护相应政策立法，针对垄断供应商对数据的强制收集问题展开规制。一是个人数据隐私保护方面。1月11日，美国纽约州参议院567号法案规定，消费者有权要求企业提供其出售或披露给第三方的个人信息类别，以及披露获得其个人信息的第三方的身份，并且消费者可在任何时候要求企业停止销售其个人信息；欧洲理事会1月5日发布最新版《电子隐私条例》草案，扩大个人数据处理覆盖欧盟成员国法律的适用范围；欧盟委员会1月20日发布关于修订《第2014/41号关于欧盟

刑事案件调查令指令》的提案，以遵循欧盟个人数据保护规则；澳大利亚、韩国、巴基斯坦分别修改《1988 年隐私权法》《个人信息保护法》《个人数据保护法》，以强化执法权限，更好地应对数字时代的隐私风险。二是数据流动方面。欧洲数据保护委员会就 1 月 14 日通过的 01/2021 号《数据泄露通知案例指南》公开征求意见，以协助处理数据泄露事件；德国政府 1 月 17 日批准了一项新的数据战略，通过出台 240 项数据措施，建立一个基于欧洲价值观、数据保护和主权的战略模型；西班牙数据保护局 1 月 4 日发布《默认数据保护指南》，明确数据保护原则的策略、实施措施、记录和审计要求等。三是加大执法力度方面。欧盟 GDPR 罚金屡创新高，据财务分析网站 Finbold 统计，欧盟 2020 年对违反 GDPR 的企业罚款超 1.7 亿欧元，意大利缴纳的罚款额度最高，达 5800 万欧元，其次是英国和德国，分别为 4400 万欧元和 3700 万欧元；挪威数据保护局 1 月 26 日对社交应用 Grindr 非法披露用户数据处以 1 亿挪威克朗罚款，这成为挪威执行 GDPR 后在国内处以的最高罚款。

四、同步推进新技术新应用部署实施

诸多国家和组织加速战略布局，加大资金、人才投入，发展本国信息化、数字化产业。一是加快战略布局。在奥巴马政府的科研诚信政策和由特朗普通过并实施的《公共、公开、电子与必要性政府数据法案》的基础上，美国总统拜登 1 月 27 日签署备忘录建立新的政策、框架、指导文件和白宫级别的特别工作组，并要求联邦机构设立首席科学官担任科学和研究问题的首席顾问，以推进诚信科研。白宫科技政策办公室 1 月 12 日宣布成立国家人工智能倡议办公室（National AI Initiative Office，NAIIO），其主要负责执行国家的人工智能战略。美国总务管理局发布新政府 IT 服务合同草案，期待供应商提供人工智能等新兴技术的创新解决方案；英国人工智能特别委员会 1 月 6 日发布人工智能路线图报告，关注研发、技能、信任、应用"四大支柱"并提出 16 项建议，旨在巩固英国在人工智能领域的世界领先地位。二是促进国家之间的合作。美国空军科学研究局（AFOSR）与韩国两家研究所 1 月 19 日共同发起一项研究计划，并提供三年期资金，以推动量子信息科学和技术的发展；印度电子和信息技术部与亚马逊 1 月 19 日合作成立量子计算应用实验室，以加速量子计算研发，并实现新的科学发现；英国和巴西 1 月 4 日签署了一项协议，以加速拉丁美洲国家在公共服务提供方面的数字转型和创新发展。三是防患于未然。鉴于人工智能、生物识别技术及各种形式的面部自动识别系统都将对隐私和匿名化产生深远影响，国际组织与各国政府积极跟进可能对隐私和数据保护产生影响的新兴技术发展。国际标准化组织（IOS）1 月 14 日发布了 ISO/IEC 19989 系列标准《信息安全——生物识别系统安全评估的标准和方法》，以确保生物识别系统免受破坏其系统安全的网络攻击；美国《2021 财年国防授权法案》要求国土安全部对"深度伪造"的传播、背后的技术以及造成伤害或骚扰的方式进行评估，指示国防部就"深度伪造"针对美国军方成员的潜在危害进行评估；美国纽约州立法机关 1 月 6 日提出《生物识别隐私法》，为生物识别码、生物识别信息数据库以及机密和敏感信息添加新定义；欧盟网络安全局（European Union Agency for Cybersecurity，ENISA）1 月 18 日发布《医疗保健服务的云安全》报告，为医疗保健机构提供网络安全指导方针，帮助其进一步利用云服务实现数字化。

五、持续深化对超大互联网平台的监管

1 月美国国会骚乱和俄罗斯聚集抗议事件引发各国对超大互联网平台监管的强硬表态，多国和组织持续加强对虚假有害信息和不当竞争的立法和执法。美国弗吉尼亚州参议员 1 月 9 日致函 11 家科技公司，敦促其保存与暴徒入侵美国国会有关的证据；欧洲法院 1 月 13 日建议欧盟任一国家的数据保护机构在各种情况下都应有权对脸谱网等跨国科技企业采取法律行动，即使该企业的区域总部位于其他欧盟国家，并赋予欧盟国家数据保护机构跨国监管权限，对超大互联网平台实施"一站式"监管；德国联邦议院 1 月 14 日通过《反对限制竞争法》修正案，以限制数字市场中的垄断行为，促进市场公平竞争；法国总统马克龙 1 月 26 日警告谷歌和微软要遵守欧盟法规，任何不公平的做法都将被视为对欧洲民主的攻击；意大利米兰上诉法院 1 月 5 日判决脸谱网抄袭意大利软件公司 Business Capacity 的地理位置功能，要求脸谱网支付 383 万欧元罚款；俄罗斯当局 1 月 21 日下令要求脸谱网和推特等社交媒体网站限制在线抗议活动，如果相关平台未能删除政府禁止传播的信息，将被处以约 400 万卢布的罚款。

六、积极探索数字化转型新发展

积极发展数字经济不仅是多国和组织推动经济复苏的关键举措，更成为世界经济增长的新动能。随着产业变革日新月异，数字经济蓬勃发展，多国政府

和组织着眼于如何利用现有优势，推动数字行业和整个市场经济的增长。美国联邦通信委员会（Federal Communications Commission，FCC）发布 2021 年度宽带部署报告，称美国数字鸿沟正在迅速缩小，基础设施投资障碍的消除促进了良性竞争与创新发展；欧盟网络安全局（ENISA）与欧盟自由、安全和司法领域大型 IT 系统运营管理机构（eu-LISA）1 月 8 日签署 3 年合作计划，拟共享信息和专业技能，致力于塑造更具数字弹性的欧洲；英国内阁办公厅 1 月 12 日宣布成立中央数字和数据办公室（Central Digital and Data Office，CDDO），将其作为数字、数据和技术发展战略中心；美国智库信息技术与创新基金会（ITIF）1 月 19 日发布题为《美国全球数字经济大战略》的报告，建议美国政府制定以"数字现实政治"新学说为基础的战略，保持美国 IT 领域全球领导者地位。

七、增强防御能力应对网络安全事件

1 月网络攻击和信息泄露事件多发，全球网络安全形势不容乐观，一些国家相继出台措施加强应对。一是针对基础设施的攻击值得关注。美国南卡罗来纳州乔治敦县计算机网络基础设施 1 月 24 日因黑客入侵遭受"严重破坏"，包括电子邮件在内的大部分电子系统受到了影响；世界经济论坛 1 月 19 日发布的《2021 年全球风险报告》警告称，未来易发生 IT 基础设施崩溃等风险。二是网络漏洞数量增加，信息泄露风险不容忽视。美国网络安全公司 Tenable 1 月 14 日发布报告称，2020 年 CVE 漏洞数量同比增加 6%，超过 35% 的新零日漏洞与浏览器相关；巴西安全技术服务商 PSafe 旗下的网络安全实验室 dfndr 1 月 26 日报告，1 月巴西一数据库发生重大泄露事件，该数据库中包含几乎所有巴西人的姓名、出生日期和数百万巴西人的自然人税卡号码。三是美国新政府积极应对网络攻击，组建"世界级"网络安全团队。美国总统拜登宣誓就职后，积极应对网络安全问题，任命联邦首席信息安全官，开始招募一批拥有深厚网络专业知识的国家安全退伍军人，打造"世界级"网络安全团队。四是多国和组织增强网络安全防御能力。日本国立信息通信研究院（National Institute of Information and Communications Technology，NICT）对 IT 安全专家实施培训，以保证东京奥运会和残奥会免受潜在的网络攻击；北约合作网络防御卓越中心（Cooperative Cyber Defence Centre of Excellence，CCDCOE）1 月 20 日发布《网络威胁与北约 2030：地平线扫描和分析》，强调网络防御从"模拟联盟"转向"数字联盟"。

2.2　2021 年 2 月全球网络安全和信息化动态综述

2月，拜登政府上任后在网信领域的相关布局逐步铺开，积极兑现竞选承诺，恢复联邦政府对网络安全事务的关注度；数据治理和隐私保护仍是多个国家及组织关注的重点，美国多州审议通过隐私保护法案，欧盟积极推动与美、英达成新的数据跨境协议；谷歌、脸谱网等超大互联网平台因内容付费问题与澳大利亚、加拿大政府产生争议，美、欧等采取措施强化对社交媒体平台的内容监管；诸多国家竞相在 5G、区块链、人工智能、量子计算等新兴技术领域谋划布局，抢占先机。具体情况综述如下。

一、拜登政府网信领域政策动向

一是提升网络安全事务优先度。拜登 2 月 4 日在国务院演讲时表示，联邦政府十分重视网络安全事务，已发起一项紧急计划，将全面提升美国在网络空间的准备程度和应变能力。2 月 11 日，美国国家安全委员会（NSC）负责网络与新兴技术的副国家安全顾问透露，联邦政府正在起草新的国家网络安全战略，内容将涵盖国家安全电信咨询委员会致信拜登总统的若干建议，包括保障软件和供应链安全、建立数字领域信任与安全、确保新兴技术（5G、人工智能、量子计算）全球领先地位等。国土安全部 2 月 25 日宣布增加 2500 万美元拨款，以提高联邦政府网络安全水平，并提出一系列计划以打击勒索软件。二是强化关键行业供应链安全。拜登 2 月 24 日下令启动"百日新政"，对半导体、大容量电池等行业供应链开展为期 100 天的审查，第二阶段审查范围将扩展至信息通信技术、公共卫生等特定领域，以系统性解决美国供应链的脆弱性和安全问题，同时要求联邦政府定期、持续地评估关键行业供应链弹性，确保美国在技术和原料方面不过度依赖其他国家。三是应对所谓的"中国威胁"。2 月 18 日，美国众议员提出 5 项立法建议，即《美国公司回归法案》《涉中国联邦资金透明法案》《对中国购买美国公司控股权的临时限制法案》《敏感技术转让管制法案》以及《中国债务偿还决议》。2 月 10 日，拜登在访问五角大楼时宣布成立国防部"中国特别工作组"，专门研究美军在亚洲的作战部署、技术情报以及涉及中国的联盟伙伴关系，17 日又任命 3 名特别工作组成员，其中两位曾任职于智库新美国安全中心（Center for a New American Security，CNAS），多次呼吁美国开发新的联盟，实现多元化的半导体供应链。

二、强化数据治理和个人信息保护

一是美国多州推出隐私保护法案。美国弗吉尼亚州众议院通过《消费者数据保护法》，该法案基于《华盛顿州隐私法案》，更具商业友好性。2月15日，美国佛罗里达州众议院出台《佛罗里达州消费者隐私法案》（第969号法案），该法案为个人信息、生物特征信息、服务提供商以及商业目的等引入新定义。2月16日，美国犹他州参议院审议《消费者隐私和商业电子邮件法案》，规定消费者拥有关于访问、更正和删除个人数据，以及选择退出企业收集和使用个人数据的权利。华盛顿州众议员提出一项新的数据隐私法案——《人民隐私法案》，对大量收集个人数据并获取利益的企业、政府机构和行业组织提出隐私保护"黄金标准"。二是欧盟致力于与美、英达成数据跨境协议。欧洲数据保护委员会（EDPB）和欧洲数据保护监管局（EDPS）发布关于向第三国转移数据的新标准合同草案，以确保新标准与GDPR保持一致，并提供具体保障措施以满足来自第三国家/地区机构的数据访问请求。欧洲议会公民自由、司法和内务委员会在Schrems Ⅱ隐私盾决议草案中指出，只有对美国《外国情报监视法案》进行全面改革，或通过一部符合GDPR要求的联邦数据保护和隐私法，才能解决从欧盟向外安全转移个人数据的问题。经过9个月的评估，欧盟委员会于2月19日发布决定草案，认为英国对个人数据已采取充分的保护措施，可以与"脱欧"的英国继续开展执法合作。三是多国加大对违规使用隐私数据的处罚力度。俄罗斯国家杜马批准《俄罗斯联邦行政犯罪法》修正案，大幅提升违反隐私法的罚款上限。德国数据保护部门宣布对不符合Schrems Ⅱ要求的公司从严处罚，如果欧盟国家的公司不采取加密等充分安全措施就将个人数据转移至美国，将面临"重大风险"。意大利竞争管理局2月17日发表声明称，脸谱网爱尔兰公司未能遵守警告消除对用户个人数据的不公平做法和不当商业行为，对其处以700万欧元的罚款。

三、加强对超大互联网平台的规制监管

一是规制超大互联网平台反垄断竞争行为。美国民主党参议员提出《反垄断执法改革法案》，为超大互联网平台并购设置更多障碍，并呼吁增强联邦政

府在反垄断执法方面的资源，重塑科技监管格局。2 月 25 日，澳大利亚国会通过《新闻媒体和数字平台强制性议价法案》，旨在解决新闻媒体与数字平台之间在业务议价能力上不平衡的问题，确保媒体从其产生的内容中获得合理报酬。加拿大文化遗产部长 2 月 18 日表示，将效仿法国、澳大利亚等国的做法，要求脸谱网和谷歌达成向新闻媒体付费的协议，或通过有约束力的仲裁形成价格协议，为其使用的新闻内容支付酬金。俄罗斯国家杜马就规范社交媒体平台推荐算法的立法展开讨论，旨在实现推荐算法的透明化。二是强化对社交媒体平台的内容监管。美国民主党参议员提出《安全技术法案》，旨在限制《通信规范法》第 230 条规定，要求社交媒体平台对发布的信息内容承担更多责任。欧盟委员会 2 月 25 日公布关于社交媒体平台打击涉新冠肺炎疫情虚假信息的调查报告，列举了脸谱网、谷歌、微软、火狐、TikTok、推特公司的针对性举措，其中，推特为潜在的涉疫苗误导推文设立了标签，谷歌扩展了对已批准疫苗信息的搜索功能，TikTok 披露了欧盟范围涉疫苗标注内容的相关统计数据。法国国民议会 2 月 11 日通过新修正案，加强对网络仇恨行为（即通过社交媒体散布暴力和仇恨的行为）的监管。印度政府拟定《媒介和数字媒体道德准则指南》草案，要求社交媒体平台在收到政府指令后，尽快删除包含虚假信息和非法内容的帖文，最迟不得超过 36 小时。

四、加速新技术布局，抢占发展先机

一是下一代移动通信方面。2 月 17 日，美国国防高级研究计划局（DARPA）与技术联盟 Linux 基金会签署合作协议，创建名为"开放、可编程、安全的泛美国政府合作伞"（US GOV OPS）计划，DARPA 的开放式可编程安全 5G 项目（OPS-5G）将成为该计划的首个合作项目；欧盟委员会 2 月 23 日通过《联合智能网络服务战略合作伙伴关系》提案，该提案作为"地平线欧洲"计划的 9 个联合战略之一，旨在协调涉及 6G 技术的研究活动，以及连接欧洲数字基础设施的 5G 部署倡议；苹果公司启动 6G 无线通信系统研究和设计，开始招聘专注于 6G 技术研发的工程师职位。二是人工智能方面。2 月 17 日，欧盟委员会、欧洲议会和欧洲理事会发布联合通讯——《加强欧盟对基于规则的多边主义的贡献》，重新定义欧盟多边主义立场和战略重点，并提出"支持制定数字化、人工智能等新技术的国际标准和合作框架"等具体举措；英国安防行业协会（BSIA）发布业界首份《自动人脸识别：道德和法律使用指南》，为合规合理使用自动人脸识别技术提供指导，以确保在公共或私人场合不对任何人造成伤害或歧视。三是金融科技方面。欧盟委员会和欧洲中央银行（以下简称欧洲央行）发布联合声明，计划在 2021 年中期通过非官方方式推出一种数字欧元，以跟上美国、中国等推进虚拟货币形式主权货币的步伐；2 月 18 日，印度储备银行发布《关于数字支付安全控制的总方针》，为实施数字支付产品和服务安全控制建立通用的最低标准。四是量子计算方面。欧盟网络安全局（ENISA）2 月 9 日发布《后量子密码学：当前状态和量子缓解》报告，重点关注后量子计算技术可能对现有网络基础设施的破坏以及缓解之道，旨在帮助决策者和系统设计者尽快采取适当行动；2 月 4 日，IBM 公司发布《构建开源的量子软件生态系统路线图》，勾画了 2026 年或实现百万级量子比特量子计算的场景。

2.3　2021 年 3 月全球网络安全和信息化动态综述

3 月，美国、印度、英国等国家和欧盟持续推进网络安全战略布局，强化安全能力建设，推动国家数字战略和国家信息化进程，持续加大对互联网科技巨头的监管。同时，不少国家及地区在人工智能、6G、量子计算等新兴技术方面竞合态势继续加深。具体情况综述如下。

一、网络安全战略布局加速

3 月，美国、欧盟及亚洲多国密集发布涉网络安全战略和法案，旨在完善政府网络安全组织架构，提升网络安全应变能力，以及强化供应链和关键基础设施安全。一是持续强化网络安全顶层设计。拜登政府 3 月 3 日发布"临时"安全战略文件，强调把网络安全作为重中之重和政府工作当务之急，鼓励私营部门与各级政府合作，增强网络空间战备能力和应变能力，构建美国安全的网络环境；欧洲理事会 3 月 22 日通过有关"数字十年"网络安全战略，概述了欧盟为保护欧盟公民和企业免受网络威胁，促进安全信息系统以及保护全球、开放、自由和安全的网络空间而采取的行动框架；英国政府 3 月 16 日发布《安全、国防、发展和外交政策综合评估报告》，强调国家网络能力的重要性；俄罗斯联邦安全委员会（Security Council of the Russian Federation，SCRF）会议 3 月 26 日审议并批准俄罗斯在国际网络安全领域的国家政策基本原则草案，表示将加强国际合作，构建国际法律制度限制各国网络空间活动，保护独立国家的网络主权，防止国家间的信息技术冲突。二是加快供应链安全布局。美国信息技术产业理事会（Information Technology Industry Council，ITI）发布了指导美国政府进行供应链审查的《供应链安全：战略审查原则》，以支持拜登政府关于美国供应链的行政命令所要求的对信息和通信技术（ICT）供应链的整体评估，并提供最佳做法；美国通信工业协会（Telecommunications Industry Association，TIA）发布了关于供应链安全（SCS）9001 的新白皮书，并将其作为信息通信技术行业第一个基于流程的供应链安全标准。三是强化关键基础设施安全保障。联合国开放工作小组（Open Working Group，OWG）3 月 10 日通过《关于网络空间负责任国家行为准则的共识报告》，将医疗保健设施纳入"关键基础设施"的考虑范围，并承认选举干预造成的危害；拜登政府提出经济救援救济法案草案，其中将近 20 亿美元用于联邦网络安全和技术现代化项目；美国网络空间日光浴委员会（Cyberspace Solarium Commission，CSC）准备起草一项强制性违规披露法案，要求支持关键基础设施的私营公司在其网络遭到破坏时通知政府；美国众议院提出《2021 年工业控制系统能力增强法案》，集中规定网络安全与基础设施安全局（CISA）在应对跨行业网络安全事件中的作用，并要求该局监控工业控制系统中的漏洞。四是继续引导私营部门和社会民众参与国家网络安全行动。美国国会两党议员提出《国土和网络威胁法》，允许美国公民对向美国发动或参与网络攻击的外国政府提出索赔；美国联邦调查局（Federal Bureau of Investigation，FBI）与 CISA 3 月 10 日联合发布《私营行业预警指南》，旨在帮助网络安全专业人士和普通公众识别对手可能用来劝阻公众舆论的"深度伪造"案例；美国犹他州州长 3 月 11 日签署《网络安全平权防御法案》，赋予个人和大多数商业组织"平权防御"网络安全攻击的权利。

二、持续推进信息化建设和数字化战略

3 月，一些国家及欧盟持续推动本国数字战略和信息化战略，意图抢占信息化发展的快车道。一是持续强化网络基础设施建设。美国两党议员联合提出《美国宽带建设法案》，要求国家提供 150 亿美元的配套补助金，增加美国没有宽带服务的地区获得相应服务的机会，确保提供的宽带服务达到美国联邦通信委员会（FCC）定义的最低标准；美国电信行业解决方案联盟启动北美"国

家 6G 路线图"，明确科研需求、技术发展战略、服务和应用激活因素、政府举措和政策、市场优先事项等内容，旨在实现北美 6G 网络的领导地位；欧盟委员会通过一项针对 6G 的智能网络和服务联合事业的立法提案，强调确保新兴的 6G 网络技术标准遵循欧洲标准。二是加速新技术新应用部署。拜登政府计划公布一项价值数亿美元的基础设施提案，增加对量子计算、人工智能和生物技术等有前景的新技术的投资，以确保美国在技术竞争中获胜；美国众议院提出《科学技术量子用户扩展法案》和《量子网络基础设施法案》，推进美国以量子为中心的基础设施建设，"鼓励和促进出于研究目的而使用量子计算硬件和量子计算云"；美国白宫计划通过一项行政命令，将商业云技术的规模扩大一倍，以应对利用云服务获得对多个联邦机构网络广泛访问的大规模黑客攻击活动；欧洲理事会 3 月 16 日以书面表决通过了总预算为 75.88 亿欧元的新"数字欧洲"计划，主要为高性能计算、人工智能等 5 个关键领域的尖端技术研发提供资金。三是推进绿色数字化转型。欧盟委员会发布《2021 年管理计划：通信网络、内容和技术》政策文件，旨在支持欧盟经济和社会的数字化转型，培育内部市场，使欧洲适应数字时代；欧盟委员会 3 月 9 日发布《2030 数字指南针：欧洲数字十年之路》计划，概述了一系列 2030 年前要实现的目标，帮助欧盟获取下一代数据处理技术并获得"数字主权"，以降低第三国掌握欧盟数据所带来的风险；欧盟委员会 3 月 15 日正式通过"地平线欧洲"第一个四年战略计划（2021—2024），将为气候中和、创建"绿色欧洲"以及适合数字时代的欧洲等研究和创新计划投资 955 亿欧元；26 个欧洲国家 3 月 19 日在欧盟"2021 年数字日"活动上签署了《绿色和数字化转型宣言》，承诺加快部署和发展 5G 和 6G、光纤、高性能计算和物联网等先进数字技术，推动能源、交通、制造业等领域的绿色数字化转型，推广绿色云、人工智能和区块链技术，支持绿色科技初创企业和中小企业发展。

三、强化数据治理和对互联网巨头的监管

　　基于经济利益和社会安全考量，多国和组织在 3 月通过诉讼、行政处罚、立法等多种形式，加强对互联网巨头的法律监管和数据治理。一是加强隐私保护立法及执法。联合国儿童权利委员会发布了《关于数字环境下儿童权利的法律指南》以保护儿童隐私，确保儿童和父母都易于访问并能够删除公共机构或私人公司存储的儿童数据；美国众议院民主党提出《信息透明度和个人数据控

制法案》，建议建立一个数据隐私国家级标准；美国联邦法官判决脸谱网因违反隐私条例向用户赔偿 6.5 亿美元；美国加利福尼亚州一名法官裁定，谷歌在用户使用隐私"隐身"模式时仍秘密收集用户数据，因此面临集体诉讼，该诉讼要求谷歌至少赔偿 50 亿美元；欧洲数据保护委员会（EDPB）和欧洲数据保护监管局（EDPS）就《数据治理法案》（Data Governance Act，DGA）达成一致意见，要求立法者确保 DGA 完全符合欧盟个人数据保护法规；俄罗斯联邦通信、信息技术和大众传媒监督局提议将 3 月 1 日生效的《个人数据法》的原则扩展到外国互联网平台。澳大利亚联邦法院批准了澳大利亚竞争和消费者委员会（ACCC）继续就脸谱网及其两家子公司使用用户个人活动信息的行为提起诉讼。二是加强对社交媒体及科技平台的内容监管。美国两党议员提出《平台问责制和消费者透明度法案》，拟取消科技和社交媒体公司通过《通信规范法》第 230 条规定获得的现有保护，并强制它们负责对平台上的内容进行审核；美国国防高级研究计划局（DARPA）创建了"语义取证"（SemaFor）项目，旨在通过开发能够自动检测、归因和描述伪造媒体资产特征的技术，让分析人员在检测者和操纵者之间的斗争中占据上风；俄罗斯联邦通信、信息技术和大众传媒监督局表示，俄罗斯将在一个月内封锁推特，除非其遵守删除被禁内容的要求。三是美欧继续就征收科技企业数字服务税问题展开博弈。美国税收基金会网站公开信息显示，截至 2021 年 3 月 23 日，奥地利、法国、匈牙利、意大利、波兰、西班牙、土耳其和英国八国已实施数字服务税征收，拉脱维亚、挪威、斯洛文尼亚已宣布或表示征收数字服务税的意图。为此，美国贸易代表办公室称，美国将继续对奥地利、英国、印度、意大利、西班牙和土耳其六国商品征收关税，作为其对美国科技企业征收数字服务税的对等举措；美国财政部长耶伦表态将放弃特朗普政府提出的数字服务税"安全港"原则，以期推动 G20 在 2021 年年中就全球数字服务税达成协议，对此欧盟委员会表示美国此举不会阻碍欧盟提出自己的数字征税建议的计划，欧盟委员会将按计划在 6 月前开始征收数字服务税；俄罗斯副总理切尔尼申科出席政府与俄罗斯 IT 行业举行的会议，讨论对外国 IT 企业征收新税的可能性，税收所得将用于扶持俄罗斯国内 IT 企业发展。

四、国际网络空间治理与竞争政治化、区域化趋势明显

网络空间在政治利益、国家安全和经济利益方面的作用越来越明显，国际

关系因此日趋政治化。一是美西方国家继续加强所谓"技术同盟"关系。美国众议院重提《网络外交法案》，以确保美国加强与国际盟友的伙伴关系，旨在以统一的方式打击网络攻击；美国两党议员提出《民主技术合作法案》，旨在在民主国家之间建立技术合作伙伴关系；美国、澳大利亚、日本和印度四国领导人决定成立"关键和新兴技术工作组"，促进协调技术标准，并就关键技术供应链进行对话。二是全球数据跨境流动竞合持续。欧盟和美国达成协议恢复跨大西洋数据传输，如果欧盟公民出于执法目的向美国机构提供的个人数据随后被泄露，该协议将允许欧盟公民就其个人信息在美国被不当使用的情况提起诉讼并获得赔偿；欧盟与韩国完成数据跨境流动"充分性认定"谈判，欧盟委员会即将启动通过其"充分性认定"的程序，一旦完成"充分性认定"，数据将能够从欧盟自由安全地流向韩国；欧盟委员会发布新冠肺炎"数字绿色证书"相关提案，以促进新冠肺炎疫情防控期间民众在欧盟成员国之间的自由流动。

2.4　2021年4月全球网络安全和信息化动态综述

2021年4月，全球多国深入推进网络空间立法和战略布局，不断提升网络安全防御能力，全面加强内容和数据管理，持续深化对超大互联网平台的监管，积极探索新技术新应用发展。具体情况综述如下。

一、深入推进网络空间立法和战略布局

4月，多国立法机构和组织在网络空间安全、科技公司监管、数据隐私保护、信息化发展等多领域推进立法与战略布局，不断优化升级网络空间建设。一是网络安全方面。美国参议员提出《国家风险管理法案》，以保护关键基础设施免受网络攻击和其他国家的安全威胁；美国联邦参议员4月23日提出《2021年网络响应与恢复法案》，该法案将有助于提升联邦政府应对网络入侵的响应能力。二是对大型科技公司监管方面。美国共和党参议员4月11日提出《21世纪反垄断法案》，该法案将授权美国联邦贸易委员会（Federal Trade Commission，FTC）限制在特定市场中处于主导地位的公司收购竞争对手；欧洲议会4月28日批准《防止在线恐怖主义内容传播条例》，要求互联网平台在内容被标记为"恐怖"后一小时内删除相关信息；日本经济产业省4月1日指定将亚

马逊日本、乐天、雅虎日本、谷歌及苹果 iTunes 5 家信息科技平台作为《有关提高特定数字平台交易透明性及公正性的法律》的适用对象。三是数据隐私保护方面。美国多州推进数据隐私保护立法进程。亚拉巴马州提出《亚拉巴马州消费者隐私法案》，俄勒冈州参议员正在研究《隐私和数据安全法案》，科罗拉多州提出《科罗拉多州隐私法案》，佛罗里达州通过《佛罗里达州消费者隐私法案》。四是信息化方面。美国参议员 4 月 19 日提出《确保美国领导力的国家战略法案》，呼吁美国商务部与美国国家科学、工程和医学研究院确定"十大关键新兴科学技术"，以确保美国在科技和创新方面的领导地位。

二、不断提升网络安全防御能力

4 月，美国、欧盟在资金、人员、区域协作等多方面全面升级网络安全防御能力，以应对关键基础设施、国家重要部门等面临的网络安全威胁。一是加大资金投入。美国总统拜登 4 月 9 日向国会提交了预算提案，其中包括超过 13 亿美元的网络安全资金，其中为网络安全与基础设施安全局（CISA）增加了 1.1 亿美元的预算；欧盟委员会制定"地平线欧洲"工作计划草案，称将拨款 1.348 亿欧元用于研究和提升 2021 年和 2022 年网络安全，寻求建立更具凝聚力的跨境网络防御战略。二是完善机构与人员设置。美国政府 4 月 12 日宣布任命前国家安全局副局长克里斯·英格利斯担任首位国家网络总监，负责协调民政机构的国防事务，并审查机构的网络预算；美国总统拜登 4 月 26 日任命网络安全行业资深人士、Kernel Labs 公司首席执行官和创始人阿米特·米塔尔担任美国国家安全委员会（NSC）的网络安全策略和政策高级总监，并兼任总统特别助理；美国国土安全部 4 月 29 日表示，已成立一个特别工作组，负责制定打击勒索软件的相关计划；欧洲理事会 4 月 20 日批准建立欧洲网络安全工业、技术和研究能力中心，以提升互联网和其他关键网络和信息系统的安全性。三是加强区域合作。欧洲理事会 4 月 19 日批准了一项印太合作战略计划，在应对恶意网络活动、虚假信息等安全和防务领域发展合作伙伴关系。

三、全面加强内容和数据管理

4 月，多国政府及组织在内容和数据流动方面加强管理，严厉打击平台上存在的内容安全隐患，推动数据在区域间、国家内有序流动。一是加强对有害信息的打击力度。欧洲理事会和欧洲议会 4 月 29 日达成了一项在线儿童性虐待内容管理的临时协议，允许电子邮件、信息服务等网络平台主动搜寻、删除和上报有关儿童性虐待、性诱拐的内容，进而协助起诉、抓捕违规发布者；加拿大政府表示将成立一个新的监管机构，以确保在线平台能够删除包括儿童画像和未经同意而分享的私密图片等在内的内容；巴基斯坦内政部命令巴基斯坦电信管理局于 4 月 16 日 11 时至 15 时屏蔽包括推特、脸谱网、WhatsApp、优兔和电报在内的社交媒体平台，以打击暴力恐怖组织通过社交媒体进行的破坏活动。二是推动数据有序流动。欧洲议会 4 月 28 日正式批准《欧盟—英国贸易与合作协定》，协议规定在 6 个月的过渡期内，个人数据可以在欧洲经济区和英国之间自由流动；澳大利亚联邦、各州和地区领导人已同意制定一项政府间协议，以促进各级政府之间更加广泛的数据共享。

四、持续深化对超大互联网平台的监管

4 月，多国针对超大互联网平台存在的垄断、非法获取数据和有害内容等问题进行有效监管，推动超大互联网平台规范化运营。一是针对平台垄断问题发起调查。美国 48 名总检察长 4 月 8 日在向华盛顿特区地区法院提交的文件中提出，脸谱网涉嫌垄断社交网络市场，通过减少对用户的隐私保护、增加广告投放数量等方式获取垄断利润；英国竞争和市场管理局的数字市场部（Digital Market Unit，DMU）4 月 6 日正式成立，该机构将监督脸谱网、谷歌等科技"巨头"不能利用其市场主导地位排挤竞争、扼杀在线创新；俄罗斯联邦反垄断局 4 月 13 日表示，已就互联网"巨头"Yandex 公司搜索引擎涉嫌违反竞争法提起诉讼；俄罗斯联邦反垄断局 4 月 19 日对谷歌提起诉讼，指控谷歌滥用其优兔网的市场主导地位；俄罗斯联邦反垄断局 4 月 27 日表示，已对苹果公司处以 1200 万美元的罚款，理由是苹果公司涉嫌滥用其在应用程序市场的主导地位。二是针对平台非法获取数据、存在有害内容等问题进行治理。德国监管机构表示，将采取行动防止脸谱网收集其即时通信应用 WhatsApp 用户的个人数据；爱尔兰隐私机构正就脸谱网泄露全球约 5 亿名用户的个人数据问题展开调查，该公司被指涉嫌违反欧盟《通用数据保护条例》；俄罗斯一家法院 4 月 2 日裁定，推特因没有禁止涉嫌鼓励未成年人参加未经授权的集会等相关内容，被处以总计 890 万卢布的罚款。

五、积极探索新技术新应用发展

4 月，多国及欧盟加快在量子计算、6G、机器人、人工智能等新兴领域的研究进程，完善机构设置、增加研究投入、加强合作力度，争夺相关领域的领先地位。一是加快对新兴技术的研究力度。美国国家安全局 4 月 13 日表示，已建立一个合作实验室，专门对量子比特进行研究；美国国防高级研究计划局（DARPA）已启动量子研究基准计划，该计划的重点是建立可测试的指标，以评估量子计算研究的进展；美国国家科学基金会（NSF）启动一项公私合作项目，与苹果、谷歌、高通等公司合作，计划投资约 4000 万美元，推动针对 6G 等技术的研究；欧盟 4 月 14 日成立量子产业联盟，该联盟将推动加强欧盟在量子领域的研究和技术部署以及产业生态发展。二是加强机构设置和加大资金投入。美国总统拜登 4 月 9 日提议在国家科学基金会设立技术、创新和伙伴关系理事会，负责优先考虑量子计算、机器人、人工智能、生物技术和网络安全等领域的研发，并提议为国家标准与技术研究院（NIST）的年度拨款增加 1.28 亿美元，以进一步推动与新兴技术相关的研究和创新；美国国防部 4 月 13 日表示，已成立一个新的重点关注创新的指导小组，旨在加快对新技术的采用；德国政府计划在 2025 年前提供高达 7 亿欧元的资金用于 6G 技术研究。三是部分国家加强新兴技术合作。美联储、欧洲央行、日本央行等全球 7 家主要央行正考虑为中央银行数字货币设立共同规则及平台，为更有效率的跨境支付奠定基础；来自澳大利亚、新加坡、马来西亚、泰国、印度尼西亚和菲律宾的区块链组织 4 月 21 日签署谅解备忘录，组建东盟区块链联盟，以促进亚太地区的区块链合作；澳大利亚国防部联合加拿大量子计算公司 D-Wave、日本电子集团 NEC 在澳子公司，合作开发混合量子计算技术。

六、以美国为首的部分国家渲染所谓的"中国威胁"，实施对我国的围堵政策

4 月，以美国为首的部分国家渲染所谓的"中国威胁"，在网信领域实施对我国的围堵政策。一是提出对我国的围堵战略部署。美国参议院外交关系委员会 4 月 8 日提出《2021 年战略竞争法案》，以加强与我国的全面战略竞争，通过多种方式，提高抵御我国"逐步提升的全球影响力"的能力；美日领导人 4 月 16 日会晤提出，美国和日本将制定指南，支持印度—太平洋和其他地

区发展 5G 等高质量的基础设施，以期制衡"一带一路"倡议。二是继续加强对我国科技企业的防范力度。美国共和党 3 名参议员 4 月 15 日联合提出法案，禁止所有美国联邦雇员在政府设备上使用 TikTok 应用软件。三是加强对我国企业获取关键技术的限制。美国商务部工业和安全局 4 月 7 日将 7 家我国超级计算机公司列入禁止在没有豁免情况下购买美国制造技术的"实体清单"之中；美国部分共和党议员呼吁限制向我国出口半导体设计软件，以期遏制我国的发展。

2.5 2021 年 5 月全球网络安全和信息化动态综述

2021 年 5 月，美国再次遭受重大网络安全攻击，欧盟迎来《通用数据保护条例》实施三周年，美欧等深入推进网络空间立法和战略布局，加速推进网络安全防御能力建设，加强数据安全顶层设计和规范管理，持续深化对超大互联网平台的监管，不断推进网络基础设施和新兴领域技术发展。具体情况综述如下。

一、美国遭受网络攻击引发相当一部分国家加码网络安全防御

5 月 7 日，美国管道运输公司 Colonial Pipeline 所属美国最大的燃油输送管线遭遇网络攻击被迫关停，导致美国东海岸 45% 的汽油、柴油等燃料供应受到影响，美国政府宣布 17 个州和华盛顿特区进入紧急状态，并向黑客支付近 500 万美元加密货币赎金才恢复运营，路透社称，"这是有报告的最具破坏性的数字勒索事件之一"。鉴于美国近期遭受的一系列网络安全攻击，美欧加速升级网络安全防御能力，以应对关键基础设施、国家重要部门等面临的网络安全威胁。一是加速出台法律法规。美国总统拜登 5 月 12 日签署《改善国家网络安全行政令》，重点强调联邦政府采用零信任安全模型、加速迈向安全云服务，以及不断部署多因素身份验证、加密等基础安全工具；参议院国土安全与政府事务委员会 5 月 13 日通过《2021 年网络响应与恢复法案》，授权国土安全部部长宣布重大网络事件；众议院国土安全委员会 5 月 18 日批准一系列旨在保护关键基础设施免受网络威胁的法案，包括《管道安全法案》《CISA 网络演习法案》《州和地方网络安全改进法案》《网络安全漏洞补救法案》《国土安

全关键领域法案》。德国联邦参议院 5 月 7 日通过《IT 安全法 2.0》，以应对 IT 恶意软件的持续增加，提高 IT 系统的安全性。比利时国家安全委员会 5 月 20 日批准《网络战略 2.0》，重点投资网络基础设施安全，提升网络安全态势感知能力，旨在保护重要机构，防范和阻断网络攻击。二是强调增加资金投入。美国白宫 5 月 18 日发表声明，呼吁在《美国就业计划》中增加 220 亿美元的网络安全支出；美国网络安全产业联盟共同向美国参议院与众议院拨款委员会建议 2022 财年预算中向美国网络安全与基础设施安全局（CISA）增加 7.5 亿美元的拨款资金。澳大利亚财政部 5 月 11 日公布下一财年的经济规划，计划在未来 10 年内投资 13 亿澳元加强安全情报机构建设。三是强化供应链安全防护。美国国家标准与技术研究院对网络供应链风险管理指南进行了修订，扩大受众范围，涵盖所有与网络供应链风险管理有关的私营企业、公共部门人员；美国政府问责局（Government Accountability Office，GAO）发布《网络安全：联邦机构需要实施管理供应链风险的建议》报告，总结联邦机构进行基础 ICT 供应链风险管理的实践并提出建议。英国数字、文化、媒体和体育部（DCMS）正就提高供应链网络安全性征求意见。

二、强化数据安全和隐私保护，探索平衡数据资源治理和开发应用

截至 2021 年 5 月，GDPR 实施三周年，欧盟多国发表声明回顾 3 年来在数据保护方面取得的成绩，多措并举持续推动 GDPR 落地实施。另外，各国注重发挥数据资源潜力，抢占信息时代战略竞争制高点。一是完善顶层设计，推动数据资源利用。英国政府 5 月 18 日宣布启动国家数据战略论坛，发挥数据在推动创新和增长中的作用，助力英国抓住数据机遇，以巩固其"世界第一大数据目的地"的地位；英国宣布计划在公务员制度委员会内创建数字、数据和技术分委员会，加强政府数据政策和运营能力。美国国防部发布《创造数据优势》备忘录，推动国防部转型为以数据为中心的组织。二是持续推进数据安全和隐私保护法律法规革旧立新。欧洲理事会通过《保护儿童隐私宣言》，呼吁要更加关注在教育环境中收集儿童健康数据和信息的情况。德国议会 5 月 20 日通过《电信和电信媒体数据保护和隐私保护条例》，旨在统一相关领域法律法规，使其符合 GDPR 相关规定。日本参议院全体会议 5 月 12 日通过了与数字化改革相关的 6 部法案，以统一日本各地方自治体、民间机构等的个人信息保

护法则，建立全国统一的个人信息保护制度。比利时政府批准新的数据保留法草案，要求电信运营商从地域标准和可用时间两方面保留客户数据，协调公共安全隐私。三是强化数据治理实践指导。欧洲数据保护委员会（EDPB）5月20日发布了有关欧盟《数据治理法案》的声明，提出解决DGA与GDPR之间不一致的建议。英国政府5月18日向议会提交了由信息专员办公室（ICO）制定的《数据共享行为守则》，就"如何负责任地共享数据"向企业和组织提供建议。四是数据跨境传输竞合持续。欧洲议会5月20日通过决议，敦促欧盟委员会发布关于第三国数据传输相关保障措施的指导方针，使数据传输符合欧盟法院的Schrems II裁决。爱尔兰数据保护委员会（DPC）5月17日发布初步决定草案，裁定DPC有权恢复对脸谱网数据操作的调查，禁止脸谱网将欧盟数据向美国传输。俄罗斯立法要求日均用户超过50万名俄罗斯公民的大型外国IT企业必须在俄罗斯境内开设分公司，否则将禁止其安插广告和接收俄罗斯人的汇款，也不能处理和转移俄罗斯公民的个人数据。白俄罗斯通过关于个人数据保护的第99-3号法律，要求第三国在数据传输时提供足够的个人数据保护级别，该法律于2021年11月7日起生效。

三、持续深化对超大互联网平台的监管

一是加强对涉疫情涉恐等有害信息的打击力度。美国全国广播公司（NBC）网站5月10日消息称，国土安全部开始实施一项战略计划，将针对社交媒体推出涉恐安全监测预警系统；美国5月8日签署《基督城倡议》，将连同已签署的48个国家、组织和企业致力于消除网络恐怖和暴力极端主义内容。俄罗斯对推特、谷歌和脸谱网未能删除被禁止内容处以罚款。新加坡要求推特、脸谱网等社交媒体平台发布有关变异新冠肺炎病毒的辟谣信息。印度政府5月7日向脸谱网、WhatsApp、推特和Instagram等平台发出咨询，要求社交平台遏制新冠肺炎疫情虚假信息传播。欧盟委员会5月26日发布关于加强《欧盟反虚假信息行为准则》的指南，呼吁签署方在防止虚假信息传播方面发挥积极作用。二是密集发起平台反垄断调查。美国华盛顿特区5月25日起诉亚马逊涉嫌违反反垄断法，指控其不公平地操纵第三方卖家，意图垄断网上零售市场。欧盟即将对脸谱网展开首次正式反垄断调查，以加大其对大型科技公司的反垄断执法力度。德国反垄断监督机构分别于5月18日和5月24日对亚马逊和谷歌进行反垄断调查。意大利反垄断监管机构5月13日因谷歌滥用应用程序垄断地位处以其

1.02 亿欧元罚款。韩国广播通信委员会对谷歌开展反垄断调查，称谷歌限制用户从 Google Play 以外的应用商店下载的应用程序访问其车载应用。

四、大力推动网络基础设施建设和前沿技术研究

一是加快新兴技术战略部署。澳大利亚政府 5 月 6 日发布新版数字经济战略，拨款 9.47 亿澳元投入人工智能、"下一代新兴技术毕业生计划"等项目。菲律宾政府宣布实施国家人工智能路线图，菲律宾成为世界上较早制定人工智能国家战略和政策的 50 个国家之一。国际电信联盟（International Telecommunication Union，ITU）5 月 4 日发布《新兴技术趋势：人工智能和大数据发展 4.0》报告，为政府制定人工智能和大数据国家发展战略提供指导。二是加强网络基础设施建设投入。美国白宫 5 月 21 日表示，愿意接受共和党提议，斥资 650 亿美元将高速宽带网络扩展到未服务地区。欧盟委员会批准 21 亿欧元的德国援助计划，支持在 2G 及以下网络服务的地区部署运营高性能移动基础设施，助力实现"千兆欧洲"通信战略目标。三是加快 6G 技术研发应用。北美 Next G 联盟启动 6G 技术工作计划，并成立国家 6G 路线图工作组。加拿大政府 5 月 19 日宣布，将开放 6GHz 无线电频谱频段。英国市场研究机构发布《6G 标准及市场发展应用分析报告》，预计第一批标准技术在 2026 年左右出现。澳大利亚政府新版数字经济战略将投资 3170 万澳元建设 5G 和 6G 移动网络。

2.6　2021 年 6 月全球网络安全和信息化动态综述

2021 年 6 月，一些国家及组织继续强化网络安全防御，加强数据安全和隐私保护，持续深化对超大互联网平台的监管，不断推进数字化转型和新兴领域技术的发展。具体情况综述如下。

一、多措并举提高网络安全防御能力

一是加强网络安全国际合作。在 G7 会议和北约峰会上，参会国高度关注网络安全问题，特别是勒索软件问题。G7 会议方面，白宫发布公报称，参会国承诺"就现有国际法如何适用于网络空间达成共识"，并共同努力应对来自勒索软件网络的公共威胁。北约峰会方面，北约国家表示支持"全面网络防

御政策"，采用全方位措施积极制止、防御和应对各种网络威胁，以加强联盟的威慑力、防御力和弹性，同时不对回应网络攻击的方式加以限制。美英首脑 6 月 16 日举行面对面会谈，两国达成合作协议，以北约为防御基础，充分利用北约的军事和非军事能力，共同应对恶意网络活动等新兴威胁。美俄首脑 6 月 16 日在日内瓦会晤，两国同意就网络安全问题协商划定"网络红线"。二是夯实顶层设计。美国众议院通过《2021 年加强各州能源安全规划和应急准备法案》，旨在提升能源基础设施应对网络攻击的弹性和力度，降低国家能源中断的风险；美国副国家安全顾问纽伯格表示，白宫正在向美国私营部门发送备忘录，就如何防御网络攻击向私营部门提出建议。意大利将创建一个负责打击网络攻击的国家机构，该机构将负责在国家层面协调网络安全公共实体。北约计划于 2026 年正式出版《塔林手册 3.0》，更新版手册旨在将近年来各国处理黑客行为方式的变化纳入其中。三是优化机构和人员设置，拓展网络人才库。6 月 28 日，美国众议院监督和改革委员会向众议院提交一份法案，旨在为私营部门网络安全专家制定联邦轮换计划；美国宣布启动首届网络竞技比赛，选拔 20 名网络精英人员，招募网络运动员、教练和赞助商建立第一支美国网络队。欧盟委员会将成立"联合网络部门"，为网络警察、网络机构、外交官、军事服务机构和网络安全公司搭建一个响应、协调和共享资源的平台，对黑客实施精准打击。英国部队招募网络专家和数据工程师作为军队预备役人员，以填补军队技术能力方面的空白，提升网络作战能力。新加坡网络安全局（Cyber Security Agency of Singapore，CSA）6 月 3 日宣布成立运营技术网络安全专家小组，以加强网络安全能力和运营技术能力。

二、强化数据安全和隐私保护

一是继续加强数据隐私保护法律与标准制定。美国得克萨斯州、内华达州、科罗拉多州等多州通过数据隐私法案，为公共和私营部门制定隐私标准、监督高风险数据操作行为、规定数据泄露的补救措施等。6 月 10 日，我国通过《数据安全法》，该法作为第一部数据安全的专门法律，对数据处理活动进行了全方位的规制，该法于 9 月 1 日起施行。欧盟委员会近日通过了两套新的标准合同条款（SCC），一套用于数据控制者和数据处理者之间，另一套用于向第三国转移个人数据。菲律宾国家隐私委员会对《数据隐私法》进行 6 处修订以适应数字化转型。二是加大监管处罚力度。俄罗斯联邦委员会将泄露个人数据的罚款提高了 10 倍，对泄露个人数据的公民最高处以 1 万卢布罚款，对法人最高处以 5 万卢布罚款。因亚马逊公司涉嫌违反欧盟《通用数据保护条例》，违规收集和使用个人数据，欧洲数据保护委员会提议对其处以超过 4.25 亿美元的罚款。三是有序促进跨境数据流动。欧盟成员国一致通过欧盟委员会的两项决定草案，继续允许个人数据不受限制地进入英国，以便在英国"脱欧"后实现数据无缝过渡；欧盟委员会 6 月 16 日启动了将个人数据传输到韩国的充分性认定程序，包括向韩国的企业和公共当局传输个人数据。英国和澳大利亚 6 月 14 日就《英澳自由贸易协议》的主要内容达成一致，包含数据自由流动和禁止数据本地化条款。瑞士联邦数据保护和信息委员会发布符合 1992 年《联邦数据保护法》的跨境传输数据指南，对向未被列入"适当国家"名单的第三国进行数据转移的措施进行规制。

三、持续深化超大互联网平台监管

一是密集出台反垄断法案。6 月 23 日，美国众议院司法委员会审议通过《终止平台垄断法案》《平台竞争和机会法案》《收购兼并申请费现代化法案》等多项反垄断法案，直指谷歌、苹果、脸谱网和亚马逊等大型科技公司不断膨胀的权力，禁止平台对自身的产品或服务进行自我优待，禁止平台合并等。6 月 17 日，俄罗斯国家杜马二读通过《外国人在俄罗斯联邦境内从事互联网业务法》，要求大型国外 IT 公司在俄罗斯开设分支机构或代表处，并引入一系列强制其遵守俄罗斯法律的措施。二是不断对平台发起反垄断调查、诉讼。6 月 4 日，欧盟和英国反垄断监管机构对脸谱网分类广告服务 Marketplace 正式展开了反垄断调查，以明确其是否会改变从广告客户那里收集的数据的用途，为自有业务创造不合法优势。德国反垄断监管机构就苹果公司是否利用其种类繁多的产品来压制竞争展开了一项涉及面很广的反垄断调查，以确定其是否在"市场中具有至高无上的重要性"。法国反垄断机构竞争管理局对谷歌处以 2.2 亿欧元的罚款，原因是谷歌滥用其在网络广告市场的主导地位，损害了竞争对手和广告出版商的利益。日本政府将成立专门的反垄断调查小组，对苹果和谷歌展开反垄断调查，以判断二者是否存在"阻碍公平竞争"的情况。三是加大对有害信息的打击力度。美国白宫 6 月 15 日发布首份打击国内恐怖主义的国家战略，旨在采取一系列线上信息共享措施提高联邦政府的应急能力，遏制国内恐怖主义上升势头。法国政府 6 月 2 日宣布将成立新机构，加强浏览在线内容，负责打击旨在"破坏国家稳定"的外国虚假信息。澳大利亚参议院通过《在线安全法案》《反网络暴力法案》，强制媒体平台在 24 小时内删除有害信息，以保护受害者隐私安全。世界经济论坛 6 月 29 日宣布成立全球数字安全联盟，旨在加强公私合作，应对网上有害内容。

四、加快布局新技术新应用

一是加速推进数字化转型。欧盟委员会通过了"地平线欧洲"项目 2021—2022 年的主要工作计划，将投资 147 亿欧元，并启动 11 个新欧洲伙伴关系，以促进欧洲绿色和数字化转型。德国联邦内阁 6 月 2 日通过一项名为"数字、安全、自主"的新研究项目，计划在未来 5 年内投资超过 3.5 亿欧元用于 IT 信息安全研究，将"安全地塑造数字世界"作为德国和欧盟未来的一项关键任务。新加坡政府 2021 年将在信息与通信技术方面投入 38 亿新加坡元，比 2020 年增长近 10%，以加快公共部门的数字化进程。二是加快部署人工智能、量子计算、6G 等新技术新应用。美国加速部署人工智能在军事领域的应用：美国陆军与马里兰大学建立人工智能合作伙伴关系，将实施新方法来改善人机协作和交互，完善人工智能的网络、传感和边缘计算工具，为战场物联网提供支持；美国国防部计划于 7 月向作战司令部派出数据和人工智能专家团队，在真实的作战场景中测试人工智能算法。澳大利亚政府发布了《人工智能行动计划》，提出要使澳大利亚成为"开发和采用可信、安全和负责任的人工智能的全球领导者"。美英等七国正联合开发一个基于卫星的量子加密网络，利用量子技术的突破来防范日益复杂的网络攻击。英国政府和 IBM 在 5 年内共同斥资约 2.1 亿英镑建立一个新的人工智能和量子计算中心，助力英国达到科学超级强国的地位。德国启动了一台利用亚原子粒子以微秒时间进行数百万次计算的计算机，使德国成为全球开发下一代量子计算技术的有力竞争者。日本和韩国计划在 2022 年投资超过 1200 亿韩元用于 6G 与人工智能研发。俄罗斯研究机构称俄罗斯 6G 网络或将在 2035 年投入使用。

2.7　2021 年 7 月全球网络安全和信息化动态综述

2021 年 7 月，全球多国和组织采取多举措推进网信领域立法与战略布局，多方位提升国内网络安全防御能力，全面加强对超大互联网平台的监管和治理，积极推动新技术新业态的研究与战略部署。具体情况综述如下。

一、多措并举推进立法与战略布局

7 月，多国及组织在网络空间安全、科技企业监管、数据隐私保护等多领域推进立法与战略布局，在重点领域降低网络和数据安全风险。一是网络安全方面。美国众议院 7 月 20 日密集批准了 5 项旨在加强国家网络安全的法案，包括设立拨款计划的《州和地方网络安全改进法案》、改进网络安全漏洞报告机制的《网络安全漏洞补救法案》、要求 CISA 提升关键基础设施防御能力的《CISA 网络演习法案》、要求 CISA 增强伙伴关系的《2021 年工业控制系统能力增强法案》，以及要求能源部保障网络安全的《网络感知法案》。美国参议院军事委员会 7 月 22 日通过了拜登政府向国会提交的 2022 财年国防预算，并在此基础上增加 250 亿美元，同时优先考虑网络安全能力建设。澳大利亚《2021 年网络安全法案》已获批准，该法案将赋予澳大利亚网络安全监督委员会专员更大的监管权力。二是对大型科技公司的监管方面。美国共和党参议员 7 月 28 日提出《保护在线言论法案》，要求社交媒体企业公开发布政府相关要求和建议，同时要求公司向政府汇报平台内容审核情况，否则公司将面临每日 5 万美元的罚款。美国民主党参议员 7 月 22 日提出《健康错误信息法案》，旨在追究科技企业传播错误健康信息的责任。俄罗斯数字发展、通信和大众传媒部发布决议草案，提议限制未在俄罗斯境内设立代表处的外国信息技术公司的支付与转账。韩国国会科学技术信息放送通信委员会 7 月 20 日通过《防止谷歌霸王条款法》，以阻止谷歌强行实行"应用内支付"。三是数据隐私保护方面。美国多州继续推动数据隐私保护相关立法工作，包括 7 月 6 日康涅狄格州州长签署《网络安全标准法》，7 月 8 日科罗拉多州州长签署《科罗拉多州隐私法案》，俄亥俄州提出《个人隐私法案》。欧洲议会通过一份关于《数据治理法案》的报告，该法案在数据治理、数据中介和通用标准等方面做出规定，以制定欧盟工业数据治理规则。

二、多方位提升网络安全防御能力

7 月，多国在制定行动计划、加大资金投入、增强机构设置、加强盟国合作等多方面，对网络安全防御能力进行多方位提升。部分国家渲染他们所谓的

"大国威胁"，并借机对网络安全防御能力进行升级。一是制定行动计划。美国总统拜登于 7 月 28 日签署旨在改善关键基础设施控制系统网络安全的《国家安全备忘录》，提出要求多个联邦机构合作制定关键基础设施网络安全绩效目标和正式建立"总统工业控制系统网络安全倡议"两项行动计划。美国众议院国防关键供应链工作组 7 月 22 日向国防部提交一份高层建议清单，要求国防部将供应链安全视为国防战略优先事项，针对安全漏洞制定应对举措，以有效解决未来的供应链风险。印度国家网络安全协调员拉杰什·潘特于 7 月 2 日宣布，印度政府将于 2021 年发布新的网络安全战略，新战略将覆盖印度整个网络生态，该战略将成为印度解决网络空间安全问题的指导方针。二是加大资金投入和机构设置。美国参议院通过两党基础设施计划，投入 10 亿美元以改善美国地方网络安全。美国白宫计划成立跨政府工作组以打击勒索软件攻击，帮助政府部门对黑客及网络攻击进行防御和反击。

三、全面加强对超大互联网平台的监管和反垄断治理

7 月，多国及欧盟加大力度对超大互联网平台存在的反垄断问题和数据安全风险进行监管和治理。一是继续加大对超大互联网平台垄断行为的打击力度。美国联邦贸易委员会和 48 个州的总检察长宣布，将继续对脸谱网发起反垄断诉讼。7 月 7 日，美国 37 名州和地方检察长对谷歌进行起诉，认为谷歌通过收购竞争对手并采用限制性合同，非法保持其在安卓手机应用商店市场中的垄断地位。美国白宫于 7 月 20 日宣布，计划任命律师乔纳森·坎特为美国司法部反垄断部门负责人，坎特此前一直在推动司法部和联邦贸易委员会采取更多措施打击垄断行为。英国政府计划赋予数字市场部监管权力，以打击大型科技企业的垄断行为，数字市场部将有权要求具有战略市场地位的科技公司遵守有关反垄断规定。法国竞争管理局以违反与新闻出版商进行谈判的监管命令为由，对谷歌处以 5.93 亿美元的罚款。二是针对平台数据内容安全问题提出批评警告。美国白宫官员指责脸谱网和优兔等社交媒体平台，在阻止新冠肺炎疫苗错误信息传播方面未能尽到责任，且没有采取足够的措施来进行应对。美国联邦贸易委员会于 7 月 27 日就消费者数据保护问题表明立场，认为猖獗的企业数据收集、共享和利用损害了消费者利益和竞争环境，警告称联邦贸易委员会将对企业数据滥用现象进行打击。英国首相约翰逊于 7 月 13 日会见主要社交媒体企业负责人，强调了在《网络危害法案》通过并生效前，共同打击

网上仇恨言论的迫切性。英国通信管理局（Office of Communications，Ofcom）首席执行官要求脸谱网、推特等企业清理欧洲杯期间发生的网络种族主义信息，否则将面临违法指控。俄罗斯法院以未删除被禁止内容为由，对脸谱网、推特、电报等社交媒体处以罚款。三是美欧反垄断合作出现积极动向。欧盟最高反垄断监管机构表示，在反垄断监管方面，美国正在向欧盟长期以来坚持的立场靠拢，欧盟将在反垄断执法特别是科技领域反垄断执法方面与美国加强合作。

四、积极推动新兴技术研究与战略部署

7 月，多国在量子技术、机器学习（Machine Learning，ML）、6G 等关键新兴领域加快战略部署和研究步伐，通过战略制定、资金投入、机构设置等方式，试图在新兴领域提前布局、站稳脚跟。一是加速推进新兴技术发展战略制定。美国众议院科学委员会（House Science Committee，HSC）7 月 27 日通过 4 项与技术和创新相关的法案，包括给予美国国家标准与技术研究院（NIST）5 年授权和资金支持的《NIST 2021 年未来法案》、要求白宫科技政策办公室和国家科技委员会每 4 年制定一项国家科技战略并进行科技审查的《2021 年国家科学技术战略法案》、为商务部的地区创新项目提供资金支持和鼓励组建创新联盟的《2021 年区域创新法案》，以及推进部门间资源协调和人才共享的《激励技术转让法案》。爱尔兰 7 月 28 日签署通过欧洲量子通信基础设施（EuroQCI）计划的宣言。至此，27 个欧盟成员国全部签署该协议，协议签署国承诺与欧盟委员会和欧洲航天局合作，共同建设覆盖整个欧盟的安全量子通信基础设施，推动欧洲量子信息建设迈上新台阶。俄罗斯副总理德米特里·切尔尼申科 7 月 19 日宣布，俄罗斯政府制定并批准了 11 项行业数字化转型战略，确定了 97 项使用数字技术和服务的评估指标。二是加快新兴技术在国防领域的研究部署。美国国防工业协会（National Defense Industrial Association，NDIA）成立新兴技术研究所，以维持美军在战场上的优势。美国国防部于 7 月 8 日至 15 日对新的机器学习技术进行测试，以促进战斗指挥部门之间的数据共享。近期，包括中高级将领和文职人员在内的美国特种作战司令部 300 多名成员与麻省理工学院的学者和其他技术领袖一起参加了为期六周的培训课程，讨论人工智能对未来作战的影响。授课人员包括长期担任谷歌首席执行官的施密特和前国防部长阿什顿·卡特。美国国防工业协会也表示，将重点关注人工智能、自动化、网络、高超声速、微电子、量子、6G 等关键技术领域。

三是加强对新兴技术的资金投入。美国能源部宣布拨款 7300 万美元用于推进量子信息科学研究，此次宣布的 29 个项目将着手研发下一代量子智能设备和量子计算技术所需材料。法国工业部部长和数字事务部部长于 7 月 6 日宣布，法国将在 5G 市场投资近 17 亿欧元。法国数字事务部部长表示，法国的目标是"在 2022 年之前为商业网络建立一个主权解决方案"，该战略还计划促进技术链发展，旨在确保网络的安全性和可靠性。

五、美国全方位对我国网信领域进行打压和围堵

美国纠集其盟友通过多种方式对我国进行战略性围堵，大肆渲染在网络安全领域的所谓"中国威胁"，持续对我国网信企业进行重点打压。一是纠集盟友在网络安全领域对我国进行恶意抹黑。二是持续以人权、国家安全为借口，对我国网信企业进行打压。三是在网信领域打造"小圈子"。美国政府正在酝酿一项涵盖印太地区经济体的数字贸易协议，或对数字经济制定标准，以抗衡我国在这一地区的影响力。

2.8 2021 年 8 月全球网络安全和信息化动态综述

2021 年 8 月，诸多国家及欧盟持续完善网络空间法律建设，重视提升网络安全防御能力，强化数据隐私保护和规范数据流动，完善信息监管和内容安全政策，加速开展新兴技术和产业发展的竞赛布局，国际科技话语权争夺日益激烈。具体情况综述如下。

一、不断完善网络安全法治及机构建设

8 月，多国及欧盟推出网络安全相关立法，并推动加强网络安全机构建设。一是推动完善网络安全方面的法律法规。美国参议院 8 月 10 日批准《基础设施投资和就业法案》，计划投资约 20 亿美元，以"实现联邦、州和地方 IT 及网络的现代化和安全；保护关键基础设施和公共设施；支持公私营实体应对重大网络攻击和漏洞并从中恢复"；欧盟委员会发表声明称，适用于"与互联网连接的无线电设备和可穿戴无线电设备"的法规草案于 8 月 27 日公开征求意见，由此产生的法律将于 2021 年年底开始在整个欧盟内生效；澳大利

亚议会情报与安全联合委员会 8 月 5 日建议通过《2020 年调查监视立法修正案（识别和破坏）法案》，为澳大利亚联邦警察和澳大利亚刑事情报委员会进行犯罪侦查提供数据中断、网络活动和账户接管令 3 个新的计算机授权；日本内政部与通信部 7 月 29 日发布《2021 年信息和通信技术网络安全措施》，概述了在电信运营商、远程办公、信任服务等信息通信服务和网络领域针对个人制定的安全措施。二是设置新的网络安全机构和职位。美国国家网络主管克里斯·英格利斯 8 月 1 日提议在国土安全部设立网络统计局，以跟踪和分析网络安全事件，确保拥有一个预警系统来了解对手针对美国的举动；美国国防部8 月 25 日宣布于 2021 年秋季建立新的零信任管理团队，以监督零信任架构的实施；美国多州计划雇佣"网络导航员"应对破坏选举的境外敌人，其中，美国佛罗里达州、伊利诺伊州等 7 个州已启动"网络导航计划"，为地方选举官员提供国家认可的专家以应对网络攻击及基础设施安全维护方面的挑战；意大利议会 8 月 9 日批准政府建立国家网络安全机构的计划，该机构于 8 月开始运作，将现有的公共实体纳入其中。

二、全方位多举措加强数据安全治理

8 月，多国政府强化数据治理和隐私保护相应政策举措，科技企业积极响应开展自查整改。一是出台数据及隐私保护政策及计划，强化执法力度。英国信息专员办公室（ICO）8 月 19 日首次批准了符合英国《2018 年数据保护法》的认证计划标准，为组织机构提供一个数据保护规则的遵循框架。法国国家信息与自由委员会 8 月 9 日发布 8 项加强儿童在线保护的建议：规范儿童在线行为；鼓励儿童行使其权利；促进尊重儿童隐私和最大利益的家长控制权利等。澳大利亚内政部正在推进制定《国家数据安全行动计划》，将在两年内"明确"数据主权，以向政府和行业提供更清晰的联邦数据主权和安全方法。二是加快构建跨境数据流动治理体系，加强交流合作。G20 数字化部长级会议 8 月 5 日在意大利里雅斯特举行，提出加强互联互通和社会包容，促进自由、可信的跨境数据流动；英国数字、文化、媒体和体育部（DCMS）8 月 26 日宣布成立国际数据传输专家委员会，发布一揽子计划，包括与美国、澳大利亚和韩国等10 个国家建立"数据充分性"伙伴关系，促进贸易创新发展；瑞士联邦数据保护和信息委员会发布最新框架，使在美国证券交易委员会（SEC）的注册者能够根据 SEC 的审查要求提供个人数据，同时遵守瑞士数据保护法律。三是科技巨头积极完善平台个人数据保护功能。谷歌 8 月 10 日宣布，将阻止广告商根据 18 岁以下人群的年龄、性别或兴趣来提供定向广告服务，将为全球 18 岁以下的用户关闭追踪位置数据的"位置历史记录"功能；脸谱网 8 月 9 日推出一款新的数据传输工具，使得用户数据转移过程更加顺畅，从而提高用户对个人数据的控制权和使用权。

三、持续推进对超大互联网平台的治理与监管

近期多国及欧盟继续收紧对超大互联网平台的垄断及权力滥用的治理与监管。一是加强反垄断监管与执法。美国联邦贸易委员会（FTC）8 月 19 日对脸谱网提起了新的反垄断诉讼，指控该公司滥用社交媒体垄断地位，此次的诉讼与 FTC 于 2020 年 12 月对脸谱网的指控相同，即脸谱网通过收购即时通信平台 WhatsApp 和图片分享应用 Instagram 等潜在竞争对手，非法打压竞争。澳大利亚竞争和消费者委员会（ACCC）8 月 19 日在全球竞争审查网络研讨会上介绍《应用程序市场数字平台服务调查报告》的主要内容，呼吁全球采取一致的反垄断监管和执法。俄罗斯联邦反垄断局（FAS）8 月 18 日宣布其专家委员会已制定《数字市场和平台原则草案》，将对数字市场参与者的行为进行管理。FAS 特别指出，草案中提出的原则旨在防止行业中出现不正当行为，提升行业透明度，同时保护包括消费者、供应商和数字平台所有者在内的所有参与者的权益。二是加大对平台违法的处罚力度。欧盟 7 月 30 日因亚马逊违反 GDPR 隐私规定处以其 7.46 亿欧元的罚款，本次罚款或将是有史以来科技企业遭遇欧盟罚款金额最高的一次。俄罗斯法院 7 月 29 日对谷歌母公司 Alphabet 处以 300 万卢布的罚款，因其违反了俄罗斯《个人数据法》，并对脸谱网和推特提起行政诉讼。

四、加强对社交媒体内容管控的力度及对虚假信息的打击力度

为了维护网络平台内容生态，美英等国政府及企业机构不断强化源头监管、完善机制建设。一是政府强化对媒体内容的管控。美国国土安全部（DHS）正在考虑聘用私营企业来分析社交媒体平台内容，以更好地预警极端暴力行为；英国数字、文化、媒体和体育部（DCMS）8 月 3 日发布《了解具有视频共享功能的平台，保护用户免受网络有害内容的侵害》报告，呼吁政府应加强监管网络平台删除有害内容的力度；德国联邦法院 7 月 29 日裁定，脸

谱网删除种族主义帖子并屏蔽其作者账户的做法为非法行为；澳大利亚政府8 月 8 日发布《基本在线安全期望》公众意见征询稿，该文件要求社交媒体和科技公司保护用户免受有害内容的侵害；韩国国会委员会 8 月 19 日通过《媒体仲裁法案》修正案，该法案将惩罚媒体和记者发布"假新闻"的行为；土耳其政府计划在广播电视最高委员会内开设社交媒体理事会，对社交平台非法和有害内容进行检查和监管，以阻止虚假消息的传播。二是行业加强对平台内容的自我审查。视频平台 YouTube 7 月 29 日认定澳大利亚天空新闻台因传播涉新冠肺炎虚假消息，停播 7 天；推特 8 月 2 日宣布与新闻机构美联社和路透社合作，致力于扩大其平台上可靠新闻和信息的传播；苹果公司 8 月 6 日宣布，将向执法部门报告上传到其美国 iCloud 服务上的儿童性虐待图片。

五、新技术新应用部署实施持续加速

欧盟及多国持续推进新技术顶层规划及产业融合进程，加速开展新技术新应用的部署实施。一是 5G 方面。欧盟出版署 8 月 10 日出版的报告称，欧盟委员会在包括"通信 5G 行动欧洲计划"和"欧盟安全 5G 部署：实施欧盟工具箱"等在内的各种倡议和战略中都强调了 5G 基础设施、快速部署和技术能力以及 5G 基础设施供应方发展的重要性；美国 IBM 和 Verizon 已在位于得克萨斯州科佩尔的产业解决方案实验室扩建了设施，以用于开发和测试工业 4.0应用程序的 5G 支持用例环境。二是人工智能方面。美国国土安全部科学技术理事会（Science and Technology Directorate，S&T）8 月 2 日公布了人工智能研究战略计划，将开展人工智能/机器学习领域的研究、开发、测试和评估活动，以满足该部的任务需求，并向利益攸关方提供人工智能/机器学习发展及机遇和风险方面的咨询；英国计算机协会（British Computer Society，BCS）近日发布《国家人工智能战略优先事项》报告，报告主张英国应当在将伦理道德准则引入人工智能的进程中发挥全球领导作用，为人工智能的专业性和道德性设定"黄金标准"；澳大利亚金融服务及数字经济部部长 7 月 31 日表示，澳大利亚政府承诺向人工智能项目投资 1.24 亿澳元，旨在改善所有澳大利亚人的生活水平。三是量子计算方面。美国能源部（DOE）8 月 19 日宣布提供 6100 万美元，用于推进量子信息科学的基础设施建设和研究项目。同时，美国政府正计划研制并推出抗量子计算密码系统，以应对未来可能出现的"量子灾难"。四是工业数字化转型方面。美国工业互联网联盟（Industrial Internet

Consortium，IIC）8月3日发布了《工业物联网网络框架》，该指南的发布旨在指导工业物联网从业者设计、开发适当的网络解决方案，并支持工业互联网应用促进工业数字化转型升级；乌拉圭8月22日发布"2025年数字战略议程"，计划重点推进实现工业4.0的数字化转型，加快战略性生产部门采用基于物联网和自动化的流程，以提高竞争力。

2.9　2021年9月全球网络安全和信息化动态综述

2021年9月，全球多国及组织多措并举强化网络安全，持续推进对超大互联网平台的治理和监管，不断强化网络综合治理和行业自律，积极推动新技术新业态的研究与战略部署。具体情况综述如下。

一、各类网络安全事件呈高发态势

9月，全球勒索软件攻击频次激增，关键设施、供应链受攻击案例屡见不鲜，利用新技术手段实施网络犯罪的事件层出不穷，各类网络安全事件呈高发态势。一是勒索软件攻击频次激增。美国FBI数据显示，2021年前7个月黑客和恐怖分子通过威胁受害者不付费就发布其性图片的方式敲诈了美国人800万美元；英国安全审计公司NCC Group数据显示，2021年前两季度勒索软件攻击数量激增288%；Skybox Security《2021年年中漏洞和威胁趋势报告》显示，与2020年上半年相比，勒索软件数量增加了20%；Black Kite报告显示，纳斯达克100指数中82%的公司拥有公开可见的端口，这提升了其被勒索软件攻击的风险。二是关键设施、供应链攻击风险持续上升。美国软件管理工具提供商Sonatype研究称，全球对开源代码包的需求不断增加，这导致上游软件供应链攻击同比激增650%；卡巴斯基公司称，从2020年下半年到2021年上半年，针对物联网设备的攻击数量由6.39亿次飙升至15亿次以上；Security HQ报告显示，2021年物联网设备安全问题在全球范围内继续增长，全球至少有8300万台物联网设备可能面临黑客攻击的风险。三是网络犯罪新技术手段层出不穷。美国AtlasVPN公司9月1日发布调查报告显示，恶意办公文档成网络犯罪行为的新趋势，第二季度其占所有恶意软件下载量的43%，较前一季度和2020年有大幅上升；CrowdStrike年度报告指出，攻击者从依赖

"恶意软件"转向"账户劫持",更加难以检测;霍尼韦尔《2021 年工业网络安全 USB 威胁报告》显示,入侵者正使用可移动媒体和 USB 设备作为初始攻击媒介渗透网络;全球数据和分析公司 LexisNexis 发布的新网络犯罪报告称,2021 年机器人攻击显著增加,上半年增长了 41%。

二、全方位多措并举强化网络安全

一是积极完善网络安全领域的法律法规。美国国会两院分别讨论了《2021 财年国防授权法案》;欧盟宣布将推出一项旨在为联网设备制定通用网络安全标准的《网络弹性法案》,目的是推动欧盟成为网络安全的领导者;日本 9 月 27 日推出新版《网络安全战略》议案,提出大幅加强自卫队网络防御能力的相关政策;新加坡提出《外国干预(反制)法案》,赋能网络信息监管,监控具有潜在威胁的在线内容。二是夯实网络安全能力建设。美国陆军工程兵团正在寻求通过零信任安全概念加强其网络安全工作的方式;美国海军陆战队计划开展网络战行动,以保卫美国的军事网络;英国武装部队确认网络是战争的"第五维度",与海、陆、空及太空共同推动西方的国防力量改变运作方式。三是增加网络安全投入。美国联邦通信委员会(FCC)宣布重组通信安全、可靠性和互操作性委员会,专注于改善 5G 网络安全;美国网络安全与基础设施安全局(CISA)获得 8.56 亿美元用于资助网络安全项目和运营工作;美国司法部宣布创建新的网络奖学金计划,培养处理国家网络安全威胁的检察官和律师;瑞士计划成立一个由 575 名武装部队成员组成的网络防御指挥中心。四是打击防范网络黑客攻击。美国国家网络总监建议使用"网络子弹"反击网络黑客;英国内阁办公厅设立"道德黑客"职位,旨在支持"红队"通过攻击测试组织内部网络平台和服务的安全性;美国国际电子商务顾问局启动 100 万美元的"道德黑客认证实践奖学金计划",为 2000 名合格的网络安全专业人士提供提升技能的机会;新加坡政府技术局宣布网络漏洞奖金计划,邀请"白帽"黑客寻找新加坡数字服务系统中的漏洞。

三、加大对超大互联网平台的监管力度

一是强化大型科技公司立法监管。美国得克萨斯州立法,禁止大型科技公司屏蔽或限制用户及用户的帖子;巴西总统签署法令,明确社交媒体监管权力以保障言论自由,打击社交媒体"任意删除"账户、个人资料和内容的行为;

韩国国会通过支付政策新法案，成为首个不允许谷歌和苹果等主要平台应用程序禁止开发人员使用内置支付系统的国家；澳大利亚政府正考虑为苹果、谷歌、微信等数字支付服务制定新法律。二是加强反垄断监管与执法。美国参议院要求脸谱网、推特和优兔三大社交媒体提供关于监控和删除极端内容的政策与做法信息；美国联邦贸易委员会（FTC）将发布对大型科技公司交易的审查结果，防止其小额交易逃避反垄断审查；美国司法部准备就谷歌数字广告业务提起反垄断诉讼，这是美国司法部第二次对谷歌提起反垄断诉讼；菲律宾众议院批准法案，对脸谱网、谷歌、优兔及奈飞等大型科技公司征收增值税。三是加大平台违法处罚力度。土耳其以违反隐私规则为由对 WhatsApp 处以 195 万土耳其里拉罚款；俄罗斯对苹果滥用应用程序市场支配地位发出警告，要求其消除违规的迹象，且必须在 2021 年 9 月 30 日前完成整改；电报、脸谱网和推特因拒绝删除违禁内容在俄罗斯将面临总计 7200 万卢布的罚款。

四、强化网络综合治理和行业自律

一是强化隐私保护治理。美国众议院能源和商务委员会投票批准投入 10 亿美元成立一个专门负责改善数据安全和隐私、打击身份盗窃的机构；美国俄克拉何马州众议院提出州计算机数据隐私法，要求企业签署数据处理协议，并制定隐私政策；巴西政府推出《数据保护指南》，以指导企业和个人的数据处理行为。二是应对勒索软件攻击。美国政府拟推出针对勒索软件支付的制裁，该措施是拜登政府迄今为止针对支持勒索软件交易的基础设施采取的最重要打击尝试；美国 FBI 警告性勒索攻击大幅增加，2021 年损失达 800 万美元；美国 FBI 呼吁俄罗斯采取措施与美国合作应对勒索软件威胁。三是强化行业自律。谷歌和苹果在俄罗斯议会选举前从商店下架俄罗斯反对派纳瓦尔尼组织的应用程序；苹果公司向日本监管者妥协，调整应用付费政策；谷歌暂时锁定阿富汗政府账户以避免塔利班获取访问权限。

五、新技术新应用部署实施持续加速

一是人工智能方面。美国商务部成立国家人工智能咨询委员会，就美国人工智能领域的竞争力、就业、科学发展、国家战略可行性及今后的倡议修订等问题提供建议；欧洲议会发布生物识别和行为检测研究结果，对《人工智能法》提案提出了若干建议；英国发布"人工智能超级大国"十年战略，计划启动一个国家人工智能研究和创新计划。二是量子技术方面。美国国家科学基金会（NSF）宣布投资 2500 万美元建立现代光电材料按需集成中心，研究光电和量子技术；欧洲议会和欧洲理事会 9 月 8 日发布《2021 年战略前瞻报告》，将量子技术等定为欧盟未来重点发展领域；韩国原子能研究所开发出世界上最小的量子随机数发生器芯片，可高速提供真随机数，从根本上防止黑客入侵。三是数字化转型方面。欧盟委员会提出了 2030 年实现社会和经济数字化转型的具体计划——"数字十年之路"，为欧盟 2030 年数字化转型系列目标制定具体的交付机制；瑞士证券交易所获得监管批准，推出数字资产交易和托管服务，瑞士证券交易所有望成为第一家下设数字资产交易所的主要证券交易所。四是 6G/7G 技术方面。日本国立信息通信研究院（NICT）等组织机构正在开发简易化无线基站以大幅节能和降低成本的技术，此类技术可能成为 6G 和 7G 时代的社会基础设施。

2.10　2021 年 10 月全球网络安全和信息化动态综述

2021 年 10 月，多国及组织不断完善网络信息安全领域的立法与战略布局，多措并举加强网络信息安全保护，持续强化对超大互联网平台虚假信息和有害内容的治理，推动新技术新业态创新发展，探索政府数字化转型。具体情况综述如下。

一、强化战略、立法布局，完善网络安全顶层设计

10 月，多国在网络空间安全、数据隐私保护、社交媒体监管、供应链安全等多领域推进立法与战略布局，进一步巩固国家网络安全屏障。一是推进网络安全战略立法及资金投入。美国总统拜登 10 月 8 日签署《K-12 网络安全法案》，旨在加强 K-12 学校的网络安全；美国两名参议员 10 月 8 日提出《国家电信和信息管理局政策和网络安全协调法案》，建议将美国国家电信和信息管理局的政策分析和发展办公室更名为政策发展和网络安全办公室，以更好地聚焦网络安全工作，确保信息和通信技术行业的安全；新加坡 10 月 5 日发布《网络安全战略 2021》，旨在推动应对新兴网络威胁，加快制定网络安全国际规范和标准，进而提升全国网络安全总体水平；美国国土安全部拨款法案使 CISA 的 2022 财年预算的拨款达到 26.38 亿美元，与 2021 财年相比增幅高

达 30%；英国政府公布 2021 年支出审查和秋季预算，承诺将在政府网络安全方面投入数百万英镑，投资于"国家网络安全计划"以及中央和地方政府机构。二是加强数据安全管理和隐私保护。美国商务部 10 月 12 日表示，已根据美国总统拜登 6 月签署的行政命令，提交了一份关于数据安全的初步建议；美国白宫管理和预算办公室（OMB）10 月 22 日发布 2021 年行动计划，概述了机构为支持《联邦数据战略》应采取的具体措施；美国参议院两党 10 月 21 日通过《GOOD AI 法案》，旨在对通过人工智能技术收集的数据进行保护；俄罗斯数字发展、通信和大众传媒部发布两份命令草案，以加强对运营商遵守个人数据法律的监管，提高公民个人数据的安全性；乌克兰议会 10 月 18 日向乌克兰议会数字转型委员会提交了关于设立个人数据保护和公共信息访问国家委员会的法律草案。三是关注供应链安全。美国众议院以压倒性优势通过《国土安全部软件供应链风险管理法案》，将要求所有承包商向国土安全部提交他们的软件材料清单和每项产品的来源，以供审查；美国众议院能源和商务委员会成员 10 月 5 日提出《建设弹性供应链法案》，旨在通过在商务部设立供应链弹性和危机应对办公室，完善美国的供应链，并促进"关键商品"的国内制造；美国和东盟成员国首脑于 10 月 26 日在第九届东盟–美国峰会上达成协议，发布《东盟–美国关于数字发展的声明》。

二、积极应对网络威胁，多措并举提高网络防御能力

10 月，以美国为首的多国以及组织将网络威胁作为头等国家安全事项优先处理，通过增强机构设置、发布安全指令、加强与盟国合作等方式多方位提升网络安全防御能力。一是进行机构改革、完善机构设置，协调网络安全工作。美国国务院 10 月 27 日正式宣布设立网络空间和数字政策局，重点关注国际网络空间安全、国际数字政策和数字自由 3 个关键领域，以应对勒索软件攻击、网络安全国际规范等方面的挑战。美国国防信息系统局（Defense Information Systems Agency，DISA）10 月进行了一次重大重组，以使战略、资源、组织结构和设计围绕相同的优先事项进行协调。二是密集发布网络安全指令，强化关键基础设施安全。美国白宫管理和预算办公室（OMB）10 月 8 日发布备忘录，指示各机构加强与网络安全与基础设施安全局（CISA）的协调，评估其端点检测和响应能力的状态；美国国土安全部部长表示，运输安全管理局将对铁路和航空行业实施新的"安全指令"，以加强网络安全战略；美国网

络安全与基础设施安全局（CISA）和美国国家安全局（NSA）10 月 28 日发布《5G 云基础设施安全指南：防止和检测横向移动》，旨在为 5G 云领域主体提供网络安全指南，帮助解决国家关键基础设施面临的高优先级网络威胁；欧洲议会的工业、研究和能源委员会（ITRE）10 月 28 日批准一项 NIS2 指令，目的是通过进一步扩大网络安全标准的适用范围，保护欧洲关键系统实体免受网络攻击；澳大利亚联邦政府 10 月 13 日公布"勒索软件行动计划"，旨在阻止国际黑客对澳大利亚关键基础设施和企业进行攻击；印度政府 10 月 7 日首次发布电力行业网络安全指南，以创建一个安全的网络生态系统。三是推动网络战能力建设。荷兰政府表示将利用其情报或军事服务来应对威胁其国家安全的网络攻击，如勒索软件攻击；美国空军研究实验室与英国国防科技实验室首次展示了两国军队合作部署机器学习算法的能力。

三、聚焦数据安全和隐私保护，加强对超大互联网平台的监管

10 月，超大互联网平台存在的垄断、数据安全风险、虚假信息泛滥等问题日益成为美欧等的监管重点。多国及欧盟着力提升互联网平台监管的规范性和法治化，探索形成新型监管框架。一是加大社交媒体监管。美国多位参议员10 月 18 日提出法案，将禁止亚马逊和谷歌等大型科技平台偏袒他们的产品和服务；美国参议院 10 月 20 日提出《保护美国人免受危险算法侵害法案》，允许人们就算法问题起诉网络平台；巴基斯坦政府起草新的规则来控制社交媒体平台，包括要求所有社交媒体公司在 3 个月内向巴基斯坦电信管理局注册并建立数据服务器。二是披露数据安全违规问题。美国联邦贸易委员会 10 月 21 日发布报告称，全美最大的 6 家互联网服务提供商非法收集个人数据，在数据隐私保护方面存在较大的问题；美国消费者金融保护局计划向脸谱网等科技巨头发出质询文件，要求其提供如何收集、使用和营销消费者金融数据的信息；英国爱丁堡大学和都柏林圣三一大学牵头，研究了由 Realme、LineageOS、三星、小米、华为和 e/OS 所开发的操作系统以及它们收集的数据，发现这 6 款安卓系统收集并共享大量数据，且用户不能退出"数据收集"。三是施压社交媒体平台要求加大在线内容治理力度。美国参议院国土安全与政府事务委员会主席 10 月 12 日致函社交媒体 TikTok 首席执行官，敦促该公司从其平台上删除与极端主义相关的内容；欧盟委员会 10 月 5 日提出《欧盟打击反犹太主义和促进犹太人生活战略（2021—2030 年）》，建立"全欧洲范围内的可信举报

人和事实核查人员网络，包括犹太组织"，致力于消除所有非法在线仇恨言论；英国通信管理局（Ofcom）10月6日推出欧洲首个管理视频共享平台的新规定，要求在英国注册的视频共享平台采取措施保护18岁以下的儿童免受潜在有害视频内容、所有可能煽动暴力或仇恨的视频的用户，以及某些类型的犯罪内容的伤害；俄罗斯联邦通信、信息技术和大众传媒监督局（Roskomnadzor）副局长瓦季姆·苏博京表示，自2021年年初以来，Roskomnadzor共制定了16项谷歌未删除违禁信息的行政违法协议，Roskomnadzor将基于这16项违法协议制定针对谷歌的新行政违法协议；白俄罗斯10月13日公布新提案，订阅被视为"极端主义"的社交媒体频道的白俄罗斯人将面临最高7年监禁。

四、积极布局新兴技术研究，抢占战略发展机遇

10月，多国及组织重点布局人工智能、量子技术、加密货币、5G等战略性新兴产业，通过制定发展战略、明确监管框架、加强技术合作、制定技术标准等方式推进新技术的融合应用，抢占战略发展机遇。一是探索使用新技术新应用部署工作。美国白宫科技政策办公室（OSTP）10月初召开量子产业与社会峰会，讨论如何提高美国在量子计算机和量子传感器行业的竞争力；英国国防部国防与安全加速器机构（DASA）成立军事系统信息保障部门，重点聚焦识别、开发和加速信息保障技术的解决方案，旨在进一步增强英国的网络安全能力，并确保国家关键基础设施安全和国防安全；北约10月22日发布首个人工智能战略，鼓励以负责任的方式开发和使用人工智能，以实现盟国的国防安全目的；欧盟委员会更新了《关于国家宽带战略和5G"部署路径"最佳实践交流的报告》，旨在分享欧盟国家宽带战略和5G部署的最佳实践经验。二是探索开展数字化转型。欧盟委员会2022年工作计划显示，欧盟即将推出的一系列数字政策包括《网络弹性法案》《芯片法案》《欧洲媒体自由法案》和提高数字技能的倡议；英国数字、文化、媒体和体育部（DCMS）10月25日发布《安全互联网场所（智慧城市）指南汇编》，旨在帮助决策者、风险所有者、首席信息安全官、网络安全架构师、工程师以及相关运营人员在智慧城市全生命周期更好地开展设计、采购、实施和管理等工作；法国总统马克龙10月12日公布"法国2030"（France 2030）计划，该计划将在未来5年投资300亿欧元，打造法国绿色低碳的数字化工业体系和高科技产业；阿联酋10月13日宣布"工业4.0"计划，提出要提高生产力和开发创新产品，将阿联酋制造业产

能提高 30%，到 2031 年为经济增加 250 亿阿联酋迪拉姆；日本数字厅选择亚马逊网络服务（Amazon Web Services，AWS）和谷歌云端平台（Google Cloud Platform，GCP）作为其全国性云计算项目的首批服务提供商，此举是日本政府在各部门推行数字转型努力的一部分，日本数字厅计划到 2025 年将地方政府事务全部迁移至云端。三是针对数字货币出台监管办法。澳大利亚参议院金融技术和监管技术特别委员会提出了加密货币监管建议，为该国数字资产部门的明确监管框架提供指导；七国集团（G7）10 月 11 日公布一份文件草案，呼吁将透明度和隐私保护作为央行数字货币共同指导原则的一部分；G7 10 月 14 日发布了一份报告，概述了针对中央银行数字货币的公共政策原则，其中包括隐私、运营弹性和网络安全等具体原则。

五、强化对我国的技术封控，联合制衡我国

为了维持美国在网络安全及数字经济领域的绝对优势，拜登政府持续以政治、经济、外交等手段阻挠我国的科技产业发展。一是通过针对性法案并成立专门机构应对他们所谓的"中国威胁"。美国众议院通过了《2021 年安全设备法案》《通信安全咨询法案》等多项法案，其中包括要求美国联邦通信委员会（FCC）不得再为已被列入他们所谓的"威胁国家安全"名单的公司颁发新的设备牌照；美国中央情报局 10 月 7 日宣布成立新的"中国任务中心"，旨在应对所谓的我国对美国中央情报局所有任务领域构成的全球性挑战。二是以国家安全为名对我国实行技术封锁及打压。美国商务部 10 月 20 日发布一项临时规定，要求向我国出口某些网络安全产品需获得许可证；美国 FBI 10 月 26 日以涉嫌参与攻击美国网络为由，突袭中国百富环球科技有限公司在美机构。

2.11　2021 年 11 月全球网络安全和信息化动态综述

2021 年 11 月，各类网络安全事件呈高发态势。在此背景下，多国和组织综合运用政策立法、行政监管、国家合作等多重手段，持续加强网络安全能力建设，加大网络内容监管力度，推动网络平台监管法治化、制度化、规范化，严厉打击网络违法犯罪及恐怖极端行为，并在推进半导体、人工智能、元宇宙等新技术新应用上推出系列举措。具体情况如下。

一、各类网络安全事件呈高发态势

11月，全球勒索软件、网络钓鱼攻击持续频发，关键基础设施、供应链被攻击风险提高，利用新技术手段实施的网络犯罪层出不穷，各类网络安全风险仍处高位。一是勒索软件、网络钓鱼攻击持续高发。国际反钓鱼攻击工作小组报告显示，自2020年以来，该组织检测到的网络钓鱼攻击成倍增长，2021年第三季度仅7月份就检测到网络钓鱼攻击26.06万次，这是自2004年以来其报告中的最高水平。英国联合信息系统委员会的年度网络安全调查显示，勒索软件已成为高校面临的最大网络威胁。Cyren公司报告称，在医疗保健、金融和保险、制造业和房地产四大领域，网络钓鱼攻击分别占比达76%、76%、85%和93%。二是关键基础设施、供应链被攻击的风险提高。美国网络安全与基础设施安全局（CISA）称，由于勒索软件攻击和对国家关键基础设施的威胁，"美国生活方式"面临严重风险。三是网络犯罪新技术手段层出不穷。美国网络安全公司梭子鱼11月10日发布报告称，诱饵攻击成为网络犯罪分子的首选方法。据2021年9月的观察，在10500个组织中，超35%的组织在一个月内至少受到一次诱饵攻击。四是国家支持的网络攻击风险提升。联合国工作小组警告称，各国派遣的数字雇佣军严重违反了相关法律规定，国家"巨魔军队"应尽快进行规范。

二、强化战略部署，提升网络安全能力

一是优化政府职能。美国拟成立国务院网络空间和数字政策局，帮助政府有效应对不断增多的网络攻击，并为外交官提供急需的网络安全知识和技术培训；美国国家安全局（NSA）与国家密码基金会建立新的合作伙伴关系，双方将在全国范围内开展增强网络安全实力方面的合作，并重点关注网络安全教育和建立网络安全工作渠道。二是提升安全素养。美国国土安全部（DHS）11月15日开始实施网络安全人才管理制度，推动DHS能够更有效地招聘、培养和留住顶级网络安全专业人员；美国众议院11月2日通过《小型企业管理局网络意识法案》及《小企业发展中心网络培训法案》，以强化小型企业的网络安全；美国网络安全与基础设施安全局（CISA）近日针对联邦民事机构印发两本网络安全响应手册。三是加大违法犯罪打击力度。美国总统拜登发表反勒索软件声明称，将动用联邦政府的全部力量来打击恶意网络活动和参与者，增强国内的应变能力，解决滥用虚拟货币洗钱和勒索软件犯罪分子的避风港问题；

美国和以色列将成立联合工作组，以应对网络安全挑战和打击勒索软件攻击。四是强化网络战备。美国网络司令部根据国会和美国政府问责局的关注重点和建议，发布了一个作战计划，并建立了业务管理办公室，以解决其网络作战能力的关键架构问题；美国陆军利用新技术推动 5 种网络武器的研发和部署，并将相关改进措施纳入现有系统，以确保网络防御的持续有效性。

三、综合多种手段，加大网络内容治理力度

一是加大事前约束。美国众议院 11 月 10 日提出《过滤气泡透明度法案》，要求脸谱网和谷歌等大型互联网平台向消费者显示算法之外的信息，即赋予用户自主选择使用互联网服务的权利，而不必受到由特定用户数据驱动的秘密算法操纵；欧盟 11 月 25 日提出了一项新法案，限制科技公司根据用户的健康状况、种族和政治信仰发送有针对性的营销内容；阿联酋 11 月 27 日出台《网络安全法》，禁止利用网络平台发布、再发布、传播或再传播虚假新闻，包括虚假和误导性信息，以及声称来自官方来源或歪曲官方公告的虚假报道。二是强化事后监管。俄罗斯联邦反垄断局 10 月 27 日表示，已对苹果公司提起反垄断诉讼，理由是该公司未能允许应用程序开发商在使用其 App Store 平台时告知客户其他支付方式；俄罗斯莫斯科一家法院 11 月 8 日对谷歌处以 200 万卢布的罚款，原因是该公司未删除被俄罗斯视为非法的内容；古巴外交部长 11 月 10 日警告称，将对脸谱网采取法律行动，原因是脸谱网无视试图对古巴舆论进行操纵的团体。三是加强行业自治。脸谱网 11 月 2 日宣布将在未来几周内关闭其人脸识别系统，删除超过 10 亿人的个人面部识别模板；推特表示将成立一个内部数据治理委员会，促进隐私安全政策和标准的实施，平衡用户数据使用和保护；微软更新受众网络政策，禁止所有产品和服务公司投放与赌博、诉讼、保健品以及终结生命相关的广告。四是遏制恐怖极端。俄罗斯外长谢尔盖·拉夫罗夫 11 月 19 日表示，俄罗斯起草了一份关于打击恐怖分子使用互联网的宣言，将在 12 月初举行的欧洲安全与合作组织部长级会议上进行讨论；马来西亚内政部副部长 11 月 8 日在下议院举行的特别会议上称，政府正在制定一项国家行动计划，以防止和打击暴力极端主义，谋求遏制有害意识形态的传播。

四、加大平台治理力度，全力维护网络空间秩序

一是夯实平台责任。欧盟 11 月 25 日通过《数字市场法》草案，首次提出"看门人"概念，将其定义为至少在 3 个欧盟国家提供"核心平台服务"的大

公司，包括在线中介、在线广告、搜索引擎、社交网络、操作系统、云计算和视频共享业务，且月度终端用户数达到 4500 万和商业用户数达到 1 万的公司；俄罗斯联邦国家杜马 11 月 24 日通过了《俄罗斯联邦消费者权益保护法》修正案及《俄罗斯联邦行政违法法典》修正案，禁止卖家和服务提供商不合理收集消费者个人数据，以遏制消费市场中的不公平行为。二是加强反垄断审查。欧盟 27 个成员国大使于 11 月 10 日就修改后的《数字市场法》"一般做法"达成一致，将控制亚马逊、谷歌和脸谱网等大型科技企业在欧盟数字市场上的主导地位；意大利政府 11 月 4 日批准了年度竞争法草案，明确了意大利竞争管理局在反垄断和并购控制领域执法权力的根本变化，规定全球总营业额超过 50 亿欧元的交易，如果存在反竞争风险且集中在 6 个月内进行，则将被纳入意大利反垄断审查范围；美国参议院司法委员会反垄断小组主席 11 月 5 日提出两党法案《平台竞争和机会法案》，旨在限制谷歌、脸谱网和亚马逊等科技巨头收购竞争对手。三是强化个人信息保护。美国参议院引入《促进隐私的数字问责制和透明度法案》，以加强对美国消费者的数据隐私保护；澳大利亚政府提出了《2021 年隐私立法修正案（加强在线隐私和其他措施）法案》，要求社交媒体采取一切必要措施防止个人数据被滥用，不遵守法律的公司将被处以其年收入 10% 的罚款或 1000 万澳元的罚款；澳大利亚网络安全委员会 11 月 17 日发布《图片滥用监管指南》，旨在更好地保护受图片滥用侵害的受害者。

五、加大对我国的遏制，网络空间角力持续升温

一是加大对我国技术和市场的封锁。二是阻碍资本投资中企以及中企海外投资。三是加速构建排华联盟。

六、抢抓战略前沿，新技术新应用布局加速

一是半导体方面。美国信息技术产业协会 11 月 8 日就半导体供应链风险向美国商务部提供建议，鼓励政府制定可持续的长期战略；加拿大半导体委员会 11 月 23 日发布《2050 年路线图：加拿大半导体行动计划》，提出了建设加拿大半导体产业的短期、中期和长期建议；日本将制定一项补贴国内芯片厂建设的计划，在 2021 年的补充预算中拨出数千亿日元，为日本新能源产业技术综合开发机构创建一个资金库，企业如果在供应缺失时增加芯片生产，就有资源获得补充。二是人工智能方面。美国两党议员提出《推进美国人工智能创新法案》，

指导国防部向公私部门访问其数据集库；法国政府 11 月 8 日在"法国就是人工智能"活动上公布了"法国 2030"第二阶段战略计划，计划在 2025 年前向人工智能领域投资 22 亿欧元，力争成为全球"人工智能冠军"；意大利部长理事会通过了《2022—2024 年人工智能战略方案》，明确今后 3 年意大利将增强其人工智能系统的 24 项政策。三是量子计算方面。美国与澳大利亚、英国分别签署《关于量子科技合作的联合声明》，在量子技术创新和商业化方面开展合作。四是元宇宙方面。英伟达在 GTC2021 全球流量大会上发布与元宇宙相关的虚拟化身平台；脸谱网 11 月 4 日表示，脸谱网及其社区将是元宇宙成功的关键，而"群组"将成为该公司元宇宙愿景的"核心部分"；微软 11 月公布一项计划，将向旗下 Team 软件 2.5 亿名用户提供更具沉浸感的虚拟世界，即"元宇宙"。

2.12　2021 年 12 月全球网络安全和信息化动态综述

12 月，一些国家和组织持续在网信领域加大布局，重视提高对网络安全事件的响应能力，竞相在 6G、人工智能、元宇宙等新兴技术领域谋划布局，此外数据治理与监管仍是各国关注的重点。随着多国限制技术出口、减少对外国技术的依赖，事实上的技术"保护主义"已经形成。2021 年年底，一些机构发布报告评估 2021 年网络风险，电信诈骗、勒索软件攻击、软件漏洞同比大幅增长，预计 2022 年网络安全形势不容乐观。具体情况综述如下。

一、网络安全领域"竞合并存"

一是持续提升网络防御能力。12 月 1 日，美国众议院通过《了解移动网络的网络安全情况法案》《美国网络安全素养法案》《未来网络法案》3 项两党法案，旨在提高全国的网络安全和公民的网络素养。12 月 15 日，英国宣布 2022 年成为"全球网络强国"的计划，提升英国所有地区的网络行业水平，提高网络进攻和防御能力。12 月 24 日，日本国家网络安全事件应急及战略中心（NISC）就 2022 年度《网络安全战略》向公众征求意见，旨在确保该战略切实落地见效。二是重视提高对网络安全事件的响应能力。美国白宫颁布一项新政策，要求美国联邦调查局（FBI）、网络安全与基础设施安全局（CISA）以及国家情报总监办公室在知悉黑客攻击后的 24 小时内，向白宫高级官员上报对有关情况严重性的初步评估，以帮助其迅速判断网络攻击是否要"上升到国家安全问题的程度"。欧盟各国电信部长批准对《网络和信息安全（NIS）指令》的改革，出台名为"NIS2"的新网络安全指令，要求企业采取预防措施应对在线威胁和报告安全事件。三是加强网络安全方面的国际沟通与合作。12月15日至16日，七国集团（G7）高级官员与欧盟委员会、欧洲刑警组织等机构的代表举行了关于勒索软件的特别高级官员论坛，旨在找到切实可行的政策解决方案，增加"事件报告"，减少"赎金支付"。英国与新加坡签订《网络安全合作谅解备忘录》，以两国现有的强大网络合作为基础，寻求网络安全能力建设、促进网络稳定、物联网安全等领域的合作机会。日本政府官员称，日本和美国将针对勒索软件防范展开密切合作，并将此类网络攻击视为国家安全威胁。

二、继续强化数据治理与监管

一是深化跨境数据合作。12月8日，美国商务部和英国数字、文化、媒体和体育部（DCMS）发布《关于深化数据伙伴关系的联合声明》，强调"增强不同数据保护框架之间的互操作性，促进跨境数据流动，同时保持高标准的数据保护和信任"。美国和澳大利亚就跨境获取电子证据达成《澄清境外数据合法使用法案》（又称CLOUD法案），澳大利亚执法机构能够发布命令，要求美国服务提供商提供通信数据，反之亦然，从而更加有效地打击恐怖主义、勒索软件攻击、关键基础设施破坏和儿童性虐待等严重犯罪活动。二是提高网络平台的数据透明度。12月9日，美国民主党和共和党参议员共同宣布了一项社交媒体数据透明法案，要求Meta等社交媒体公司允许某些研究人员访问其数据。12月13日，欧洲议会内部市场和消费者保护委员会正式通过《数字服务法》草案，规定网络平台有对其在线内容和产品进行审核的义务，并要求确保平台使用算法的透明度和问责制，此外，平台还必须公开其数据以供外部审查。三是加强对数据保护的监管力度。12月爱尔兰宣布成立数据治理委员会，授权其就公共部门的数据共享和数据治理提供建议；同时，爱尔兰数据保护委员会（DPC）发布《2022—2027年监管战略》，提出持续有效地监管、优先保护儿童和其他弱势群体，以及保护个人信息、提高公民数据保护意识等五大数据监管目标。

三、网络技术议题泛政治化

一是对技术出口的限制增多。12月2日，美国政府高级官员在简报会上透露，白宫将公布一份已组成联盟的国家名单，这些国家承诺共同努力限制技术出口，以避免这些技术被滥用。12 月 17 日，日本政府公布了更严格的国家资助研究机构的指导方针，要求大学和研究机构加大信息披露力度，以便"更严格地筛选国际学生和研究人员"，防止其将敏感技术带回国。12 月 6 日，以色列国防部发布技术出口指导方针，要求购买其网络技术的国家必须承诺使用这些技术来防止恐怖主义行为和严重犯罪。二是减少对外国技术的依赖。由欧盟委员会推动的新工业数据、边缘和云联盟于 12 月 14 日正式成立，该联盟汇集了欧洲顶尖的科技公司，就下一代计算技术展开合作，旨在减少对外国技术提供商的依赖。三是中俄被视为欧美网络技术的"假想敌"。12 月 15 日，英国发布新版《2022 年国家网络空间战略》，将中国和俄罗斯描述为战略竞争对手。12 月 16 日，美国财政部把深圳市大疆创新科技有限公司、北京旷视科技有限公司、广州云行网络科技有限公司等 8 家科技公司列入其所谓的"中国涉军企业"投资黑名单，限制中国科技公司的发展。

四、加速投资布局新技术

一是 5G、6G 技术方面。12 月，美国国家安全局（NSA）和网络安全与基础设施安全局（CISA）等联合发布关于保护 5G 云基础设施完整性的第四部分指南——《确保云基础设施的完整性》，为解决国家关键基础设施面临的高优先级威胁提供网络安全指导。欧盟委员会宣布，将拨款 2.4 亿欧元推出首个大规模 6G 研究和创新计划，该计划涉及从 5G 演进（包括垂直行业的大规模试验和试点）到未来 6G 系统的前沿研究，目的是在尚未实现标准化的情况下，使欧洲参与者能够具备 6G 系统的研发能力，以作为数字和绿色转型的基础。二是人工智能方面。美国白宫公布 2022 财年预算补充说明，计划在人工智能研发方面投资 17 亿美元，较 2021 财年的 15 亿美元增长 13.3%；12 月 8 日，美国国防部公开的备忘录显示，该部门将设立首席数字和人工智能官，负责加强和整合国防部数据、完善人工智能和数字解决方案；12 月 18 日，美国参议院通过《人工智能技术培训法案》，要求白宫管理和预算办公室为联邦雇员建立人工智能培训计划，旨在提高联邦雇员的人工智能知识和技能，帮助美国政府更好地应对全球人工智能领域的竞争。三是加密货币和区块链方面。美国国会 2021 年共提出《加密货币税收改革法案》《区块链促进法案》等 35 项法案，关注加密货币监管、区块链技术的应用和中央银行数字货币三大领域，预计 2022 年美国国会将针对加密货币制定更全面的立法。澳大利亚拟针对加密货币交易制定监管框架，并考虑推出一种可零售的中央银行数字货币，消费者可在政府监管下购买和出售加密货币资产，以此作为澳大利亚支付行业 25 年来最大规模改革的一部分。四是元宇宙方面。12 月 9 日，Meta 向美国和加拿大 18 岁及以上的用户开放虚拟现实应用 Horizon Worlds，Oculus 虚拟现实头盔用户可以在 Horizon Worlds 中创建一个角色，在虚拟世界中漫游。12 月 13 日，英特尔高管在一场关于元宇宙技术的会议上宣布，英特尔将推出进军元宇宙的第一项技术——一款帮助设备使用其他设备闲置计算能力的软件，旨在为元宇宙提供能量。12 月 27 日，百度在百度 AI 开发者大会上发布首个国产元宇宙产品"希壤"，正式入局元宇宙，将在视觉、听觉、互动 3 个方面实现技术创新的突破。

五、2021 年网络威胁总结及 2022 年网络安全形势展望

一是 2021 年电信诈骗、勒索软件攻击、软件漏洞呈高发态势。美国电信运营商 T-Mobile 发布《2021 年诈骗和机器人电话报告》，数据显示在 2020 年短暂中断之后，诈骗者全面卷土重来，2021 年电信诈骗同比增长 116%。12 月 6 日，加拿大的信号情报机构通信安全局表示，与 2020 年上半年相比，2021 年上半年全球勒索软件攻击增加了 151%，黑客变得越来越猖狂。美国网络与个人安全公司 Concentric 研究指出，勒索软件攻击受害者的成本在攀升，2020 年网络勒索导致的赎金总额达到 3.5 亿美元，比 2019 年增长了 311%，而 2021 年勒索软件造成的损失则飙升了 935%。安全漏洞披露平台 HackerOne 最新报告显示，2021 年软件漏洞同比增长 20%，其平台上的黑客 2021 年已发现超过 6.6 万个有效漏洞。二是 2022 年网络威胁将持续增加。12 月 7 日，美国网络安全公司"趋势科技"官网发布预测报告称，2022 年主要有 6 种网络威胁：云威胁、勒索软件威胁、漏洞利用、商品软件恶意代码攻击、物联网威胁以及供应链威胁。网络安全公司帕洛阿尔托网络公司发布报告称，预计由加密货币推动的勒索软件攻击、与元数据相关的攻击、对应用程序编程接口（Application Programming Interface，API）缺陷的利用以及对关键基础设施的攻击将成为 2022 年的主要网络威胁。IT 研究与顾问咨询公司 Gartner 预测，到 2025 年 30% 的关键信息基础设施组织将遇到安全漏洞，这将会导致关键信息基础设施运营停止或关键网络物理系统停止。

第 3 章

2021 年相关国家及地区部分战略立法评述

3.1 美国商务部《确保信息和通信技术及服务供应链安全》摘编

2021年1月19日，美国商务部发布《确保信息和通信技术及服务供应链安全》规则的最终版本，赋予商务部长对与敌对国家数字设备和服务交易的审查、否决权等。规则主要内容摘编如下。

一、确立了广泛的信息和通信技术及服务评估的类别

美国商务部对信息和通信技术及服务（Information and Communications Technology and Services，ICTS）做了极为明确的清单化规定，包括：交易一方为总统政策指令《关键基础设施安全和恢复能力》中规定的关键基础设施部门，包括子部门或随后指定的部门；涵盖无线局域网、移动网络、电缆接入等的软硬件和服务；用于整合AI、机器学习、无人机、自动决策系统等的ICTS。同时也包括在ICTS交易前12个月内有以下情况的对象：涉及超过100万美国人敏感个人数据的数据托管或计算服务中的软硬件产品或服务；向美国人出售超过100万台联网传感器、网络摄像头、无人机等ICTS产品，或提供移动应用程序、桌面应用程序等联网通信软件。此外，规则还规定，美国商务部长可审查2021年1月19日当天或之后发起、未决或完成的ICTS交易，无论适用于该交易的合同何时签订，或适用于该交易的许可证或授权何时授予。

二、确立评估ICTS风险点的细则

根据规则，美国商务部在确定是否存在风险时，将综合考虑多个部门、文件中提到的风险，包括：由国家情报总监办公室提交的威胁评估报告中指明的风险；由国土安全部部长、国防部部长或国家情报总监发布的禁止令中指明的

风险；《国防部联邦采购条例》和《联邦采购条例》中规定的风险；国土安全部部长确定的存在漏洞的实体、硬件、软件和服务；国土安全部网络安全与基础设施安全局确定的对执行"国家关键职能"的实际和潜在威胁；ICTS 漏洞可能对美国公共和私营部门造成的后果的性质、危害程度和可能性；商务部长认为的其他风险。

三、确定 ICTS 交易的 3 个审查程序

规则指出，对 ICTS 的审查包含初审、磋商及终审 3 个主要流程。在初审阶段，商务部、国防部、国家情报总监办公室和国土安全部等相关机构协商确定 ICTS 交易是否存在风险，并采取取消审查、禁止交易、延缓交易等措施；在磋商阶段，商务部在收到交易方及各部门回复的基础上，再次协商并寻求一致意见，以确定是否禁止交易，无法达成共识的则上报总统裁定；在终审阶段，若商务部部长未通过书面方式决定延长审查期限，则应当在审查启动后的 180 天内发布最终决定，包括禁止交易、不禁止交易、允许交易但应采取缓解措施等。

四、确立对违反规定的相关惩罚措施

规则指出，违反者将承担民事或刑事责任，面临罚款、监禁等惩罚。最高罚款不超过 25 万美元；最高刑事惩罚包括 20 年及以下的监禁和不超过 100 万美元的罚款等。

3.2　美国《改善国家网络安全行政令》相关情况评述

5 月 12 日，美国总统拜登签署了《改善国家网络安全行政令》，拟通过保护联邦网络、改善美国政府与私营部门间在网络问题上的信息共享以及加快网络安全事件应急响应速度等，提高国家网络安全防御能力。该行政命令为加强美国国家网络安全并保护联邦政府网络绘制了新路线。

一、出台背景

当地时间 5 月 7 日，全美最大成品油输送管道运营商 Colonial Pipeline 公

司遭黑客勒索软件攻击，被迫全面暂停运营。5月9日，美国多州宣布进入紧急状态，以减轻Colonial Pipeline输油管道持续关闭造成的影响。5月12日，拜登签署了加强国家网络安全的行政命令。

拜登在白宫发表声明指出，近日在美国频发的网络安全事件发人深省，其中包括Colonial Pipeline、SolarWinds供应链、微软Exchange等黑客攻击事件，美国公共和私营部门实体越来越多地面临来自民族国家行为者和网络犯罪分子的先进恶意网络活动。这些事件具有共同点，如网络安全防御措施不足，使公共和私营部门实体更容易遭受事件伤害。美国政府需要采取行动来打击网络犯罪，并从根本上加强网络安全管理。这是美国政府为使国家网络防御现代化而采取的措施中的第一步。但是，Colonial Pipeline事件让美国政府认识到仅靠联邦行动是不够的，政府需要与拥有和运营国内关键基础设施的私有部门合作并共享信息。

据悉，这项行政命令已经酝酿了一段时间，它是由得克萨斯州软件公司"太阳风"的黑客攻击事件引发的。随着"美国一些重要部门近期屡次遭到黑客攻击"，拜登政府对网络安全问题愈发重视，此次Colonial Pipeline遭受攻击则在一定程度上加速了该行政令的签署。

二、主要内容

该行政令旨在强化网络安全防御措施，以使联邦政府的基础架构能够抵御日益复杂的攻击，重点集中在以下七大方面。

一是提出联邦政府手册，消除政府与私营部门之间阻碍信息共享的障碍。为了应对网络安全漏洞和攻击事件，该行政令提出了一份标准的联邦政府手册，用于改善与威胁及威胁行为者有关的信息共享。该行政令要求IT（信息技术）和OT（运营技术）服务提供商消除任何合同障碍，共享有关网络安全漏洞、威胁和事件的信息，并认为这"对于实现联邦部门的更有效防御以及改善整个国家的网络安全是必要的"。

二是在联邦政府中实施更严格的网络安全标准。该行政命令有助于推动联邦政府迈向安全云服务和零信任架构，并强制要求在特定时间段内部署多因素身份验证和加密。过时的安全模型和未加密的数据已导致公共和私营部门的系统受到侵害。联邦政府必须带头并增加其对最佳安全实践的采用，包括采用零信任安全模型、加速迈向安全云服务以及不断部署如多因素身份验证和加密之类的基础安全工具。

　　三是通过制定准则、工具并采用最佳实践来审核关键软件涉及的各部门，以提高软件供应链的安全性。该行政令称，联邦政府使用的软件的安全性对联邦政府执行其关键功能的能力至关重要。该行政令要求为出售给政府的软件开发建立基线安全标准，从而提高软件的安全性，包括要求开发人员保持对其软件的更高透明度，并公开提供安全数据。它建立了公共和私营部门并行流程，以开发新的创新方法来保护软件开发，并利用联邦购买力来激励市场。最后，它创建了一个试点计划，创建"能量星标"类型的标签，以便政府（以及整个公众）可以快速确定软件是否可以安全开发。该行政令指出，需要利用联邦政府的购买力来推动市场，从头开始在所有软件中构建安全环境。

　　四是建立网络安全事务安全审查委员会。该行政令提出建立一个由政府和私营部门领导共同主持的网络安全事务安全审查委员会，该委员会可在重大网络事件发生后召集会议分析发生的情况，并提出改善网络安全的具体建议。各机构经常会重复过往错误，并且不会从重大网络事件中吸取教训。当出现问题时，政府和私营部门需要提出棘手的问题，并进行必要的改进。该委员会以国家运输安全委员会为模型，委员会的成员应包括联邦官员和私营部门实体的代表，如国防部、司法部、CISA、NSA 和 FBI 的代表，以及由国土安全部部长确定的适当的私营部门网络安全或软件供应商的代表。

　　五是创建用于应对网络事件的标准手册。该行政令为联邦部门和机构的网络事件响应创建了标准手册和定义集。各机构不能等到被入侵后再弄清如何应对攻击。最近的事件表明，政府内部应对计划的成熟度差异很大。该手册将确保所有联邦机构均达到一定的门槛，并采取统一步骤来识别和缓解威胁。该手册还将为私营部门提供应对工作的模板。

　　六是改进对联邦政府网络上网络安全事件的检测。该行政令通过启用整个政府范围内的终端检测和响应系统以及改善联邦政府内部的信息共享，提高对联邦网络上恶意网络活动的检测能力。基本网络安全工具和实践的缓慢且进度不一致的部署导致各机构容易遭受对手攻击。联邦政府应在网络安全方面发挥领导作用，并且整个政府范围内强大的终端检测能力和响应部署以及强健的政府间信息共享至关重要。

　　七是提高调查和补救能力。该行政令为联邦部门和机构创建了网络安全事件日志要求。不良的日志记录会影响机构检测入侵、缓解正在进行的入侵以及在事后确定事件程度的能力。强健和一致的日志记录实践将解决许多此类问题。

三、特点评述

（一）美国政府将防范网络攻击上升到前所未有的高度

5月9日，在美国最大燃油管道公司遭遇勒索软件攻击后，美国政府迅速颁布《改善国家网络安全行政令》，提出了一系列旨在增强联邦机构网络安全工具的倡议，可见美国对基础设施的网络安全高度重视，重建联邦网络安全模型势在必行。一位美国政府高级官员表示，此行政令对政府监测和应对黑客事件的能力具有"非常重大"的影响。拜登在回答记者提问时提到，"黑客犯罪分子"得以破坏基础设施，这说明美国必须使关键领域更加现代化和安全化。

（二）强调网络零信任和高加密

行政令通过政府干预强制企业采用更加安全的软件产品，要求所有联邦政府软件供应商都遵守有关网络安全的严格规则，否则其可能面临被列入黑名单的风险。最终，该计划是创建一个"能源之星"标签，以便政府和公共购买者可以快速轻松地查看软件是否安全开发。此外，根据行政令，拜登要求规范和更新商业软件的网络安全标准，并要求联邦政府使用的所有软件在9个月内达到新的标准，与政府有业务往来的软件开发人员必须公开其安全数据。

（三）持续加大网络安全政策支持以及科技投资

拜登政府将不断维护国家网络安全防御能力和科技创新能力走在全球绝对领先地位。行政令中提出，从相关表述来看，美国将通过突破渐进式的网络安全模式和利用联邦政府的购买力来提高软件安全性，并通过为出售给政府的软件开发建立基线安全标准来提高软件的安全性，如要求开发人员保持对其软件的更高透明度，并公开提供安全数据。

3.3　美国《联邦政府零信任战略》相关情况及对我国的启示

一、相关背景

"零信任"作为一种安全概念，其基本思路是不信任出入网络的任何人、事、物，强调永不信任和始终验证。随着网络连接的多样化和网络攻击威胁的日益严峻，零信任架构受到广泛关注。2021年2月，美国国家安全局（NSA）

发布《拥抱零信任安全模型》，指导机构、企业和网络管理人员遵循零信任原则推进网络安全；同月，美国国防信息系统局（DISA）编制了《零信任参考架构》，指出零信任是美国国防部网络安全架构的必然演进方向。

2021 年 5 月 12 日，拜登签署了《改善国家网络安全行政令》，明确要求推动联邦政府现代化和实施更严格的网络安全标准，将联邦政府迁移到零信任架构，并实现基于云的基础架构的安全优势，同时降低相关风险。2021 年9 月，为了落实该行政命令的相关要求，美国白宫管理和预算办公室（OMB）制定了《联邦政府零信任战略》，美国网络安全与基础设施安全局（CISA）制定了《零信任成熟度模型》《云安全技术参考架构》，3 份草案共同组成了未来3 年美国联邦各级政府的零信任网络安全架构路线图，为"推动美国政府走向零信任网络安全"提供了战略指引和技术指南。

二、《联邦政府零信任战略》概述

（一）战略设想：加速各机构实现早期零信任成熟度的共享基线

美国《联邦政府零信任战略》设想了一个联邦零信任架构，试图通过制定统一的初始步骤，将所有联邦机构置于一个共同的路线图上，实现早期零信任成熟度的共享基线。其设想的架构包括五大方面：支持跨联邦机构的强大身份验证实践；使用加密和应用程序安全测试等策略代替边界安全策略；识别政府拥有的每一个设备和资源；支持安全响应行为的智能自动化；确保安全、稳健地使用云服务。同时该战略指出，目前每个机构处于不同的成熟状态，该设想并不试图描述或规定一个完全成熟的零信任体系，这为各机构灵活、快速地实施其所需的过渡方案提供了空间。

（二）战略目标：实现五大零信任安全目标

该战略提出美国政府的安全架构必须避免对设备和网络的隐性信任，而是要基于"网络和其他组件将受到损害"的安全假设，并遵循最小权限原则。依据《零信任成熟度模型》提出的 5 个支柱进行分组，《联邦政府零信任战略》要求联邦机构在 2024 财年结束前实现五大"具体零信任安全目标"，并确保将这些目标添加至机构的实施计划。一是在身份管理上，改进身份管理系统和访问控制机制。要求机构工作人员使用内部身份来访问其工作中使用的应用程序，并通过多因素验证、强密码策略等方式保护机构成员免受复杂的网络攻击。二是在设备管理上，要求联邦机构必须参与CISA 的"持续诊断和缓解

（Continuous Diagnostics and Mitigation，CDM）"计划，对其运营和授权仅供政府使用的设备进行盘点，并构建完整清单。同时，联邦机构必须确保在其机构中部署了强大的端点检测和响应工具，以便及时检测和响应相关设备上的安全事件。三是在网络管理上，强调加密和网络分组。要求各机构在其环境中加密所有DNS请求、HTTP流量和电子邮件流量，同时要求各机构必须与CISA协商制定实施计划，使每个不同的应用程序都在独立的网络环境中运行。四是在应用程序管理上，将所有应用程序都视为网络连接可达的，定期对其进行严格的应用安全测试，并欢迎外部漏洞报告。五是在数据安全管理上，从联邦层面制定零信任数据安全策略，为各机构提供清晰、共享的数据保护路径；同时要求各机构对数据分类和安全响应进行一些初始自动化，能够利用云安全服务和工具来发现、分类和保护敏感数据，并实现内部日志记录和信息共享。

（三）战略参考：联合构建最佳的零信任环境

《联邦政府零信任战略》给出了美国联邦政府实施零信任架构的战略设想和战略目标，而CISA发布的另两份草案文件则从技术层面为实施零信任架构提供了参考路线图和具体的实例指南，以期共同实现最佳的零信任环境。其中，《零信任成熟度模型》以零信任为基础提出了身份、设备、网络、应用程序和数据安全五大支柱，并针对每个支柱给出了基础的、高级的和最佳的3个阶段的具体示例；《云安全技术参考架构》则通过为联邦机构提供共享的云服务安全风险模型、信息系统云迁移的风险和策略，以及云安全管理框架等，为美国联邦政府信息系统云迁移和云安全管理提供参考，并指导各级机构的云安全服务向零信任架构演进。

三、启示及建议

美国NSA、DISA、OMB、CISA等网络安全主管部门先后就推动零信任发布指南和战略，表明美国军方和政府已经高度认同零信任理念，并将其作为未来全面提升网络安全能力的新手段。随着美国的大规模布局，零信任这一概念已逐步成为全球共识，或将引发网络安全技术和产业的新一轮竞争。对此，建议进一步加强政策技术指引和技术实践，更好推动零信任等新技术理念的研究和应用。一是出台相关政策，引导加大新基建安全保障的资金投入，促进技术手段升级，鼓励开展以零信任为代表的安全技术理念创新、架构创新和应用部署。二是加快编制适应我国网络建设现状和行业应用实际的零信任安全标准，建立零信任产品和解决方案的评估机制，提升零信任安全部署能力。三是着力解决技术瓶颈。零信任架构理念新、应用场景多、技术要求高，且与网络的基础架构、资源配置、安全管理等密切相关，应用部署具有一定的复杂性。四是深入开展协作实践。产学研用各方需加强协同合作，推动零信任架构与传统安全架构间的优化、利用、衔接、过渡，推进各平台、各厂商相关安全产品和解决方案的适配。

3.4　欧盟《5G 规范安全》摘编

2 月 24 日，欧盟网络安全局（ENISA）发布了《5G 规范安全》报告，为欧盟成员国提供 5G 安全控制措施建议，帮助监管机构了解 5G 安全标准化环境，以确保恰当评估运营商的网络安全能力，助力实现"欧盟 5G 安全工具箱"设定的目标，保证 5G 网络的安全。相关情况摘编如下。

一、主要内容

（一）概述 5G 规范和标准化现状

报告显示，目前国际上开展 5G 标准化相关工作的组织（详情见表 3-1）主要包括第三代合作伙伴计划（3GPP）、欧洲电信标准化协会（ETSI）、国际电信联盟电信标准分局（ITU-T）、国际互联网工程任务组（IETF）、电气与电子工程师协会（IEEE）以及部分其他相关组织。其中，3GPP 是制定 5G 网络安全规范的主要国际组织。5G 标准化相关工作主要聚焦于 5G 安全体系结构、访问令牌规范、加密算法、增强安全措施，以支持移动互联网、物联网、车联网和低时延应用程序等多个领域。

（二）提炼 3GPP 关于 5G 网络安全的技术规范要求

《5G 规范安全》报告研究了 5G 网络安全架构，确定了保护订阅隐私、保护用户和信令数据、保护 5G 基站（gNB）的安装和配置、保护无线接入网（RAN）接口、保护基于服务的架构、实施认证框架、保证漫游安全、加强安全存储环境八大关键安全领域。对于每个关键领域，从覆盖范围、安全隐患和最佳安全实践的角度，3GPP TS 33.501 技术规范定义了"六安全域"安全架构模型，包括：网络访问安全、网络域安全、用户域安全、应用程序域安全、基

表3-1 国际标准化组织有关5G规范和标准化工作最新情况汇总

国际组织	工作组	工作组中文名称	负责领域和最新进展	
3GPP	SA WG3	服务/技术方面的技术规范组	确定5G安全性和隐私要求，定义相应的安全性体系结构和协议，提供5G安全规范和加密算法	2020年9月发布TS 33.501（V16.4.0），聚焦开发安全性增强功能和特征，以支持蜂窝网、车联网、专用网络和低时延应用程序
ETSI	NFV SEC	网络功能虚拟化安全小组	聚焦于定义应用程序编程接口（API）访问令牌规范	
	TC CYBER	网络安全技术委员会	聚焦于消费者物联网网络安全、全球网络安全生态系统和法律程序中使用的数字材料保证技术	
	TC LI	合法侦听技术委员会	致力于"通过HTTP/XML进行消息传递服务的移交"和"用于请求和传递保留数据的移交接口"的规范工作	"拼单信息接口"和"用
	TC ITS	智能运输系统技术委员会	专注于"安全互操作性测试规范"和"公钥（ITS PKI）一致性测试规范管理"	
	ISG SAI	人工智能安全行业规范小组	专注于保护AI免受攻击，缓解恶意AI，使用AI增强安全措施	
	SAGE	安全算法专家组	专注于开发5G加密算法	
ITU-T	SG 17	第17研究组	2018年3月创建"在5G系统中应用量子安全算法的安全性准则"，目前聚焦于软件定义网络（SDN）、网络功能虚拟化（NFV）、物联网（IoT）、移动互联网大数据分析、云计算和加密配置文件的建议书的制定	

（续表）

国际组织	工作组	工作组中文名称	负责领域和最新进展	
IETF	—	—	与3GPP合作研究5G安全规范，并将安全机制嵌入TS 33.501中	OAuth 2.0认证框架
				可扩展认证协议（EAP）
				超文本传输协议V2（HTTP/2）
				互联网密钥交换协议V2（IKEv2）
				传输层安全（TLS）协议
IEEE	IEEE-SA	电气和电子工程标准协会	发布无线局域网领域的802.11系列标准	这是除3GPP协议外，5G网络访问的关键协议之一
	GASG	欺诈与安全小组	致力于5G网络方面的欺诈与安全问题	
GSMA	Future Network Programme	未来网络项目	为业界提供5G实施指南	
	CVD	协调漏洞发布项目	与3GPP合作，管理5G标准的公开内容	2020年1月，发布《移动电信安全威胁态势报告》，提供移动电信威胁缓解和应对的指南；2020年2月，发布《基线安全控制报告（FS.31）》，概述了一组移动电信行业应考虑部署的特定安全控制措施
	IoT Security Project	物联网安全项目	开发专用于了解决物联网安全风险的资源	
	NG	网络组	定义网络架构指南和功能	
NGMN	SCT	下一代移动网络联盟的安全能力团队	5G安全问题	致力于5G端到端架构框架；蜂窝V2X安全性和隐私安全；保障网络功能免于暴露给第三方；与5G局域网相关的新接口安全；5G安全功能的试用和测试
5G PPP	—	欧盟5G公私合作伙伴关系	致力于INSPIRE-5G+项目，旨在研究面向未来联网系统的智能、可信赖和负责任的5G安全平台	

于服务的架构域安全、可见和可配置的安全，并提供了包括可选元素在内的解释、分析和建议。

（三）描述 5G 网络安全技术规范和标准的作用，简要讨论这些规范未完全覆盖的安全领域

《5G 规范安全》报告称，5G 安全技术规范和标准通过定义安全控件，为开发和实施 5G 安全网络相关认证奠定基础。但目前的 5G 安全规范仍有未完全覆盖的领域：一是技术方面，如安全测试与保障、产品开发、网络设计、网络配置与部署、网络运营与管理等；二是通用方面，欧盟成员国的相关主管部门还需要识别和了解当前规范中可能存在的差距，确保其在相关国际标准化机构中的参与度不断提高，加强与欧盟一级的协调，提高根据现行标准开展标准化工作的能力。

（四）总结关键发现，为下一步行动提供相应的最佳实践

《5G 规范安全》报告总结了三大发现。一是发现关于 5G 系统安全架构和过程的 3GPP 技术规范带有一组安全功能和改进之处，提供的安全实践为：默认情况下，使用本国网络公钥；为用户数据提供非空加密和完整性保护算法；在网络或运输层默认使用安全协议；默认使用最先进的身份认证和授权机制；与外网连接时使用规范中定义的身份验证框架；确保端到端核心网互联安全；实施严格的数据访问控制策略等最佳实践。二是发现可选安全因素同样重要，提供的安全实践为：开展网络各部门和设备安全测试；使用安全和成熟的产品开发过程进行产品开发；网络设计、配置和部署应遵循最佳安全实践；制定健全的网络运营和管理流程。三是发现随着技术的演进，5G 标准、规范和基础技术日趋复杂，提供的安全实践为：欧盟成员国加强协调和标准化机构参与度；探索进一步加强 5G 技术安全的分享和合作工作。

二、启示及建议

目前，我国在 5G 国际标准方面基础较好，我国网信领域专家在 3GPP 等重要国际组织中担任主要领导职务，我国 5G 产业链中运营商、设备商、终端企业等积极主导和参与国际标准制定，我国提交的 5G 国际标准文稿数量和质量均位居世界前列，这些充分体现出我国在 5G 国际标准制定中的影响力和话语权。另外，在《5G 规范安全》报告中提及的未完全覆盖的 5G 安全规范中，大部分我国已着手开展标准化。建议在此基础上，一是进一步巩固我国 5G 国际标准话语权，深化 5G 全球标准化合作；二是持续跟踪全球关于 5G 标准的最新进展和关键措施落地，加强我国 5G 全球供应链系统建设和风险管理；三是积极提前部署 6G 技术研发和标准研制，为未来的技术国际之争奠定基础。

3.5　欧盟发布《2030 数字指南针：欧洲数字十年之路》内容摘要及评述

一、出台背景

新冠肺炎疫情防控期间，欧盟对其他国家的关键技术，以及大型科技公司的依赖暴露出其自身在数字化发展和应用方面的短板。欧盟委员会主席在 2020 年国情咨文中呼吁打造 2030 年共同愿景，以发挥更大的数字领导力。欧洲理事会于 2020 年 10 月要求欧盟委员会提交一份全面的"数字指南针"规划，以阐明欧盟 2030 愿景。在此背景下，欧盟委员会于 3 月 9 日提出《2030 数字指南针：欧洲数字十年之路》（以下简称《数字指南针》），提出了未来 10 年欧盟加快数字化转型的一系列具体目标。

二、主要内容

《数字指南针》主要围绕 4 个方面制定了欧盟到 2030 年拟实现的具体目标。一是提升技能专长。至少 80% 的成年人应具备基本的数字技能；培养 2000 万名信息通信技术专家；推动更多的女性从事数字化工作，以实现性别融合。二是打造安全、高性能和可持续的数字基础设施。所有欧盟家庭都应拥有千兆连接，所有人口稠密地区都应该覆盖 5G 网络；欧洲尖端和可持续半导体的产量应占世界产量的 20%；欧盟应部署 1 万个气候中性[①]和高可靠的边缘节点[②]；欧洲拥有自己的第一台量子计算机。三是大力推动企业数字化转型。75% 的公司应使用云计算服务、大数据和人工智能；超过 90% 的中小型企业

---

① 气候中性：一个组织活动对气候系统没有产生净影响。相对于"碳中和"而言，"气候中性"还针对除二氧化碳外的其他气体。

② 边缘节点：可以将计算、转发等业务下沉至最接近用户的节点，以降低响应时延和带宽成本，减轻中心集群压力。

应至少达到数字强度的基本水平；欧盟数字独角兽的数量应增加一倍。四是努力实现公共服务数字化。所有重要公共服务都要实现网络化；所有公民都可以访问自己的电子病历；80%的公民应使用数字身份解决方案。

三、具体举措

为了实现上述愿景，欧盟提出了两大方面的具体举措：一是目标和关键里程碑计划。该计划为每一个愿景制定具体的步骤目标，监测并衡量每个目标的进展情况，按年度发布目标完成情况，查找不足并制定补救措施等。二是启动欧盟、成员国和私营部门投资项目。为了更好地解决欧盟在关键能力方面的差距，欧盟委员会将利用复苏基金③以及其他欧盟资金，结合欧盟预算、成员国和行业的投资，促进多国项目的快速启动。欧盟成员国在其复苏计划中承诺将把至少 20% 的投入用于数字领域。

四、影响分析

新冠肺炎疫情大流行后，数字化日益受到欧盟的重视。一方面，《数字指南针》系列目标体现了欧盟谋求其数字领导力和影响力、巩固和输出欧盟数字理念的雄心壮志。欧盟在数字十年目标中将人权、自由、民主等传统价值观置于明显的位置，强调数字同盟关系，进一步凸显欧盟通过强化传统价值观在数字领域的适用，巩固和输出其数字理念的目标。另一方面，欧盟发力数字化，反映了其极力减少对美国和中国依赖的紧迫需要。欧盟数字十年目标尤其关注半导体产业发展，目前欧洲半导体市场规模仅占全球的 10%，且主要依赖从美国和亚洲地区进口。欧洲数字十年目标是欧洲技术新起跑的"发令枪"，欧盟通过《数字指南针》确定了雄心勃勃的目标，旨在增强其数字竞争力，减少对美国和中国的依赖。

3.6 《俄罗斯联邦在国际信息安全领域的国家政策基本原则》摘编

4月12日，俄罗斯总统普京签署第 213 号总统令，批准了《俄罗斯联邦

---

③ 复苏基金是欧盟有史以来规模最大的财政支出计划，总额为7500亿欧元，用于帮助成员国摆脱新冠肺炎疫情带来的经济危机。

在国际信息安全领域的国家政策基本原则》（以下简称《基本原则》），当日生效。《基本原则》是俄罗斯在国际信息安全领域的战略规划文件（编注：俄罗斯不用"网络安全"一词），全文 5 章 20 条，共 12 页，阐述了俄罗斯政府对"国际信息安全"本质的定义，分析了国际信息安全面临的主要威胁，明确了俄罗斯在国际信息安全领域的目标、任务与政策方向。

一、《基本原则》主要内容

（一）说明立法依据与目标（第 1~5 条）

《基本原则》依据《俄罗斯联邦宪法》、俄罗斯在国际信息安全领域合作的国际条约、联邦法律以及其他规范性法律文件，细化了《俄罗斯联邦国家安全战略》《俄罗斯联邦信息安全学说》《俄罗斯联邦外交政策构想》及其他战略规划文件中的部分条款。《基本原则》提出 3 个方面的目标：一是在国际舞台上推进俄罗斯关于建立国际信息安全体系的方案和倡议；二是推动建立预防和解决全球信息空间中国家间冲突的国际法律制度；三是在实施国际信息安全领域的国家政策时，组织开展部门间协作。

（二）阐释"国际信息安全"本质（第 6、7 条）

《基本原则》认为，"国际信息安全"是全球信息空间的一种状态，在该状态下，基于普遍公认的国际法原则和准则以及平等伙伴关系，可确保维护国际和平、安全与稳定。"国际信息安全体系"是指用于调节全球信息空间活动的国际和国家机制的总和，旨在预防国际信息安全面临的威胁或将威胁降至最低限度。

（三）分析六方面威胁（第 8 条）

威胁包括利用信息通信技术从事以下行为：一是侵犯国家主权与领土完整，危害国际和平、安全与稳定；二是恐怖主义，包括宣传和发展追随者；三是极端主义，干涉主权国家内政；四是信息犯罪；五是对包括关键信息基础设施在内的国家信息资源进行网络攻击；六是个别国家利用技术优势垄断信息通信技术市场，限制其他国家获取先进信息通信技术，并加强其他国家在相关领域对主导国家的技术依赖。

（四）概述总体任务与方法（第 9、10 条）

俄罗斯政府的任务是推动建立国际法律制度，以预防和解决全球信息空间中的国家间冲突，推动建立符合俄罗斯国家利益的国际信息安全保障体系。总体方法是在全球、地区、多边和双边层面，与各国开展合作，建立国际信息安全体系，共同应对威胁。

（五）部署具体政策方向（第 11~17 条）

在建立国际信息安全体系方面，在联合国领导下，推动相关机构定期组织对话，促进制定新的国际法原则和准则，定期举行双边和多边磋商等，确保推进俄罗斯关于建立国际信息安全保障体系的倡议和国家标准。在应对侵犯国家主权、领土完整方面，加强与各国的合作，推动在既有规则的基础上发展地区性的国际信息安全保障体系，并建立相应的全球体系；增强信任措施；协助完善用于信息通信技术应用领域的国际人道主义法原则和准则。在应对恐怖主义、极端主义、信息犯罪以及关键信息基础设施攻击方面，发展与各国及其执法机构、专门机构以及国际组织的合作，特别是与独联体国家、金砖国家、集体安全条约组织、上合组织、东盟、二十国集团成员的合作，推动建立信息共享机制，提高信息交换效率，协助在国家层面制定一系列措施，推动建立有效的国际机制以监测信息通信技术的使用等。在保障国家技术主权及消除信息不平等方面，致力于推动"互联网信息－电信网络"安全稳定运行及发展，制定和实施旨在消除数字不平等的国际方案，协助保障各国平等使用最新的信息通信技术，推动国家商业组织、信息通信技术及信息安全领域的商品和服务生产者参与国际合作。

（六）规范政策实施机制（第 18~20 条）

依据《基本原则》，俄罗斯外交部在其职权范围内与联邦权力执行机关协作，确定国际信息安全领域国家政策的主要方向，协调联邦权力执行机关在实施该政策方面的活动，在国际舞台上推进俄罗斯关于国际信息安全保障问题的立场，并在国际信息安全领域行使其他职能。其他联邦权力执行机关和组织根据其职权范围，在建立公私伙伴关系的基础上，实施相关国家政策。

二、《基本原则》的特点

《基本原则》是《2020 年前俄罗斯联邦国际信息安全领域国家政策框架》（2013 年 8 月公布，以下简称《2020 年前基本原则》）的更新版。《基本原则》保留了旧版的基本框架与行文特色，以"构建国际信息安全体系、加强应对威胁的国际合作"为主线，坚持用"国际信息安全"话语体系阐述俄罗斯政策，延续了俄罗斯在信息安全领域的战略方针，同时补充拓展了俄罗斯对当前网络空间威胁的认知以及推进网络空间国际合作方面的目标与政策，反映了俄罗斯采取综合措施保护国家信息安全、谋求国际信息安全领域主导权的迫切诉求。

《基本原则》体现了以下特点：一是强调推进国际制度建设。提出"推动建立预防和解决全球信息空间中国家冲突的国际法律制度"的新目标，高度倚重联合国作用，强调推动联合国制定新的国际人道主义法原则和准则，包括推进联合国信息安全开放式工作组制定关于对抗信息犯罪的全面国际公约，并为联合国成员通过该公约创造条件等。二是致力提高俄罗斯国际话语权。加强与各国（地区）在全球、地区、多边和双边层面的合作，并在国际舞台上推进俄罗斯方案，增加"在开展标准化领域的国际和地区合作时，推进将信息安全领域的俄罗斯国家标准纳入国际、地区以及其他国家标准中"的新条款，以提高俄罗斯在国际信息安全领域的话语权。三是重视对包括关键信息基础设施在内的国家信息资源的保护。包括建立有效的国家间协作机制、信息与最佳实践共享机制，加强俄罗斯国家计算机事件协调中心与各国授权机构、国际组织、国际非政府组织以及其他从事计算机事件响应活动的组织协作等。四是丰富在应对技术垄断、技术依赖以及信息不平等方面的举措。提出要推动确保国家商业组织以及相关行业的商品和服务生产者的平等权利；加强公私伙伴关系，推动上述组织和行业参与国际合作。五是突出安全领域合作对象的广泛性。在应对侵犯国家主权与领土完整、危害国际和平、安全与稳定等行为方面，扩大合作国家的范围，从以往的"与相关国家在特定领域的对话"转变为"加强与各国在更广泛领域的合作"。

3.7　英国《〈国家数据战略〉监测和评估框架》

2021 年 9 月 10 日，英国政府网站发布政策文件《〈国家数据战略〉监测和评估框架》，以对英国的《国家数据战略》（以下简称《战略》）的实施情况进行评估，并对未来的实施提供建议。该监测和评估框架属于指导型的规划体系，层次分明、目标统一，并以目标为导向构建动态监测框架，对我国制定战略后的监测和评估具有一定的借鉴意义。

一、相关背景

2020 年 9 月 9 日，英国数字、文化、媒体和体育部（DCMS）发布《国家数据战略》,确立了"四大支柱"④、"五项任务"⑤,以进一步推动数据在政府、企业、社会中的使用,并通过数据的使用推动创新,提高生产力,创造新的创业和就业机会,改善公共服务,帮助英国经济尽快从疫情中复苏。《战略》明确,为了推动《战略》的有效实施,英国政府将制定一套监控和评估流程,对《战略》的实施情况进行监控和评估。9 月 10 日,DCMS 发布了《〈国家数据战略〉监测和评估框架》(以下简称《框架》),重点介绍如何监测和评估《战略》的实施情况。报告称,《框架》将确保英国的数据战略取得进展,并确保该战略在未来几年仍然适用。

二、《框架》要点

(一)3 个指导原则

《框架》确立了 3 项监测和评估原则:一是动态和前瞻性原则,《框架》关注《战略》与变化的数据和数字背景的适应性;二是结果导向原则,《框架》关注《战略》优先事项的完成情况及取得的成果;三是相称原则,《框架》关注《战略》相关措施增加的真正价值,而不是单纯完成任务。

(二)三大核心要素

依据《战略》框架,《框架》确立了三大核心要素:一是监测"五项任务"及《战略》所承诺的行动的完成情况,以便评估进展情况;二是跟踪数据机会和有效数据使用基础的状态,以便了解英国的数据生态系统;三是评估"五项任务"在实现其目标方面的有效性,以便评估优先行动领域的得失。

(三)4 项具体方法

针对《框架》三大核心要素,《框架》提出具体方法和内容:一是监测方面,《框架》列出了"五项任务"的最新进展情况,以及"五项任务"中每一项任务未来 12 个月的关键优先事项;二是跟踪方面,开发一套指标对相关监测项进行跟踪,该指标基于《战略》中"四大支柱""六大数据机遇"⑥提出的

---

④ "四大支柱":数据基础、数据技能、数据可用性、负责任的数据使用。
⑤ "五项任务":1)释放数据推动经济发展的价值;2)构建一个促增长和可信的数据体系;3)转变政府对数据的使用方式,以提高效率和改善公共服务;4)确保数据依赖的基础设施的安全性和弹性;5)倡导跨境数据流动。
⑥ "六大数据机遇":1)促进贸易及消除全球数据流动不合理障碍;2)促进生产力和贸易发展;3)支持新企业的发展和增加就业机会;4)提高科学研究的速度和效率,扩大科学研究的范围;5)更好地提供政策和公共服务;6)为所有人创造更公平的社会。

列条式内容进行制定；三是评估方面，总结如何进一步推进跟踪和评估数据的使用相关研究，包括《整个经济越来越多地访问数据》《量化英国数据技能差距报告》等报告对数据使用相关方面进行定量测评；四是下一步建议，包括塑造一个可访问、可互操作的国际数据系统及推动国家数据战略论坛，帮助制定《战略》的未来愿景。

三、相关启示

近年来，国外对战略的评估已经逐渐建立起一定的理论和方法体系，并通过各国战略评估实践逐步推进，如 2021 年 4 月 20 日，美国智库新美国安全中心（CNAS）发布《信任流程：国家技术战略的制定、实施、监测和评估》。随着我国经济治理体系的不断完善，对战略规划的评估日益受到各方关注。但目前，评估本身在我国战略体系中的法定地位还不够明确，在开展评估的主体、实施的机制、评估成果的使用以及评估对战略的反馈作用等领域还缺少共识。我国应积极探索出一套符合国情、行之有效的战略规划评估体系框架。

（一）明确动态监测在战略实施中的必要性

在战略制定工作开展之初，需明确动态监测的重要性、完善健全其动态监测机制、探索科学的目标–监测指标体系，在战略实施过程中形成"实施—监测—反馈—调整—实施"的良性循环，从而"一步一个脚印"地实现战略目标。英国在《战略》制定之时，在《战略》中列举的将采取的进一步措施中一项重点工作就是制定一套监控和评估流程，对《战略》实施过程进行监控，以确保实现预期目标。

（二）探索建立以评价目标为导向的评估技术框架

英国通过对比现状实施情况与既定目标之间的差距，判定《战略》实施绩效，以评估目标为导向，形成"明目标、摆数据、做结论"清晰的评估技术框架，整个评价框架层次分明、内容综合、目标统一。英国《战略》具有明确的战略目标，并围绕战略目标形成了"四大支柱""五项任务"以及"六大数据机遇"等"四梁八柱"。《战略》对应的监测和评估框架直接依据"四梁八柱"制定评估指标体系，与《战略》文件中的"支柱""任务""机遇"一一对应，并逐一进行可量化的评价，形成良好的指标衔接关系。

（三）建立信息汇总和公开机制，有效地使用评估成果

战略评估的过程实质上是规划在运行过程中各种相关信息不断收集的过程，

因此如何建立有效的信息收集和公开机制十分重要。在我国现阶段的战略评估实践中，评估的结论还仅限于政府部门内部，没有建立起信息公开机制。反观英国的战略评估，则建立了一套完整的信息汇总和公开机制，如英国《框架》发起了公众咨询，这使得战略评估结果可以为相同类型规划的实施提供经验借鉴，而战略评估也成为社会公众监督政府的有效方式，体现了充分的公众参与性。

3.8 英国《数字贸易战略》相关情况及启示

2021 年 9 月 20 日，英国贸易大臣在伦敦科技周创新峰会上宣布，将推出《数字贸易战略》，以打破数字贸易壁垒，改善企业和消费者的国际数字贸易情况，促进增长、贸易和改善公共服务。数据已经成为各国生产力和业务增长的重要驱动力，支撑着现代全球价值链，为企业创造了新的高增长机会，数据跨境贸易可越过传统市场准入壁垒开辟新的国际交易领域。研究国外数字贸易相关政策，对我国构建完善的数字贸易配套政策具有十分重要的意义。

一、相关背景

（一）数字贸易能帮助英国企业发展

作为全球领先的数字化国家和欧洲最大的数据市场，国际数字贸易是英国生产力和业务增长的重要驱动力。2019 年，数字行业为英国经济贡献了 1506 亿英镑，雇用了全国 4.6% 的劳动力，英国企业以数字方式销售商品或提供服务并将本地市场推向全球。2019 年，英国与世界的远程交付贸易额高达 3260 亿英镑，约占英国当年贸易总额的四分之一。在全球范围内，一些估计表明，2020 年到 2023 年，数字化转型投资总额可能达到 6.8 万亿美元。《数字贸易战略》将通过在线销售商品、简化交易流程、培训数字技术人才、提升数字连接能力等方式，给英国企业带来前所未有的庞大市场和发展机遇。

（二）英国欲打造全球领先的数字贸易地位

英国在"脱欧"和疫情影响经济发展的双重压力下，希望形成一个推动英国生产率、就业和增长的国际网络。近年来英国在数字贸易领域动作频频，配合美国就取消数字服务税向欧洲及西方各国施压；简化数字共享和数字贸易流程，以巩固本国科技大国地位；积极与澳大利亚、哥伦比亚、迪拜、新加坡、韩国和美国建立全球数据充分性合作伙伴关系，克服阻碍贸易的数据保护壁垒；成立国际数据传输专家委员会消除跨境数据流动的不必要障碍等，希望借此推动英国经济增长，为国内民众提供更多就业机会。目前，全球数字流动存在两大模式，一是维护以美国为首的西方国家利益的"数据自由流动"模式，二是强调数字本地化的"数字主权"管理模式。英国此次推出《数字贸易战略》，旨在在开放数据市场、数据流动、消费者和企业保障、数字交易系统、国际合作及全球治理 5 个领域廓清障碍，推动全球数字贸易持续发展。

（三）英国欲构建全球数字贸易协定网络

英国积极谈判签订数字贸易协定，并已经取得巨大成效，当务之急是扩大在亚太地区的数字贸易份额。亚太地区技术创新和数字经济发展迅速，英国计划成为该区域最可信、最大的欧洲伙伴。英国与日本的自由贸易协定是英国在亚太地区首个数字贸易标准；英国与澳大利亚达成的贸易协议包含内容丰富的数字贸易建议；英国与新加坡的数字经济协议谈判是进一步推动数字贸易的最新尝试；英国与美、全面与进步跨太平洋伙伴关系成员国的相关谈判将进一步建立英国在印太地区的数字贸易联系。此外，英国正在与印度就新的自由贸易协定进行谈判，与挪威、冰岛和列支敦士登的贸易协议中也包含了大量的数字贸易内容。同时，英国还在世界贸易组织、七国集团等国际论坛上推进制定全球数字贸易规则。上述努力都表明英国计划构建一个先进的全球数字贸易网络。

二、主要内容

（一）构建开放的数字市场

目的是保障英国企业进入海外数字市场，实现公平竞争贸易环境下的自由跨境投资和运营。主要措施包括与贸易伙伴建立可预测和开放的监管原则、市场准入条件，减少贸易扭曲，捍卫本国电信业，支持数字技术人才在国际市场的流通，加大对数字交付服务的投资，支持世贸组织暂停征收电子传输关税，倡导自由、开放和安全的互联网，消除电子商务歧视性障碍，推行数字贸易的电子认证等。开放数字市场以方便消费者和企业访问、购买新产品和新服务，也为企业提供更简单便捷的国际市场进入途径；有助于英国各类企业降低成本、提高生产效率与竞争力，助推英国成为数字和服务贸易核心枢纽。

（二）推动数据跨境流动

目的是在维护英国个人数据保护高标准的基础上，清除阻碍数据跨境流动的障碍。主要措施包括倡导自由、开放和可信的跨境数据流动；减少数据本地化措施；探索利用数据促进国际供应链的货物运输通畅途径；利用数据自由流动推动技术创新和改善贸易方式；支持嵌入式数据和服务商品交易业务；敦促贸易伙伴制定或施行本国个人数据保护法律，保证来自英国的个人数据继续受到英国法律的保护；与贸易伙伴合作发布透明、匿名和开放的政府数据集，为企业提供新市场和创新机会，为消费者提供更好的应用程序、服务和体验。

（三）保护消费者和企业权益

目的是维护数字贸易中的消费者利益，保障企业正常进行业务运转。主要措施包括维护数字消费者权益（如较少垃圾电子商务邮件）；确保有效和平衡的知识产权框架；寻求网络中立承诺，开放互联网接入，以此作为开发开放、安全和可信在线环境的手段；要求贸易伙伴避免不合理的数据请求，如要求披露源代码作为在某些市场运营的条件等。

（四）开发数字交易系统

目的是通过贸易协议减少繁文缛节，构建便宜、快捷、安全的数字交易系统。主要措施包括构建"默认数字化"的海关和边境流程；协调各部门支持海关和边境流程的数字化；利用数字技术实现便捷、便宜、高效的国际贸易，推行无纸交易、电子合同、电子认证和电子信托服务；加快政府行政流程，促进互操作性，实现供应链多样化；解决在线税务登记或网上银行业务等数字服务的有限可用性或认可障碍。

（五）推动国际合作和全球治理

目的是与贸易伙伴合作，制定自由、公平和包容的数字贸易管理规则。主要措施包括与世贸组织合作制定数字贸易新规则，营造公平、可预测、透明、竞争和非歧视性的商业环境；制定健全的监管原则及稳健的循证方法；在世贸组织电子商务联合声明倡议的谈判中发挥主导作用；谈判签订创新和新兴技术、金融科技和网络安全等领域的数字贸易协定；鼓励全球数字标准和框架的互操作性。

三、相关启示

在美英合作加强、中美贸易摩擦程度依旧、英国经济发展压力巨大的内外环境下，英国发布《数据贸易战略》，意在廓清国际数字贸易障碍，发挥数字科技企业的优势，改善本国企业和消费者的国际贸易环境，抢抓国际数字贸易先机，促进本国经济和贸易增长。同时，英国此次出台的《数字贸易战略》将英国参与的双边、多边贸易协议作为重点，目的是形成有利于英美数字巨头发展的标准、框架和商业环境，打造符合西方利益的数字贸易体系。对此，一是需加快进行数字贸易方面的顶层设计。目前我国尚未形成完备的数字贸易法律法规及相关政策。在发布的部分相关法律中，大部分是有关数据安全、大数据宏观层面、传统国际商务等方面的规定，数字贸易具体领域的立法、制度有待进一步完善，尤其是针对数据跨境漏洞、个人和企业信息及消费者数据保护方面，要出台专门的法律予以规定。我国应抢抓数字贸易和数字经济发展机遇，积极捍卫本国数据主权，扩大我国数字管理模式的影响力，为国内数字经济和相关企业抢得"出海"发展先机。二是加大大数据资金投入和人才培养力度，扩大数字贸易专业人才队伍，增加我国人才在国际数字贸易体系中的分量。设置专项资金、出台扶持政策，通过奖学金、项目资助的形式，在医疗、农业、商业、支付、电子商务、交通出行等方面持续投入，培养当前和未来数字贸易所需的人才。三是提升贸易系统的数字化程度。建立完善便捷的海关和边境数字化交易系统，深入推进无纸交易、电子合同、电子认证和电子信托服务，提高与国外贸易伙伴的系统互操作性，推动电子商务、网上银行、在线税务等网上贸易行为的落地应用。四是构建符合我国标准的国际合作体系。积极在世贸组织、经合组织等国际贸易组织就数字贸易发声，与贸易对象签订符合双方利益的数字贸易规则，鼓励全球数字贸易标准和框架的互利和便捷性，为数字贸易全球体系共享中国智慧和解决方案。

3.9　英国《2022 年国家网络空间战略》摘编

12 月 15 日，英国政府发布新版《2022 年国家网络空间战略》（以下简称《战略》），阐述了英国迎接数字化挑战、利用网络支持国家目标的愿景，以确保英国的网络和技术竞争优势，巩固英国作为"全球网络强国"的地位。

一、出台背景：既有网络安全战略的延续和完善

2011 年，英国制定了首版《国家网络安全计划》，投资高达 8.6 亿英镑，

并通过实施《国家网络安全战略》大大提升了英国的网络安全能力；在此基础上，2016 年 11 月，英国政府发布新一轮《国家网络安全战略 2016—2021》，投资 19 亿英镑，加强网络安全能力建设，提升网络威胁防御能力，维护英国经济及公民信息安全，提升网络攻击应变能力。2021 年 3 月，英国政府发布了《安全、国防、发展和外交政策综合评估报告》，在总结过去 5 年成绩、分析评估当前威胁挑战的基础上，描述了英国政府对未来 10 年英国在世界上扮演的角色的愿景，以及在 2025 年之前将采取的行动。同时提出，为了更好地为更加激烈的竞争做好准备，英国必须拥抱科技创新来促进国家繁荣和战略优势。此次《战略》是对英国 2011 年、2016 年网络安全战略的延续和完善，同时也是落实 2021 年 3 月《安全、国防、发展和外交政策综合评估报告》中提出的"通过科学和技术保持战略优势"的承诺之一。相较于 2011 年和 2016 年两个版本的《网络安全战略》，新《战略》文件内容更长、更丰富，其题目由"网络安全"转为"网络"也进一步显示了英国的关注点从网络安全逐渐转移到整个互联网的运作主导权上。

二、战略愿景：以网络力量支持国家目标

《战略》指出，在过去 10 年中，英国成为网络大国，建立了先进的网络安全和运营能力，并在网络安全领域处于领先地位。建立在《国家网络安全战略 2016—2021》取得重大进展的基础上，《安全、国防、发展和外交政策综合评估报告》提出了 3 个重要结论：一是在数字时代，英国的网络力量将成为实现国家目标的一个越来越重要的杠杆；二是考虑到全面的网络目标和能力，维持英国的网络力量需要一个更全面和综合的战略；三是必须动员全社会力量统一行动，合作伙伴关系对于成功至关重要。

英国的愿景是，到 2030 年，英国继续成为一个负责任的、民主的网络大国，能够保护和促进英国在网络空间的利益，并通过网络空间来支持国家目标：一是一个更安全、更有韧性的国家，更好地准备应对不断演变的威胁和风险，并利用网络能力保护公民免受犯罪、欺诈和国家威胁；二是一个创新、繁荣的数字经济，英国公民享受更加均衡的机会；三是一个科学和技术超级大国，安全地利用变革性技术，支持一个更绿色、更健康的社会；四是一个在全球舞台上更有影响力和更有价值的伙伴，塑造一个开放和稳定的国际秩序的未来边界，同时保持在网络空间的行动自由。

三、战略要点：构建五大支柱

《战略》主要分为两大部分，第一部分主要阐述了战略背景、战略目标，以及英国在未来 10 年将采取的战略方法；第二部分列出了英国将采取的具体行动，以实现其在这五大支柱下的到 2025 年的目标。该战略列出了 5 项"优先事项"（五大支柱），并将其作为战略结构的支柱，指导和组织将会采取的具体行动。

支柱 1：加强英国的网络生态系统建设，投资人才队伍和技能，并深化政府、学术界和产业界之间的伙伴关系。目标：一是加强支持全社会网络安全所需的结构、伙伴关系和网络；二是增强和扩展国家各个层面的网络技能，包括通过世界一流的多元化网络职业来激发和储备未来的人才；三是促进可持续、创新和具有国际竞争力的网络和信息安全部门的发展，提供满足政府和更广泛经济需求的优质产品和服务。

支柱 2：建设富有弹性和繁荣的数字英国，降低网络风险，使企业能够最大限度地发挥数字技术的经济效益，公民在网上更安全，对自己的数据受到保护更有信心。目标：一是提高对网络风险的理解，推动更有效的网络安全和弹性行动；二是通过改进英国组织内部的网络风险管理，为公民提供更有效的保护，并有效预防和抵御网络攻击；三是加强国家和组织层面的应变能力，为网络攻击做好准备，尽快响应和恢复。

支柱 3：在对于网络强国至关重要的技术方面处于领先地位，建设国内工业能力，并开发框架确保未来技术的安全。目标：一是提高预测、评估和应对对网络力量最重要的科学和技术发展的能力；二是在对网络空间至关重要的技术安全方面培养、维持主权和盟国优势；三是保护下一代互联技术和基础设施，降低依赖全球市场可能带来的网络安全风险，并确保英国用户能够获得值得信赖的多样化供应；四是与多利益相关方进行社区合作，在对维护英国的民主价值观、确保英国网络安全以及通过科学和技术提升英国战略优势最重要的优先领域中，塑造全球数字技术标准。

支柱 4：提升英国的全球领导力和影响力，推动建立更加安全、繁荣和开放的国际秩序，与政府和行业合作伙伴合作，分享支撑英国网络实力的专业知识。目标：一是加强国际合作伙伴的网络安全保障能力和复原力，并通过加强集体行动来破坏和威慑对手；二是塑造全球治理框架，促进自由、开放、和平、安全的网络空间；三是通过利用和输出英国的网络能力和专业知识来提升英国的战略优势，促进更广泛的外交政策和繁荣利益。

支柱 5：检测、破坏和威慑对手，加强英国在网络空间的安全性，充分发挥英国的各种杠杆作用。目标：一是检测、调查和共享有关国家、犯罪和其他恶意网络行为者和活动的信息，以保护英国公民利益；二是阻止和破坏针对英国政府及公民利益、犯罪和其他恶意网络行为者和活动；三是在网络空间内或通过网络空间采取行动，预防和侦查严重犯罪，确保英国国家安全。

四、相关启示

英国《2022 年国家网络空间战略》认为，网络世界将会愈来愈成为大国间的系统性竞争场地，这种竞争会对自由和开放的互联网构成压力，不同国家、大型科技公司和其他相关参与者会推动互相冲突的技术标准和互联网管治策略发展。同时，基于国家利益和价值观冲突，《战略》将我国视为"系统性竞争对手"，并称将采取综合、持续的行动予以应对。对此，我国一方面应妥善处理与英国在网络外交方面的关系，增强在互联网全球治理、网络安全、技术合作等领域的合作对话，化解分歧和矛盾，消解其对我国"系统性竞争对手"的认知；另一方面，我国需要提升在网络空间的竞争力，并通过双边、多边国际合作提升我国在网络空间的影响力，保障我国在网络空间的国家安全，同时推进数字经济的发展。

3.10　日本《网络安全战略》梳理及对我国的启示

2021 年 9 月 28 日，日本内阁决议并发布 2021 年版《网络安全战略》，拟订日本未来 3 年的全国性网络安全对策，作为配合数字厅成立后的数字变革方针，强化网络安全防护能力与应对网络空间和实体空间高度融合的新常态社会。有关情况梳理如下。

一、制定背景

2021 年 9 月 27 日，日本发布新版《网络安全战略》。作为信息化高度发达、拥有领先网络信息技术的国家，日本对网络安全高度重视。2014 年，日本通过《网络安全基本法》，明确了网络安全战略的法律地位，并分别于 2015 年、2018 年推出《网络安全战略》，评估日本网络安全面临的形势，明确日本网络安全战略的目标、原则、措施和未来发展方向，以此指导和加强国家网络安全建设。

基于新冠肺炎疫情下数字技术使用的加速、日本"5.0 社会"持续推进网络空间和现实空间的高度融合、日本为举办东京奥运会和残奥会及其他大型国际活动在网络安全方面付出诸多努力并取得相关经验、国际秩序的深刻复杂变化等一系列背景，日本推出新版《网络安全战略》，该战略明确提出日本在网络空间的内外方针，确保"自由、公平和安全的网络空间"。

二、主要内容

相较于以往版本，日本新版《网络安全战略》包含了大量与以往战略截然不同的内容，主要包括"提高优先度、迎合印太、数字改革"等方面。该战略确定了规划和实施有关网络安全措施的 5 项基本原则：确保信息的自由传播、法治、开放性、自主性和多方合作。

（一）在数字化变革的基础上，同步推进数字化转型和网络安全

数字化投资和安全措施一体化设计，增强公众对网络空间技术基础设施和数据的信任。包括：设置"数字厅"，推进数字社会建设；通过数字化管理行动指南的实践，进一步推动网络安全管理指南工作的可视化；推动企业管理意识的改变，网络安全将被嵌入数字化管理进程中；提高地区和中小企业的网络安全能力；为确保供应链的可靠性建立基础，以支持新价值的创造；提高公民的网络安全知识水平和能力。

（二）促进网络空间安全，"实现公民可安全生活的社会"

包括：提供网络安全环境以保护公民和社会；确保网络安全与数字改革相结合；政府机构根据统一的标准采取安全措施，并通过基于标准的审计、计算机安全事件应急响应小组（Computer Security Incident Response Team，CSIRT）培训和训练等促进整个政府机构安全水平的提高；公共和私营部门共同努力促进关键基础设施的安全和可持续服务；教育和研究机构开展风险管理培训，并在面对威胁时实现信息共享，对拥有先进技术的大学加强安全保护；政府向国内外分享奥运会安全风险管理的经验，促进各实体的密切合作，支持建立一个新的信息共享框架，提升日本日常的整体网络安全水平；多样化主体之间实现信息共享与合作，强化应对大规模网络攻击的能力。

（三）从安全角度加强努力，增强参与、协调和合作

国内各实体持续加强检测、调查和分析网络攻击的能力，积极合作，以确定和追究攻击者的责任并加强威慑。与国际上志同道合的国家展开合作，采用政治、经济、法律、外交等多种手段，对网络威胁采取果断的应对措施。包括：促进网络空间法治进程，利用《网络犯罪公约》等现有国际框架，充分参与联合国制定新公约的讨论，建立互联网安全体系，发挥日本在国际舞台的作用，推动网络空间的规则形成，确保实现"自由、公平和安全的网络空间"；加强日本的防卫能力、威慑力和态势感知能力；加强国际合作，政府应促进知识共享、政策协调、网络事务的国际合作和能力建设支持。

（四）为实现"自由、公平和安全的网络空间"目标制定横向措施

日本将基于横向和中长期的目标，从研究开发、人才培育和全员普及工作3个方面展开工作。一是研究开发，增强国际竞争力，构建企业、学术界、政府联合的产学政生态环境。推进实用研究技术开发，应对供应链风险；培育和发展国内产业；对网络攻击进行掌握、分析和共享；推进密码学研究。着眼中长期的技术趋势，发展AI技术，坚持"AI为社会、社会为AI"的方针；发展量子技术，尤其是抗量子计算机密码学研究和量子通信/密码学。二是确保人才的培养和活跃。推进"DX with Cybersecurity"，创造出能够学习"Plus Security"的环境；人员流动相关实践（xSIRT、副业、兼职）普及等。应对日益巧妙和复杂的威胁，加强人才培养项目；为人才培育奠定共同基础（对工业界与学术界的人才和知识开放）；增加面向资格证书制度的工作等。在政府机关工作方面，强化结构以使用外部高级人才，例如积极录取"数字分级"合格者、充实和强化研修等。三是全员普及工作。基于数字化进程，推进和改善行动计划等。

三、主要特点

一是新版战略首次明确将中俄朝视为"威胁"。通过制造国际舆论歪曲有关国家的国际形象。日本肆意树立假想敌、渲染威胁程度的做法，是在掩盖其以此为由扩充网络实力的真实企图。

二是新版战略明确将网络领域在外交和安全保障问题上的"优先度"提升至空前高度。具体举措包括：强化防卫省和自卫队的"网络防御"能力，灵活运用能够"妨碍"对手使用网络空间的能力，采用包括外交谴责、刑事诉讼在内的各种手段进行反击，继续保持和强化日美同盟的威慑力等。

三是日本刻意配合"印太构想"，表示将为"自由开放的印太"而合作。新版战略称，日本在网络空间的合作领域将聚焦共享信息和协调政策、事件共同响应、能力构建援助，而合作的对象也非常明确地写出了美国、澳大利亚、印度等国家的名字。自 2021 年以来，日本为了配合"印太构想"各种动作不断，例如举行日美"2+2"会谈、日美海军派员举行应对网络攻击的联合训练等。

四是日本首次在此战略中提出"数字改革"和网络安全同步发展。日本数字经济发展缓慢，在新冠肺炎疫情防控期间，行政手段数字化的严重落后更是引发了一系列问题。对此，日本 2020 年 12 月颁布《实现数字社会改革基本方针》规划，并对网络安全提出具体要求。此次新战略与之相呼应，明确提出"须基于同步推进数字转型和网络安全的共识"采取相关举措。日本还成立了"数字厅"，在规划中，"数字大臣"被纳入网络安全战略本部正式成员。

四、对我国的启示

（一）从国家主权的高度认识互联网安全

日本对网络安全的高度重视以及相关的战略规划并不是独立事件。西方发达国家近年来显著加强了以网络安全为名的互联网空间干预能力的建设与合作，并且纷纷制定有关"网络安全"的国家战略，日本就是其中的典型代表。在经济与社会生活高度数字化的今天，网络空间已经成为国家社会治理的重要对象，事实上也成为国家主权的一部分。就目前情况来看，网络空间主权被正式纳入国际法体系还需要时间，但这并不意味着维护网络主权的问题不具有紧迫性。在国际规则尚处于模糊阶段时，更需要通过自身的能力建设来维护网络安全和网络空间权利，以做到未雨绸缪，为网络空间"确权"时具有足够的谈判能力打下坚实的基础。

（二）积极参与互联网国际治理合作

日本网络安全战略的一个重要特征就是对国际合作的热衷。日本高度重视网络信息技术的研发，全力加强对网络安全的维护，不断提升网络安全能力，并积极扩大日本在网络安全领域的国际话语权和国际影响力。我国应通过积极参与互联网国际治理合作，提升国际社会对网络空间主权概念的认同，提高我国在网络空间治理领域的话语权，推动有利于我国和世界其他国家发展共赢的互联网治理规则实施，这是我国需要努力实现的目标。

（三）完善网络安全体系建设

尽管我国对网络安全给予了高度重视，并且确立了以《中华人民共和国网络安全法》为基本法的网络安全法律体系，但是客观来看，我国的网络安全体系在完备性和效能上与美国、日本等发达国家仍然存在着较大差距。建议：一是推进超越组织壁垒的有效合作，提高网络系统的整体安全级别，积极策划、举办、援助针对各种网络攻击的应对训练，面向社会各界积极提供技术攻防信息，培养并提供网络信息安全紧急救援力量，以便在大规模网络攻击发生时，能够协调并推进多方关联机构间的合作；二是加强网络安全方面的多方合作；三是构建并充分应用各方信息共享机制，在确保数据安全和隐私的基础上，实现最新网络攻击技术和动向等方面的信息共享，形成抵御网络风险、破解网络攻击的巨大合力。

第 4 章

2021 年主要战略文件和智库报告选编

本章内容均是 2021 年主要战略文件和智库报告内容选编。我们只有知己知彼，才能迅速做出合理应变。针对本章的第 4.7 节、第 4.8 节、第 4.9 节，我们做出以下说明。

一是美国国家安全委员会《临时国家安全战略纲要》。这是拜登政府发布的首份关于美国国家安全战略的指导性文件。文件将美国置于道德高点，从"大国竞争"角度定义了国家安全并渲染安全威胁，表面上措辞严密、法理清晰，强调所谓民主自由，而其实质仍未脱离"丛林法则"。尤其是视中国为主要竞争对手，强调全面竞争的态势无益于两国关系稳定发展，也无益于维护国际和平与稳定。作为纲领性文件，该文件在一定程度上反映了美国的战略意图和认识基础，对我们研究、分析、研判其对华战略取向、未来动向，积极推动两国关系和平稳定发展具有一定的参考意义。

二是网络安全与基础设施安全局（CISA）全球战略。美国网络安全与基础设施安全局（CISA）隶属于美国国土安全部（DHS），主要任务是保护美国关键基础设施网络安全。在此次发布的全球战略中，CISA 自称是美国的"国家风险管理顾问"，宣称要通过国际合作，加强网络生态系统安全，在一定程度上反映了美国希望重塑全球网络安全格局的意图。该文件对我们了解美国的网络安全战略布局、持续完善自身网络安全政策战略具有积极的借鉴意义。

三是美国网络空间日光浴委员会《对拜登政府的网络安全建议》。该报告旨在为拜登政府提供网络安全方面的指导，明确新政府上任 100 天内在网络空间可采取的政策，并提出未来几年的行动重点。其中，多项建议被拜登政府采用。该文件在战略规划、实施建议等方面延续冷战思维，强调威慑和遏制，对我们研究拜登政府网络安全趋势和研判美国网络安全战略布局具有一定的参考价值。

4.1 人为鸿沟：欧美在人工智能领域的潜在冲突

一、导言

回顾一下人工智能（AI）的历史我们就会发现，该领域周期性地经历了发展阶段、前进阶段和放缓阶段——通常被称为"AI春天"和"AI冬天"。目前，世界已经进入了"AI春天"的几年，机器学习技术的重要进步占据了主导地位。在欧洲，政策制定者努力应对技术发展的快速步伐，在过去的5~10年里经历了几个阶段。第一阶段的特点是政策制定者对于如何看待人工智能快速且看似突破性的发展存在不确定性。这一阶段持续到 2018 年左右——尽管在一些欧洲国家和一些问题上，不确定性仍然存在。第二阶段的特点是欧洲国家努力在政治上界定和应对人工智能挑战，并在国内层面上加以应对。2018 年至 2020 年，至少 21 个欧盟成员国公布了国家人工智能战略，旨在勾勒其观点和目标，以及某些情况下的投资计划。

下一阶段可能是人工智能的国际合作时期，特别是跨大西洋的人工智能合作。几年来，欧洲国家一直在全力研究如何支持国内的人工智能研究，包括组建专家团队审议新的法律法规等。如今，政策制定者和专家对欧洲以外的领域越来越感兴趣。在欧盟层面，人工智能政策和治理已经受到了极大的关注，欧盟委员会在激励成员国制定人工智能战略方面发挥了重要作用，例如开始解决有关如何确保人工智能是"合乎道德的"和"值得信赖的"的问题。但近几个月来，在世界各地自由民主国家的推动下，在人工智能领域开展国际合作的呼声有所上升。西方国家及其盟友已经就如何推动人工智能向前发展设立了新的合作论坛，并正在激发现有论坛的活力。同时，还计划建立更多这样的合作组织和平台。

美欧之间的合作呼声变得尤为频繁和响亮。2020 年美国总统大选后，有报道称，欧盟委员会计划提议成立美国－欧盟贸易和技术委员会，该委员会将为新技术制定联合标准。2020 年 9 月，美国成立了一个"志同道合"的国家小组，"为采用人工智能的政策和方法提供基于价值观的全球国防领导力"，该小组包括 7 个欧洲国家，以及澳大利亚、加拿大和韩国等国家。2020 年 6 月，人工智能全球伙伴关系（Global Partnership on Artificial Intelligence，GPAI）成立，旨在考虑负责任地开发人工智能。

本文探讨了欧洲国家可能希望在人工智能问题上与美国合作的原因，以及为什么美国可能希望在这一问题上与欧洲接触，亦确定了可能阻止盟国全面充实跨大西洋人工智能合作的分歧点。本文表明，虽然双方都有兴趣合作，但他们这样做的理由不同。此外，经济和政治因素可能会阻碍合作，尽管这种合作可能会对人工智能的发展方式产生积极影响。本文还认为，军事人工智能领域的跨大西洋合作可能是良好发展的第一步——在这方面，欧洲和美国应该在北约内部现有合作的基础上进一步发展。本文最后简要讨论了为跨大西洋和更广泛的西方在人工智能方面的合作而创建或提议的不同论坛。

二、分歧和共同的目标

专家最初认为人工智能是一种"两用技术"，这意味着它既可以用于民用领域，也可以用于军事领域。随着人工智能的发展，它的新用途不断出现，现在人们更常把人工智能称为"使能器"或"通用技术"。人工智能可以在几乎所有领域提高或启用各种能力，从医疗保健到基础研究，从物流运输到新闻传媒。随着这种认识上的变化，大西洋两岸都认识到，人工智能可能会对经济发展产生不可估量的影响，并将对社会和民主生活、劳动力市场、工业发展等产生影响。这也意味着，决策者和分析人士会越来越多地质疑人工智能将如何影响全球力量平衡。

目前在人工智能方面进行跨大西洋合作的努力有两个主要理由。首先，专家和政策制定者担心，人工智能的开发和使用方式可能会与自由民主价值观和道德背道而驰。其次，一些政策制定者担心，人工智能可能会给他们的地缘政治竞争对手带来重大优势。虽然前者是许多欧洲国家希望与其他民主国家合作的主要原因，但后者在推动美国寻求与欧洲和其他盟友合作方面发挥了重要作用。即便是在以不喜欢联盟、特别是欧盟拥护者而闻名的特朗普执政期间，情况也是如此。

（一）人工智能的伦理问题

随着人工智能系统得到越来越广泛的使用，其负面影响也变得更加明显。因此，人们担心人工智能本身或其使用方式可能是不合乎道德的。

有 3 个主要的问题领域：人工智能本身的伦理、人工智能使用的背景、人工智能被滥用的可能性。

（二）问题重重的人工智能

机器学习系统是那些使用计算能力从数据中学习的算法的系统。这意味着人工智能的好坏取决于它使用的算法和它正在使用的训练数据。例如，如果数据不完整或有偏差，那么在其上训练的人工智能也会同样有偏差。世界各地的人工智能研究人员，特别是来自少数群体的研究人员，已经敲响了警钟。

这种风险已经在好几起案例中显现出来。如美国佛罗里达州刑事司法系统使用的一种风险评估工具给非洲裔被告贴上"高风险"标签的比例几乎是白人被告的两倍；亚马逊使用的招聘算法为女性申请者打低分；一个接受过推特互动训练的聊天机器人开始发布种族主义推文。

令人担忧的是，输入机器学习系统中的现实生活数据会延续现有的人类偏见，而由于人类倾向于认为计算机是理性的，导致这些偏见得到有效认可，从而在社会上进一步加深偏见。此外，人工智能在一种文化背景下收集的数据集上进行训练，并在另一种文化背景下部署，可能会助长文化帝国主义。为了回应这些担忧，大型科技公司制定了关于伦理人工智能的原则和指导方针，并成立了研究小组和部门。然而，最近出现了一些丑闻，据报道，大型科技公司员工因揭秘公司底线而被迫离职，这加剧了人们对这些公司没有足够认真对待这一问题的担忧。

与对偏见的担忧相关的是对人工智能工作方式透明度的担忧。采用机器学习方法意味着系统不再被编程，也就是说，不再由人类告诉系统该做什么，而是系统学习如何自己或在人类的监督下行事。人类很难理解和追踪一个人工智能系统是如何得出结论的。这使得人们很难不质疑人工智能的决策，也很难判断恶意参与者是否利用了人工智能系统的漏洞。

（三）困难重重的情境

即使支持人工智能的系统被证明是完全可靠和不偏不倚的，但是在某些情况下，将决策委托给机器还是可能会存在问题。这包括使用人工智能系统来做出对个人生活具有根本影响的决定，如在司法或军事背景。在军事方面，能够在没有人的有效控制或监督的情况下施加武力的致命自主武器系统尤其有争议。这是一个道德问题：是否应该允许一台机器——无论它多么聪明——对人类的身体健康甚至生死做出决定？欧洲议会对这个问题的回答是否定的，并于2018 年通过了一项决议，敦促欧盟及其成员国"开始就禁止此类武器的具有法律约束力的文书进行国际谈判"。

（四）什么是人工智能？

尽管人工智能一词被广泛使用，但它仍然存在争议，定义也不明确。广义上讲，人工智能指的是制造一些计算机和机器，这些计算机和机器可以执行通常被认为需要人类智能才能执行的操作，比如推理和决策。目前，人工智能领域最重要的进步是通过深度学习和神经网络等机器学习技术取得的，这些技术利用计算能力执行从数据中学习的算法。今天的人工智能是"狭窄的"或"薄弱的"，这意味着它只能学习和完成一项任务（通常高于人类的能力）。目前的研究正关注如何构建"人工通用智能"或"强人工智能"，这种智能能够理解或学习人类能够完成的任何智力任务。

（五）人工智能的滥用

最后，在某些情况下，人工智能系统可能在道德上是无可非议和值得信赖的，它的使用环境通常是可以接受的，但该系统的具体目标是有问题的。例如，启用人工智能的监视本身可能不会有问题，而且应该有可能以一种不歧视的方式设计底层技术。但是，使用人工智能监控系统来系统性地压迫和排斥少数群体的成员是不道德的。同样，利用人工智能的能力来分析人类的行为、情绪和信仰，以达到影响人们的行为和思想的目的——比如在选举期间——在伦理上也是有问题的。这是事实，即使技术本身在其他情况下可能有有益的用途。在这种背景下，许多专家对日益强大的"深度伪造"技术表示担忧。"深度伪造"技术是一种人工智能技术，可以制作出看起来像真人视频的东西。

越来越多的人工智能开发人员意识到，他们的工作可能会被滥用。2019年年初，总部位于加利福尼亚州的研究实验室OpenAI宣布开发了一种文本生成模型，该模型能够自行撰写整篇文章，但不会共享用于训练算法的数据集或运行该算法的所有代码，这一消息成为新闻。这是不寻常的，因为大多数人工智能研究者（甚至包括商业参与者）倾向于公开进行。该组织辩称，其担心该工具被滥用来提供虚假信息。尽管如此，OpenAI后来发布了完整的模型，称没有发现"滥用的有力证据"。

在整个西方世界及其他地方，人们都对这些危险提出了担忧。不同的公司和组织，如谷歌，已经公布了道德人工智能的章程和原则。人工智能的伦理学已经成为一个热点学术研究领域，新的研究机构纷纷成立，并呼吁承认人工智能伦理学是一个可与医学伦理学相当的学术领域。

然而，没有哪个参与者像欧盟那样如此公开地将自己置于这个问题的前沿。

欧盟将人工智能的伦理影响定义为一个主要的兴趣领域，并在相对较早的时候就已开展工作。欧盟委员会成立了一个人工智能高级专家组，该专家组于 2019 年 4 月发布了《可信赖人工智能道德准则》，随后发布了《政策和投资建议》。伦理人工智能不仅仅是欧盟机构关注的问题，欧盟成员国发布的每一项国家人工智能战略都涉及这个话题，丹麦和立陶宛等几个国家将伦理规则作为其优先考虑的事项。

在美国，伦理人工智能也成为一个备受争议的话题，尽管涉及面不那么全。例如，美国国防部在 2020 年通过了一系列使用人工智能的伦理原则。有趣的是，美国人工智能国家安全委员会（National Security Commission on Artificial Intelligence，NSCAI）最新的伦理报告主要是在"协调全球人工智能合作"的背景下发表的。

志同道合的民主国家在保证人工智能的开发和使用方面有着共同的利益，这符合自由民主价值观。美国和欧洲都表示希望确保人人都能从人工智能中平等受益，而且竞争不会产生导致标准降低的激励措施。然而，尽管有这些共同利益，在伦理人工智能方面的跨大西洋合作可能并不像看起来那么容易。

（六）欧美在人工智能领域对抗中国

最近，5G 等技术国际竞争吸引了人们的极大关注。例如，在 2020 年慕尼黑安全会议上，科技是一个重要的话题——但讨论实际上不是关于技术的，而是关于力量的，因为围绕谁建设 5G 电信基础设施的竞争变成了中美之间的竞争，尽管领先的 5G 提供商是欧洲和中国。

人们越来越意识到，采用人工智能系统可能会产生地缘政治后果，并最终影响全球力量平衡。尤其是，人工智能可以通过经济增长或人工智能支持的军事优势的形式，或者通过控制关键技术组件和标准，赋予一个参与者比其他参与者更大的权力。

美国越来越担心中国可能会成为一个过于强大的人工智能参与者。因此，在人工智能方面不断与中国抗衡已成为美国寻求国际合作的重要动机。在此背景下，拜登提议成立一个他们所谓的"自由民主国家联盟"，以在经济和政治上代替中国。

欧洲政策制定者对人工智能的地缘政治后果一直没有那么直言不讳。到目前为止，欧洲的争论主要围绕人工智能的经济和社会影响。在欧盟成员国公布或起草的 21 项人工智能战略中，很少涉及人工智能的地缘政治影响。法国是一个明显的例外，其国家人工智能战略的起草显然带有地缘政治思维。

（七）合作的障碍

大西洋两岸已经有了在人工智能领域相互合作的动机。但是，尽管有这些共同利益，跨大西洋两岸在人工智能方面的合作可能并不简单。特别是以下 4 个趋势可能引发的问题：大西洋两岸的隔阂；欧洲数字自治的努力；对中国的不同看法；英国"脱欧"。

1. 大西洋两岸的隔阂

跨大西洋联盟经历了糟糕的 4 年。特朗普政府对联合国和世界贸易组织（WTO）的批评、总统威胁要退出北约，以及特朗普对欧盟的积极批评，都让欧洲人怀疑他们是否失去了最重要的合作伙伴。此外，鉴于 5G 的冲突，在许多欧洲人的心目中，技术已经成为一个在跨大西洋关系中制造冲突而不是促进合作的领域。

尽管在拜登的领导下，大西洋两岸的关系可能会有所改善，但已经造成了实质性的损害，修复这些关系需要一些时间。但是，即使两方关系有所改善，美国作为世界地缘政治的重要组成部分对欧洲的兴趣也在减弱，这一点正变得越来越明显。这一趋势在奥巴马执政期间就已经很明显了。因此，在技术合作方面，双方都强调与其他参与者合作的重要性，也强调彼此合作的重要性，这一点也就不足为奇。例如，美国人工智能国家安全委员会建议，美国国务院和国防部"应与澳大利亚、印度、日本、新西兰、韩国和越南谈判正式的人工智能合作协议"。其 2020 年 3 月的报告多次强调了"五眼联盟"的重要性。与此同时，欧洲人正在追求多边主义联盟的想法。更具体地说，在技术和人工智能方面，他们也开始接触其他民主盟友。

2. 欧洲数字自治的努力

大西洋两岸隔阂最严重的方面并不是美国和欧洲之间的信任缺失——他们最终会扭转这一局面。相反，在特朗普执政的 4 年里，部分是为了回应美国的孤立主义倾向，欧洲人在谈论欧洲战略自治或主权时变得自在得多。欧洲不鼓励数字主权是针对美国的，或者主要是对特朗普政策回应的说法，但他们的目标是赋予欧洲自身作为参与者的权力。在技术领域，这使得欧洲建立数字主权的目的是建立欧洲的技术能力。尽管欧洲的数字主权并不专门针对美国，但它已经引发蝴蝶效应，比如可能对美国科技公司进行监管，以及对美国公司收购欧洲初创企业表示担忧。欧洲活动人士和一些政策制定者认为，限制谷歌、苹果、脸谱网和亚马逊等美国科技巨头是在保护自己免受攻击。欧洲对技术的思考在一定程度上是在反对美国和美国公司的情况下发展起来的。因此，欧洲建立数字主权的努力可能会阻碍跨大西洋合作。

欧盟加强伦理人工智能的努力，以及使"可信赖的人工智能"成为欧洲的独特卖点的努力，最终可能也会给大西洋两岸的合作带来问题。许多欧盟决策者认为，欧盟对合乎道德的人工智能的坚持最终将成为欧洲的一项区位优势：随着越来越多的人开始关注人工智能的伦理和数据安全，他们将更喜欢使用或购买"欧洲制造"而非其他地方制造的人工智能产品。在这方面，欧洲的两个目标相互矛盾。欧洲人希望确保人工智能以道德的方式发展和使用。在这个问题上，与美国这样的强大参与者合作，应该是帮助他们实现这一目标的一个有效途径。然而，如果欧盟认为道德人工智能不仅是人类的目标，而且是一种可能会为欧洲创造商业优势的发展，那么在这个问题上的跨大西洋合作就会适得其反，因为它会破坏欧洲的独特性。

最后，许多欧洲人对欧洲和美国在人工智能伦理原则上的一致程度表示怀疑。例如，丹麦的国家人工智能战略主张为人工智能建立共同的伦理和以人为本的基础。它将伦理人工智能描述为一种特别的欧洲方式。许多欧洲人认为，美国"不知道如何监管"网络空间，并继续对此表现出淡薄的热情。然而，在数字权利方面，欧盟喜欢把自己视为开路先锋，比如2014年的"被遗忘权"和2018年的《通用数据保护条例》。

3. 对中国的不同看法

如前所述，只有少数几个欧洲国家从地缘政治的角度看待人工智能，欧盟在这一问题上的努力主要集中在加强欧盟作为全球参与者的地位。这意味着美国利用跨大西洋合作遏制中国力量的意图对欧洲吸引力可能有限。而美国公司，而非中国公司，目前仍然是欧洲对标衡量自己的主要"其他"公司。欧洲监管工作仍然集中在美国公司，而非中国公司。鉴于北约和欧盟最近对中国的措辞发生了变化，将中国描述为"战略竞争对手"和"系统性竞争对手"，欧洲和美国对中国的看法最终可能会趋同。但就目前而言，欧洲对中国的态度并未感受到美国那样的紧迫感。不幸的是，对于那些支持加强跨大西洋合作的美国人来说，最常从地缘政治角度思考的欧洲国家法国是对美国持怀疑态度的国家之一。

4. 英国"脱欧"

英国退出欧盟可能会使大西洋两岸在人工智能方面的合作进一步复杂化。即使欧盟和英国决定尽可能紧密合作，但是欧盟也不再能够像以前那样"畅所欲言"。因此，任何跨大西洋的人工智能合作都需要 3 个参与者之间的协调，而不是两个。鉴于英国强大的技术和人工智能资质，未来英国很可能希望在任何有关人工智能标准和使用的谈判中发挥重要作用。

三、合作论坛

人工智能可以在健康、机器人、国防和农业等领域实现应用。潜在的跨大西洋合作的重点应该放在哪里？

如果欧洲和美国同意将重点放在人工智能伦理上，那么他们应该寻求制定双方都可以在各自司法管辖区执行的共同规则和指导方针。然而，如果他们一致认为共同目标是减缓其他国家人工智能技术的进步，他们就需要开展更有针对性的合作。美国研究人员提出了几项具体的国际合作倡议，例如协调投资审查程序，以及对供应链零部件建立共同的出口控制，这将是对美国商务部已经推出的一系列措施的补充。

如前所述，欧洲和美国就共同目标和配套措施达成一致将带来一些挑战。然而，除了人工智能伦理等具体主题之外，跨大西洋人工智能合作投资于潜在的争议较小的领域可能有助于建立新的平台，并为更大的合作奠定重要的基础。例如，跨大西洋盟友应该促进人工智能方面的知识和最佳实践的交流，并投资于互利的研究，例如隐私保护机器学习。

鉴于美国和欧洲通过北约建立了密切的军事联系，防务也可能是跨大西洋合作的一个有前途的领域。军事专家们担心，将人工智能引入战场可能会阻碍盟军之间的互操作性，因此防务可能是加强合作的一个很好的领域。

大西洋两岸的军事力量已经在投资人工智能能力建设。就像在民用领域一样，在军事领域人工智能也有多种用途。军事人工智能应用包括自动车辆和武器；情报、监视和侦察；后勤（例如，车辆和武器等军事系统的预测性维护）；预测；训练（如虚拟现实模拟）。

其中一些军事能力——即致命的自主武器系统——是人工智能最具争议的用途之一。美国及其欧洲盟友在国际辩论中对这一问题表达了不同的立场，比如在日内瓦的联合国辩论中，双方自 2014 年以来一直在讨论致命的自主武器。因此，跨大西洋两岸在致命自主武器或其他战斗相关能力方面的合作看起来不太乐观。

然而，军事人工智能包括许多无可非议的用途，如"维持"，其中包括后勤以及财务管理、人事服务和医疗保健等支持活动。人工智能有助于提高这些服务的效率和成本效益，例如，预测性维护有益于监控系统，并可以执行一些操作，如使用各种感官输入和数据分析来预测系统部件何时需要更换。同样，人工智能可以帮助提高物流的效率，例如，确保供应在正确的时间以适当的数量交付。跨大西洋两岸在这一领域的合作是没有争议的，而且非常有用，因为这可以帮助盟国更紧密地联系在一起，建立联合程序，从而确保互操作性。

哪个论坛最适合促进跨大西洋人工智能合作？美国及其大多数欧洲盟友已经在多种环境下合作。一些国际组织和会议（如G7、G20和"五眼联盟"）将美国和一些欧洲国家以及其他行为者聚集在一起。此外，在过去一年中，一些以技术或人工智能为重点的新联盟和伙伴关系已提出或已建立，见表4-1。

表4-1　拟议或最近就技术和人工智能建立的新联盟和伙伴关系

名称	目标	成员	发起/讨论	是否成立
人工智能全球伙伴关系	支持以负责任和以人为中心的方式开发和使用人工智能，以符合人权、基本自由和共享的民主价值观	澳大利亚、加拿大、法国、德国、印度、意大利、日本、墨西哥、新西兰、韩国、新加坡、斯洛文尼亚、英国、美国	由加拿大和法国构思，总部设在巴黎经合组织总部的秘书处	是（2020年6月）
人工智能防御合作	由志同道合的国家组成的集团，旨在为采用人工智能的政策和方法提供以价值观为基础的全球防御领导力	澳大利亚、加拿大、丹麦、爱沙尼亚、芬兰、法国、以色列、日本、挪威、韩国、瑞典、英国、美国	美国国防部	是（2020年9月）
D10联盟	10个民主国家的技术伙伴关系（主要关注5G），旨在创建5G设备和其他技术的替代供应商	澳大利亚、加拿大、法国、德国、印度、意大利、日本、韩国、美国、英国	英国——由英国首相于2020年5月提出	否
美国-欧盟贸易和技术委员会	该组织旨在为人工智能和自动驾驶汽车等新兴技术设定联合标准	欧盟、美国	欧盟委员会	否

（续表）

名称	目标	成员	发起/讨论	是否成立
民主峰会	旨在加强民主制度，对抗倒退的国家，并制定共同议程的活动。峰会成员将呼吁私营部门采取行动，包括科技公司和社交媒体巨头，它们必须认识到自己在维护民主社会和保护言论自由方面的责任和极大利益	"世界上的民主国家"，以及公民社会组织	美国总统拜登	否

欧洲和美国将根据其重点领域选择合适的人工智能合作论坛。从欧洲的角度来看，目前的情况——伙伴关系只包括少数几个欧洲国家和美国其他一些志同道合的伙伴——并不是建设性的：欧洲人应该努力在整个欧洲范围内实现协调，而不是制造进一步的分歧。对于人工智能其他领域的合作，如共享数据或支持研究，其他论坛，包括旨在取得具体成果的特设联盟，可能是前进的方向。然而，从欧洲的角度来看，尽可能多地纳入欧盟将是明智之举，这样欧盟的立场就不会被淡化，成员国之间也不会分裂。

四、结论

本文探讨了跨大西洋人工智能合作的理论基础。这表明，欧洲和美国都有希望相互合作的理由。但巨大的障碍可能会阻碍跨大西洋合作伙伴进行重大合作。然而，他们仍然可以寻求加强合作。欧洲应该与美国盟友接触，这样欧洲在这个"AI春天"新的第三阶段确实可以达成国际合作，特别是跨大西洋合作。

4.2 在增强现实和虚拟现实之间平衡用户隐私和创新

由于增强现实/虚拟现实（AR/VR）设备收集信息的范围、规模和敏感性，它们为用户隐私创造了新问题。为了减轻危害，政策制定者应该改革目前对数据隐私的监管格局，目前这种格局既未能解决一些风险，又对其他风险进行了过度监管。

一、关键要点

- AR/VR 设备收集的数据与其他消费技术收集的数据类似，但 AR/VR 涉及的技术种类繁多，且它们收集的数据的敏感性较高，再加上数据是设备运行的基础，因此引发了新的隐私问题。
- AR/VR 设备收集了大量的生物统计数据，这些数据可以识别个人并推断出其他信息。这些数据可以创造更好的身临其境的体验，但同时也加剧了隐私风险。
- AR/VR 具有沉浸式的特性，因此很难通过应用其他数字媒体的现有隐私政策和实践来降低风险。它需要在透明度、选择和安全方面采取创新的方法。
- 当前对 AR/VR 的监管格局是由各州和国家政策拼凑而成的，这为一些隐私风险留下了关键空白，同时对其他风险进行了过度监管。
- 随着技术的发展，对 AR/VR 或它们用于提供沉浸式体验的单个技术进行监管将使政策落后于创新。相反，决策者应根据与用户数据相关的实际危害进行监管。
- 决策者应该通过澄清、更新和协调现有规则，并引入全面的国家隐私立法，为 AR/VR 中的用户隐私创造一个创新、友好的监管环境。

二、介绍

在一个日益数字化的世界中，"你名声在外"这句老话可能成立，也可能不成立，但一些关于你的信息通常是成立的。从数字通信平台到智能设备，用户数据使动态的、个性化的体验成为可能。但是，如果没有必要的保护措施，广泛收集和处理这些信息（尤其是由不太谨慎的组织收集和处理）可能会使个人面临隐私泄露风险。增强现实和虚拟现实（AR/VR）设备和应用程序是生态系统中越来越重要的一部分。

AR/VR 设备和应用程序包括：移动设备上的应用程序，这些应用程序将数字元素与来自外部摄像头的图像结合在一起；平视显示器，在用户的真实世界视图上覆盖数字元素；允许用户在完全虚拟的空间中导航的头戴式耳机。为了提供这些体验，AR/VR设备和应用程序收集了大量的个人数据，包括用户提供的信息、用户生成的信息以及关于用户的推断信息。

AR/VR出于以下3个原因提出了新的用户隐私注意事项：

- AR/VR设备由多种不同的信息收集技术组成，每种技术都具有独特的隐私风险和缓解方法；
- AR/VR设备收集的大部分信息是大多数其他消费技术设备所不使用的敏感数据；
- 全面的信息收集对于AR/VR设备的核心功能至关重要。

AR/VR技术实质上是传感器和显示器的集合，它们协同工作，从而为用户创造身临其境的体验。为了在三维物理空间甚至整个虚拟世界中创建虚拟元素的错觉，这些技术需要用户提供某些基本的信息作为起点，其次需要的是用户在与虚拟环境交互时生成的源源不断的新反馈数据。该基线和持续的反馈信息包括人口统计学的详细信息、位置和移动数据以及生物学特征等。如视线跟踪乃至解释神经信号的脑机接口（Brain-Computer Interface，BCI）技术之类的高级功能继续引入了新的消费者数据收集方法，这在很大程度上是AR/VR设备和应用程序所独有的。这些数据流不仅可能包含多种形式的个人信息、标识信息或其他敏感信息，AR/VR设备还可能结合这些信息来揭示或推断个人用户的其他详细信息。

政策制定者应考虑这些设备收集的不同类型的信息，并建立适当的保护措施来保障用户免受数据收集可能造成的实际伤害，从而解决AR/VR中的隐私问题。

综上所述，AR/VR核心功能所需的用户数据收集的范围和规模将这些技术与其他消费设备和应用程序区分开来。即使这样，其收集的信息类型、隐私风险以及在缺乏安全保护措施的情况下可能造成的直接损害，都与其他数字技术和联网设备的情况相似，其中许多技术和联网设备已经得到了消费者的广泛采用。因此，AR/VR技术面临的独特挑战来自聚合敏感信息的风险，以及缓解其他消费技术适应沉浸式三维环境的挑战。

由于AR/VR设备收集的信息范围广泛，将AR/VR作为一个整体来对待的政策响应几乎肯定会导致对某些类型的数据收集的过度监管，同时也会在保护其他类型数据方面留下严重缺口。同时，随着新功能和用例的不断涌现，对用于提供沉浸式体验的单个技术进行规范将使政策落后于创新。相反，政策制定者应考虑这些设备收集的不同类型的信息，并建立适当的保护措施来保障用户免受数据收集可能造成的实际伤害，从而解决 AR/VR 技术中的隐私问题。目标应该是确保建立一个全面的、与技术无关的法规框架，为制造 AR/VR 设备的公司留出空间，在减轻危害的同时继续进行创新。具体而言，本报告建议：

- 相关联邦监管机构应就现有法律，例如《健康信息可移植性和责任法案》（Health Information Portability and Accountability Act，HIPAA）和《儿童在线隐私保护法案》（Children's Online Privacy Protection Act，COPPA），如何适用于 AR/VR 设备和应用程序提供指导和澄清；
- 国会应该改革隐私法，例如 COPPA 和 HIPAA，这将对 AR/VR 技术在某些行业的应用或特定用户的使用产生不必要的限制；
- 国会和相关的法规制定机构应制定规则，通过透明度和选择要求，防止新数据收集形式产生的潜在危害，如生物特征识别和从生物特征数据推断出个人信息；
- 立法者应制定联邦隐私立法，以协调国家层面的合规性要求，而不是依赖各州和特定行业的法规；
- 政府机构和行业应为 AR/VR 开发人员制定自愿准则，通过考虑透明和公开做法、用户隐私控制（包括选择退出机制）、信息安全标准以及生物识别数据和生物识别衍生数据带来的独特风险来保护用户隐私。

该报告提供了 AR/VR 中用户数据收集的基本概述，因为它涉及数字技术中广泛的信息收集和隐私保护。它回顾了这些技术收集的 4 种类型的个人数据（可观察数据、观测数据、计算数据和关联数据）、属于这些类别的 AR/VR 数据收集实践以及每种数据类型的隐私问题和确定的缓解方法。然后，它考虑了沉浸式技术给用户隐私保护带来的独特挑战，这些挑战超越了更加成熟的数字技术中的挑战，包括生物识别数据的作用、确定的缓解方法的局限性以及易受攻击的用户遭受更严重危害的可能性。最后，它研究了现有的用户隐私监管框架，确定了适用于 AR/VR 技术的法律法规以及政策缺口，并提出了应对 AR/VR 技术给用户隐私带来的独特挑战的建议。

三、在 AR/VR 设备中收集的用户信息

AR/VR 设备依靠多个来源的信息提供最佳的用户体验，并实现其他消费类设备无法实现的功能。在 AR/VR 和其他信息驱动技术中，用户信息可以大致归为以下 4 种数据类型之一。

- 可观察数据：AR/VR技术以及其他第三方都可以观察和复制的有关个人的信息，例如个人制作的数字媒体或其数字通信信息。
- 观测数据：个人提供或产生的，第三方可以观察但不能复制的信息，例如个人履历或位置数据。
- 计算数据：AR/VR技术通过可观察数据和观测数据（如生物特征识别或广告资料）推断出的新信息。
- 关联数据：不能提供个人描述性详细信息的信息，例如用户名或IP地址。

在某些情况下，尤其是在AR/VR之类的复杂技术中，某些信息可能会根据其收集和处理方式产生多种数据类型。例如，基线健康和适应性测量数据（如心率）是观测数据，但是得出的健康信息（例如，在运动期间估计燃烧的热量）是计算出来的。

每种类型的数据都以不同的方式助力于构建沉浸式、交互式虚拟空间和对象，呈现出独特的隐私注意事项，因此需要最佳实践来缓解新的和加剧的隐私问题（见表4-2）。

（一）可观察数据

某些信息可以被第三方直接观察到。有了这些可观察数据，其他人就可以第一手感知到有关用户的信息。在考虑数字隐私问题时，这可能包括个人通信、用户共享的媒体或第三方记录的媒体信息。无论是在VR中创建的完全虚拟空间中，还是在AR通过虚拟元素增强的物理空间中，AR/VR设备都使用可观察数据使得用户能够构建虚拟状态。

1. AR/VR 中的可观察数据

用户的化身或自己的虚拟表示形式可以被视为可观察的个人信息，尤其是如果该化身是一种超现实的表示形式。即使是用户创建的反映自己外貌的不太逼真的虚拟形象，也能透露种族和性别等特定信息。与头像或数码照片等二维图像不同，身临其境的虚拟现实体验中的三维化身是一个人的数字化身，包括他们的身体外观、手势和举止。用户体验这些虚拟身体就像他们在物理空间中体验自己的身体一样，这使得这种特殊形式的可观察数据比类似的二维信息更亲切。

除了用户自我的虚拟表示之外，AR/VR设备还收集有关其在现实（在VR中）或应用程序（在AR中）的社交互动和关系的某些可观察数据。与其他技术一样，某些形式的通信（如即时消息）构成了可观察数据。标识个人参与某

表4-2　AR/VR技术用来创建用户体验所依赖的数据类型

数据类型	AR/VR中的示例	AR/VR中的实用程序	隐私注意事项	缓解方法
可观察数据	虚拟人物或肖像（即化身）；数字通信或消息；实时应用程序内/世界内交互，并允许他们与虚拟空间内对象进行交互（如应用程序内/世界内资产（如屏幕截图、录音、虚拟对象）	生成应有的虚拟状态，并允许他们与虚拟空间内对象进行交互	用户匿名和自治	披露和用户同意；用户隐私设置；加密通信；限制执法使用；禁止侵犯个人隐私权的法律
观测数据	位置和空间数据（如地理位置、激光雷达）；动作/手/眼跟踪；来自BCI数据的原始输入；用户提供的人口统计信息（如姓名、年龄、兴趣）；链接的社交媒体资料；用户生成的行为数据和活动日志	创造并增强沉浸式体验；将用户定位在启用高级功能中；启用高级功能（如与虚拟化身、手势进行交互）虚拟空间中（如与虚拟伴侣和更真实的化身进行交互）	用户匿名和自治；提供的敏感信息的安全性；第三方歧视性使用用户所提供信息的潜力	披露和用户同意；访问控制；某些数据的加密或本地存储或使用；限制执法使用；禁止基于某些信息进行歧视的法律
计算数据	用户个人资料（如用于推荐或广告）；生物识别信息	改善服务，并启用高级功能	敏感推断信息的安全性；第三方歧视性使用信息的潜力	披露和用户同意；能够质疑或纠正信息的用户；某些数据的加密或本地存储；禁止基于某些信息进行歧视的法律
关联数据	登录信息；联系信息；支付信息；朋友名单；非识别虚拟资产；设备IP地址	将内容和偏好与特定用户或设备相关联；识别设备并允许启用Internet的功能；通过其他信息增强服务	欺诈或恶意滥用；与其他数据形式的结合会带来危害	用户认证与其他数据结合的披露和用户同意；建立信息安全标准的法律

些活动的视频、图像或屏幕截图，无论是出于再分配目的（如事件记录）还是更恶意的目的（如未经许可而在敏感空间中记录或捕获个人的图像），都是AR/VR的可观察数据。此外，因为它们是完全虚拟的（并因此进行了处理和渲染），所以用户的存在和交互也是可观察数据。这可能包括AR/VR提供商以及其他个人在现实或应用程序内的对话或聚会录音。

这些可观察数据对于在AR/VR中创建交互式的体验是必需的，因为沉浸式体验需要模拟的虚拟存在。尽管单机游戏或单个生产力应用程序之类的单用户应用程序可能不需要个人创建虚拟化身，但多用户应用程序可以捕获这些技术的全部协作和交互潜力。如果没有这些虚拟表示，其他用户就不会有完全沉浸式的体验。

2.来自可观察数据的隐私问题

如果没有适当的限制或保护，可观察数据可能会给用户带来明显的隐私泄露风险。来自可观察数据的大多数隐私问题与匿名性和个人自主性有关，即个人能够控制别人识别和观察他们的能力。可观察数据何时应被视为隐私在很大程度上是主观的和高度语境性的：一些用户可能愿意允许第三方观察其大量的信息，而另一些用户可能更愿意只提供使用服务和与其他用户交互所需的最少量的可观察数据。同样，用户可能会觉得与某些群体（如亲密的朋友或浪漫的伴侣）分享可观察数据很舒服，但会对其他人（如雇主或专业联系人）保密。

可观察的虚拟角色、社交活动和虚拟世界中的资产能够以不同的敏感性揭示信息。反过来，用户对可观察数据的舒适度和偏好也会有所不同。

重要的是要区分这些隐私首选项和可观察数据的实际隐私风险。当第三方收集、记录、分发或复制该数据时，如果泄露了私人信息或其他破坏性信息，则会产生隐私风险。可观察数据可以被多方直接了解，因此这些敏感信息（如未经他人知情或同意就共享的个人私密照片或录音）可能会使当事人遭受重大的人身和声誉损害。同样，在敏感事件或敏感地点（如在机密支持小组或医疗办公室）分发个人的图像或录音，可能会泄露他们原本只会与有限群体分享的生活细节。

当可观察数据被用来冒充个人或操纵其图像时，也可能导致个人自主性的损害。例如，恶意行为者可以使用其他人的图像在通信平台上模拟他们。在完全身临其境的体验中，恶意行为者甚至可以利用个人的肖像来创建完全互动的化身。当这种假冒使他人看起来像本人从事活动或互动时，这可能会导致个人声誉或情感上的损害。它还可能导致欺诈和身份盗用，使个人遭受潜在的经济损失。

二维数字媒体中可观察数据的隐私含义也存在于 AR/VR 的沉浸式世界中。可观察的虚拟角色、社交活动和虚拟世界中的资产能够以不同的敏感性揭示个人信息。反过来，用户对可观察信息的舒适度和偏好也会有所不同。例如，一些 AR/VR 用户可能更喜欢使用能反映其物理外观的化身，而另一些用户可能更喜欢使用对他们的外观或身份进行模糊处理的化身。对于儿童等弱势用户、出于健康或医疗目的使用 AR/VR 设备的人以及在 AR/VR 中共享特别敏感信息的人来说，这种风险尤其明显。

3. 降低来自可观察数据的隐私风险的方法

降低可观察数据带来的隐私风险的方法侧重于用户控制查看和分发该数据的方式和时间，保护该数据不受未经授权的访问，并制定法律法规，防止滥用或非自愿分发可观察数据。例如，AR/VR 设备以及依赖于它们的单个应用程序可以通过为用户提供透明度和选择来确定收集和共享可观察数据以及使用数据的方式，从而降低风险。用户在使用方面有不同的偏好，个人隐私设置使他们能够限制第三方访问他们认为敏感或隐私的可观察数据。例如，他们可以选择允许哪些用户查看其照片或其他媒体。在 AR/VR 中，这可能包括限制对虚拟资产的访问以及允许第三方观察、偷听或记录用户在应用程序/虚拟世界中的社交互动。

技术措施还可以保护可观察数据，如数字通信。例如，端到端的加密消息传递确保仅目标接收者能够查看书面通信或共享媒体（尽管这不会阻止他们随后共享该消息的内容）。技术限制还可以防止第三方在用户不知情或未经用户同意的情况下捕获信息，如通过截屏，尽管此类技术措施可能会受到限制。例如，针对特别脆弱的用户（如儿童）的社交平台或应用程序，可以阻止其他人捕获用户的个人资料、帖子或私人通信的屏幕截图，尽管这些措施并不能阻止别人拍摄的内容显示在其移动设备上。类似的控制也可以在 AR/VR 应用程序中实现。尽管它们不能完全确保此信息的安全，但此类措施给潜在的侵犯隐私行为带来了更大阻力。

最后，法律和法规可以在解决恶意滥用可观察数据方面发挥作用。在美国，有许多法律禁止将个人的可观察数据用于恶意目的或在个人不知情的情况下收集和共享此信息。

（二）观测数据

与可观察数据非常相似，观测数据是他们提供或生成的关于用户的描述性信息。与可观察数据不同的是，第三方无法复制、创建此信息的观察结果。此类信息可能包括基本的个人信息、个人偏好、行为数据、从属关系和身份特征、地理位置或其他元数据，以及其他用户提供的或用户生成的信息。观测数据通常用于塑造用户对数字产品的体验。对于 AR/VR 产品和服务来说，这一点尤为重要，因为这些产品和服务在很大程度上依赖于这些信息来为用户提供完全沉浸式的体验。

1. 在 AR/VR 中的观测数据

AR/VR 依靠传感器在虚拟空间中复制物理体验，因此大量的 AR/VR 数据属于这一类数据。AR/VR 应用程序必须能够在物理空间中定位用户。AR 应用程序需要了解用户相对于地理位置和物理对象的位置，以便显示相关的数字覆盖图（例如，在机器上放置指示或在建筑物前显示虚拟标志）。同时，VR 设备和应用程序需要与用户位置和物理环境相关的信息，以确保其物理安全：为了让应用程序在用户接近某个对象或越过预设边界时发出警报，它们依赖于 VR 设备对用户和任何危险物体或物理屏障所在位置进行持续感知。为了实现这种空间感知，AR/VR 设备收集了大量关于用户位置的观测数据。这包括关于它们在物理空间中的位置信息，例如全球定位系统（Global Positioning System，GPS）惯性测量单元（Inertial Measurement Unit，IMU）和陀螺仪或加速计数据，以及关于它们周围环境的信息，这些信息是通过移动设备的相机、头戴式摄像机或抬头显示器、激光雷达和其他空间传感器收集的。

除了收集用户在物理空间中的位置信息外，AR/VR 设备还跟踪某些运动并收集生物特征数据，以便在虚拟空间中复制用户的动作。这种形式的观测数据在 VR 中尤为重要，因为在 VR 中，用户完全沉浸在虚拟环境中。因为 VR 用户没有任何有形的地标来引导他们在物理空间中活动，完全虚拟的空间必须重建物理体验。站在坚实的地面上、触摸物体、基于头部和眼睛位置的移动视野、任意方向的自由移动，以及任何其他看似平凡的人类体验，都必须被转换到数字渲染的环境中。这种重建越精确，用户就越有身临其境的感觉。

设备和应用程序通过实时收集用户的观测数据来实现这种沉浸式模拟。头戴式显示器和控制器跟踪头部和手臂的运动，并在虚拟环境中进行复制。基本的耳机可以使用 3 个自由度或 3 种类型的头部旋转（即来回看、上下看、左右看）来跟踪移动。那些可以复制 6 个自由度的运动，也就是，头部运动的 3 个旋转方向以及全身运动（即站立和坐下、左右移动、向前和向后移动），提供了更真实的三维重建用户的实际运动空间。有些设备还使用外部传感器或摄像头来检测和跟踪手和手指的运动，允许用户在不使用控制器的情况下与设备的虚拟界面和虚拟对象进行交互。

眼球追踪技术使用内部摄像头来收集观测数据，例如用户在看什么、瞳孔大小的变化以及眼睛是睁开的还是闭着的，可以用来创造更真实的身临其境的体验。例如，这些数据允许程序显示更真实的化身，反映用户的实际眼部运动和表情。视线跟踪功能还允许 VR 显示器使用中心凹式渲染，这种渲染通过降低显示器的分辨率来模拟人类的视野，而这种分辨率将出现在用户真实世界的周边视觉中。这不仅使体验更真实，减少眼睛疲劳，它还允许开发人员在焦点渲染更高质量的图像，并减少延迟，这是沉浸式体验导致眩晕的主要原因。

比眼球追踪技术更先进的是 BCI 技术。BCI 包括任何使用传感器来测量大脑的活动，以直接响应和适应用户的神经信号。这包括外部传感器，如头戴式脑电图传感器，以及未来可能出现的神经植入物。在 AR/VR 的背景下，开发人员设想的消费者 BCI 技术通常是嵌入耳机或其他可穿戴设备中的传感器。虽然 BCI 技术尚未部署在主流消费 AR/VR 设备中，但它们为 AR/VR 提供了令人兴奋的可能性。身临其境的服务或游戏可以使用这些信号来调整体验，以更精确地实时满足用户的独特需求。支持 BCI 的可穿戴 AR 设备，如智能眼镜，可以在不明显的情况下由用户用几乎不明显的手势进行控制。为了做到这一点，AR/VR 设备必须从头戴显示器或神经活动传感器收集观测到的原始数据，或从其他可穿戴传感器收集数据。

最后，AR/VR 设备和应用将基于传感器的观测数据与其他信息相结合，以优化用户体验。用户提供的个人简历信息（如年龄、性别、从属关系和兴趣）允许服务根据个人用户的需要提供定制的体验，同时识别信息（如姓名或链接社交媒体资料）验证用户，进一步合并他们的虚拟环境与现实世界，让他们建立和扩大社交网络。除了这些用户提供的信息，许多 AR/VR 设备和应用程序还将收集虚拟世界或应用程序内用户行为和活动的观测数据。用户使用 AR/VR 设备或应用程序做什么、他们在特定活动上花费多长时间以及他们寻求和参与什么体验等信息都可以揭示个人信息。例如，用户可以在社交 AR/VR 应用程序中加入一个支持小组，或参加有特定兴趣或隶属关系的个人的活动。他们参与这类活动的任何记录都是观测数据。

这些功能不仅能够实现并增强沉浸式体验，还可以扩展其使用潜力。研究表明，眼球追踪可以帮助心理健康从业者诊断某些脑部疾病，将这项技术纳入AR/VR设备将为其在医疗领域的应用带来新的机遇。市场研究人员还可以使用传感器支持的VR来收集数据进行分析，了解消费者的注意力和与产品的互动。同时，设备观测数据可增强AR/VR设备和体验的安全性：生物特征信息（如虹膜签名）可高效用于用户身份验证，而生物或行为信息可增强应用程序或虚拟世界的安全（例如，确保用户只能访问适龄的内容）。随着用例和用户基础的不断增加和多样化，这些观测数据的潜在用途也将不断增加。

2. 来自观测数据的隐私问题

与可观察数据一样，观测数据的主要隐私问题涉及个人的匿名性和自主性。这些数据可以揭示大量关于用户生活的信息，敏感程度各不相同。从个人履历或健康信息到网络浏览或购物历史，用户提供的观测数据可以直接揭示或轻松推断出他们可能希望保密的细节，例如人口统计信息、他们住在哪里或他们如何度过空闲时间。此外，与可观察数据一样，用户对观测数据的敏感度也会有所不同。例如，一些用户可能会发现与朋友和家人共享地理位置数据是有益且低风险的，然而这些信息可能会危及儿童或虐待幸存者等特别脆弱的群体。同样，一些用户可能希望直接提供身份信息，而其他用户可能更愿意保持匿名。

简单地隐藏、匿名化或限制这些数据的收集将大大降低这些服务的质量，或者实际上使它们变得毫无用处，并阻碍需要用户提供信息的任何技术的创新。

对于一些用户来说，暴露这些信息也可能导致有害的歧视。这对那些由于性别、年龄、种族、残疾、性取向等因素容易受到歧视（例如在就业或获得关键服务方面）的个人造成了明显的隐私问题。如果没有保障措施来防止这种歧视，这些类型的观测数据如果被他人知道，就会造成重大伤害。

许多相同的风险来自AR/VR设备和应用程序收集的观测数据，由于收集的信息量很大，其敏感性和潜在危害性甚至有更大的变化。用户面临的风险将取决于他们使用AR/VR技术的方式、地点和目的。使用AR/VR疗法的患者的个人观测信息和健康数据可能被认为比用户在VR游戏或健身平台上提供的相同信息更敏感；在起居室里观测用户的位置或周围环境信息比在公园或购物中心里的信息更敏感。

3. 基于观察数据的隐私泄露风险缓解方法

由于收集的观测数据范围广泛，没有一种"一刀切"的办法来减轻这类信息对隐私的关切。此外，这些信息为许多数字产品增加了重大价值，在许多情况下，它们的核心功能是必要的。正因为如此，简单地隐藏、匿名或限制这些数据的收集将大大降低这些服务的质量，或者使它们无用，并阻碍任何需要用户提供信息的技术的创新。在考虑观测数据的隐私泄露风险的缓解方法时，必须平衡隐私关注度与功能。

透明度、披露和用户同意在减轻观测数据的潜在危害方面发挥着重要作用。当用户了解各种 AR/VR 服务是如何收集和为什么收集并分享他们的数据时，他们就可以对"直接通过、退出或选择"选项共享的信息做出明智的决定。与可观测数据一样，用户可以根据个人隐私需求调整个人隐私设置。然而，并非所有观测数据都可以在不损害或扰乱服务的情况下加以限制。例如，AR/VR 设备需要一些运动跟踪信息，以便在虚拟空间中复制物理运动，而搜索平台可以使用地理定位数据来提供更相关的结果。在这些情况下，要确保用户了解设备和应用程序如何利用其数据提供不同的服务，使他们能够更好地控制个人风险。

关于 AR/VR 应用程序如何存储和处理数据以及如何、何时和由谁访问数据的明确指南也可以降低观测数据的隐私泄露风险。在许多情况下，特别是针对高度敏感的信息（例如，生物识别信息或敏感健康信息），AR/VR 应用程序可以完全在本地设备上处理数据，而不是将任何数据传输给第三方，或者只有在用户完全控制加密密钥时，才能将数据存储在云中，从而减少误用的风险。在其他情况下，数据可以在外部共享或存储，而不被人观察。收集这些观测数据的产品和服务可以为不同级别的访问和存储建立阈值，这也可以包括在透明度和披露措施中。

最后，法律和法规可以保护用户免受滥用观测数据的危害。现行法律禁止对某些受保护阶层的歧视，无论歧视方如何发现个人的细节信息。例如，美国的各种法律保护个人免受基于种族、性别、年龄、残疾和其他属性的就业歧视。其他法律禁止在健康保险资格、住房和其他服务方面的歧视。出于执法目的，政府还制定了规则来管理用户隐私。《美国宪法第四修正案》保护用户免受非法搜查，最近的法律案例将其扩大到观测数据，如位置信息。这些规则降低了人们在使用数字服务时泄露某些身份信息的风险。

（三）计算数据

与可观察数据和观测数据不同，计算数据不是由用户直接提供的。它是通过分析用户生成的可观察数据和观测数据来获得的新信息。计算数据有时来自多个来源，因此，它可以提供更完整的画面，可以用来为个人用户定制产品和体验。计算数据也可能是错误的。计算数据可能包括生物特征识别、由各种个人活动组成的广告资料，以及其他通过推断和解释得到的信息而不是直接获得的信息。AR/VR设备依靠这些计算过程从各种传感器和用户输入收集的大量原始数据中获取必要的信息，并加以利用。

1.AR/VR中的计算数据

AR/VR技术收集了大量可观察数据和观测数据，可以对这些数据进行解释，以提供更先进的功能和定制体验。有关用户的信息性描述，如人口信息、位置和应用程序的描述信息，可以进行组合和分析，以便为个人定制广告、建议等内容。例如，一个应用程序可能会正确地或不正确地进行推断，如在游戏中玩虚拟狗的用户对宠物有兴趣，并为这一群体提供宠物服务广告。类似地，这些信息可以用于生成面向用户的分析，例如根据用户提供的人口统计信息和观察到的关于身体活动的信息来估计其锻炼过程中消耗的热量。

AR/VR设备还可以从各种传感器中生成计算数据。例如，手部跟踪技术使用用户手部的观察图像和机器学习技术来估计重要的信息，如用户手和手指的大小、形状和位置。用户还可以通过计算机生物识别技术来保护自己的应用程序和设备，如虹膜扫描或面部识别。在未来的脑机接口设备中，计算数据通过将神经信号解释为可操作的命令来产生。

2.计算数据的隐私问题

计算数据不同于可观察数据和观测数据，因为它在很大程度上只针对产生数据的当事方，也就是说，第三方既无法获得数据，也无法复制数据。因此，来自计算数据的隐私问题不那么直接，但也更复杂。与其他类型的信息一样，用户对如何分享和处理其信息可能有不同程度的舒适感；然而，可能造成损害的原因是如何使用信息，而不仅仅是谁可以查看或访问信息。包含计算数据的推论或预测可以揭示关于用户的更敏感或潜在的破坏性信息，而不是用于生成他们唯一的可观察数据和观测数据。例如，生物特征可以生成关于用户身体特征或健康信息的更多细节。由于这种生物衍生信息的敏感性，计算数据的安全性以及第三方访问它的可能性是一个值得关注的问题。

在未经用户同意或知情的情况下披露此类信息可能会导致严重损害用户声誉，计算数据的性质特别敏感且高度个人化。此外，利用计算数据不公平地剥夺个人的某些服务或机会也有可能造成直接损害。这包括在住房、就业、保险、福利和其他服务方面的歧视，这些歧视基于对个人细节的准确推断，如年龄、性别、性取向或健康状况。当不准确的计算数据（如不正确的信用评分）阻止个人获得其本来有资格获得的服务时，也会造成这些伤害。

在 AR/VR 的背景下，计算数据的这些隐私问题特别严重。这些技术不仅收集了广泛的可观察数据和观测数据，包括敏感的生物特征信息，而且通过不受限制地使用这些信息可以揭示关于用户的重要和高度敏感的附加信息。这包括关于非自愿、潜意识反应的偏好的推断数据，以及识别个人、人口和健康信息的数据。AR/VR 技术在生成计算数据方面的巨大潜力虽然有利于其应用和进步，但如果没有采取必要的保障措施，也可能使用户面临被伤害的风险。

3. 从计算数据中解决隐私问题的方法

来自计算数据的隐私伤害主要是由意外使用、未经授权的访问或恶意误用造成的。解决方法是寻求获得用户没有直接提供或生成的推断信息，并为这些伤害提供补救。与其他数据类型一样，披露和用户同意是关于计算数据的一切解决方法的基础。用户应该知道从他们提供的数据中可以推断出哪些信息，以及如何使用这些信息。对于那些对设备或应用程序的核心功能不重要的计算数据，用户隐私偏好可以允许个人选择退出某些数据的收集和计算。当这些数据对于服务的功能或质量是必要的时，围绕如何和为什么使用计算数据的透明度和披露可以确保用户了解现有的数据实践。此外，与观测数据一样，明确的指导方针概述了如何存储数据，以及如何、何时和由谁访问数据，以保护用户免受未经授权访问可能造成的潜在个人财产或声誉损害。

除了这些做法之外，其他缓解办法可以避免用户从计算数据中可能受到的实际伤害，例如歧视。计算数据可能显示用户不愿披露的信息，因此制定禁止基于这些信息的歧视的法律尤为重要。然而，非歧视法并不总能消除由错误计算数据造成损害的风险，例如根据不准确的信用评分采取的不利行动。允许用户更正不真实或过时的信息可以进一步减轻这些风险。

随着 AR/VR 设备得到更广泛的使用，特别重要的一点是考虑在个人使用或娱乐以外的用途中计算数据的隐私问题解决方法。例如，工作场所可能要求雇员完成相关培训，或者大学可能为学生提供耳机。这些活动可以产生关于该过程中的雇员或学生的重要计算数据。当使用设备是强制性的时，用户无法对数据收集提供有意义的同意。相反，也可能需要限制第三方（例如服务提供者以及雇主或教员）如何和何时获得或使用这些信息。

（四）关联数据

可能存在隐私风险的最后一种用户信息类别是关联数据。与其他类型的用户信息不同，关联数据不提供描述性信息。换句话说，关联数据本身并不提供任何关于用户的具体细节。关联数据包括身份、注册和账户号码等信息，设备和登录信息，以及地址或其他联系信息。AR/VR设备利用并生成相关数据，当这些数据与其他信息结合或用于恶意目的时，可能带来隐私风险。

1. AR/VR中的关联数据

虽然AR/VR技术可能提供新的用例和经验，但它们最终只是连接设备的变体。作为连接设备，无论它们是可穿戴耳机，还是支持AR的移动设备，AR/VR技术都会收集和生成有关用户的相关数据。用户提供的关联数据包括应用程序和服务的登录信息（即用户名和密码）、用户联系信息（如电子邮件、电话号码和家庭地址）、用户支付信息（如信用卡和银行账号）等。

关联数据也可以通过用户的应用程序或活动生成。例如，社交中或多用户AR/VR平台上的"朋友"及其他连接列表都是关联数据，可以显示用户的社交连接和活动信息。同样，不具备用户识别功能的数字媒体和虚拟资产也是关联数据。这包括用户自己对完全或部分虚拟空间的截图和录音，他们可以选择公开共享或保持私有。例如，用户可以使用智能手机或启动AR设备在家中捕捉虚拟物体的照片。除了AR/VR版本的数字媒体外，完全虚拟的对象也可以构成关联数据。这包括用户创建的部分或全部虚拟空间、通过AR共享的虚拟对象，以及用户通过沉浸式体验与其他对象的交互等。

这些信息是将用户与其独特的账户、用户偏好和虚拟资产联系起来的必要条件。例如，为了提供最近使用的应用程序、社交互动和其他特定用户的详细信息，设备必须有一种识别和验证该用户的方法——通常是通过用户名、电子邮件和密码的方式进行验证的。类似地，对于任何允许用户购买的设备或应用程序来说，相关的支付信息都是必要的，例如付费内容。

AR/VR设备也有关联数据，如注册号码和IP地址。就像个人的用户名和密码一样，这些信息识别设备的执行需要互联网连接的功能。这种设备信息也与用户相关联，但单独获取这些信息并不能直接识别或描述它们。

2. 来自关联数据的隐私问题

关联数据仅供授权方使用，但对个人的隐私风险不大。然而，作为更大的用户信息生态系统的一部分，关联数据可能导致直接危害。它可以与特定设备或服务收集的其他描述性信息结合，揭示用户可能不希望共享的细节。例如，当屏幕名称或用户 ID 与显示用户身份的信息相结合时，可以将个人链接到某些活动，例如历史浏览记录。同样，在某些情况下，设备 IP 地址可以显示用户身份，并将其链接到某些启用 Internet 的活动。这些链接信息的性质和敏感性可能对用户名誉造成伤害。当关联数据被恶意行为者滥用时，也可能导致危害。例如，同时利用个人用户名还有密码等大量信息，恶意行为者可以获得用户从社交媒体到金融服务的私人账户。这可能导致名誉伤害或欺诈。

如果没有足够的保障措施，关联数据可能会造成重大伤害，而这些伤害往往难以逆转。其中许多风险也存在于 AR/VR 中，在某些情况下，这些风险可能因关联数据的重要程度加深而加剧。例如，恶意参与者不仅可以使用关联数据访问用户的账户，还可以在虚拟空间中模拟他们。

3. 解决来自关联数据的隐私问题的方法

针对关联数据造成的损害风险的有效解决办法是确保授权访问或使用关联数据，以及限制关联数据与其他描述性或识别性信息结合的程度。在某些情况下，可以通过更强大的用户认证来保护用户免受这些伤害。例如，如果用户名和密码与指纹等生物识别标识符结合，恶意行为者就更难利用关联数据进行欺诈。

有关信息安全的法律和法规还可以保护用户免遭恶意滥用其关联数据的行为，或者在恶意行为者获取这些信息的情况下，法律和法规可以减轻危害。这包括数据保护标准、数据库通知规定等，以便在敏感的关联数据被泄露时，向用户发出警告。当产品或服务将其关联数据与其他信息（包括识别信息）相结合时，披露、透明度和同意标准还可以通过通知用户来降低用户被伤害的风险。

四、为 AR/VR 提供独特的用户隐私考虑

针对隐私问题的现有框架和解决方法为解决 AR/VR 中的用户隐私问题提供了宝贵的基础。然而，仅仅考虑这些因素不足以充分应对沉浸式技术存在的新风险。AR/VR 设备和应用程序的沉浸式、多模态用户数据收集和处理在规模和灵敏度水平上都不同于其他数字媒体。例如，虽然 AR/VR 平台和其他数字媒体都可以实时共享和记录可观察到的视频，但沉浸式录制提供了更先进的

功能，并且需要进行更广泛的数据收集，例如，凝视和运动跟踪以及通过虚拟资产集成相关信息。

此外，合作的AR/VR，无论是多人游戏、社交体验、培训模拟、虚拟教室，还是远程办公解决方案，都需要围绕隐私和行为的新规范和期望，而这些规范和期望并不存在于其他平台，如社交媒体和视频会议（或一对一和小群体的"现实世界"互动）中。

在AR/VR平台上的交互将产生大量可观察数据和观测数据，如从对话的细节到个人的运动，甚至虚拟空间中的物理反应。正如一项研究所指出的，越是身临其境的体验，一个平台"可能给予更多隐私的幻想……而不是实际情况"的可能性就越大，个人"忘记了他们的行为可能会被更多的人知道"。

在收集和使用这些数据时，AR/VR提出了跨越所有4种数据类型的新关切，值得仔细考虑。首先，生物识别数据的广泛收集以及揭示个人信息的潜力，提出了其他生物识别信息技术所不具备的隐私挑战；其次，这种数据收集的广泛性及其带来的经验使许多现有的解决办法不足以或不切实际地用于这方面；最后，敏感数据的收集以及AR/VR体验的沉浸性加剧了脆弱用户面临急性危害的风险。

（一）生物数据和个人自主

AR/VR对用户对个人自主性和匿名性的控制提出了新的挑战。与其他形式的数字媒体不同，AR/VR设备和应用程序必须完全或部分地将用户身份和活动的多个方面从现实世界转化到虚拟空间。这不仅包括个人身份的各个方面，如履历信息、兴趣和附属关系，而且还包括他们的位置、运动、外表、身体反应和其他信息的细节。这些信息结合在一起，有效地整合了用户直接提供的"真实"身份细节，通过他们的应用程序/世界活动观察到更微妙的特征，这些特征可能揭示他们关于活动、兴趣和偏好的未公开信息。

AR/VR用户，特别是那些在完全沉浸式体验中的用户，不会创建单独的、替代的或平行的身份，而是将他们的虚拟表现视为自己的一部分。随着真实感化身的应用越来越广泛，特别是在娱乐之外的使用情况下，虚拟身份可能更接近真实的物理现实。通过使用运动、手势和凝视跟踪，这种表示变得更加准确，这些技术可以在用户的虚拟环境中复制用户的物理反应。虽然反映个人表情和物理反应的能力增强了虚拟空间中的互动，但它也要求用户共享并允许设备收集、跟踪和处理比其他仅传输视听信息的数字媒体平台更多的信息。

这些沉浸式身份意味着用户无法在完全匿名的虚拟空间中导航。例如，一旦应用程序将识别信息（如用户全名）与生物识别数据（如眼睛跟踪摄像机）连接起来，即使删除了识别信息，也不可能完全实现匿名。可观察数据、观测数据、计算数据和关联数据的结合加剧了这些数据带来的潜在危害。

虽然生物特征数据收集并不是 AR/VR 所独有的，但在其他用于受控设置之外的消费设备中，没有发现收集信息的范围以及推断额外信息的可能性。

沉浸式技术和其他数字媒体之间最大的区别可能是前者依赖生物识别信息在虚拟空间中复制物理体验。单独来看，这一信息凸显了政策制定者和隐私专家在移动电话和物联网设备等其他技术中尚未提出的问题。然而，AR/VR 设备收集和处理大量生物特征信息的能力造成了新的危害风险。斯坦福大学虚拟人类交互实验室的研究人员估计，用户在 VR 中的一个 20 分钟的会议中，会产生大约 200 万条独特的肢体语言记录。

如果允许，AR/VR 设备和应用程序可以推断出重要的额外信息，显示履历和人口信息，即使用户没有提供这些细节。例如，通过眼睛跟踪技术收集的观测数据不仅显示了一个人在哪里寻找或他们正在关注什么，而且还可以作为个人细节的指标，如年龄、性别和种族。其他信息，比如运动或手部跟踪，可以独特地识别用户：在一项研究中，站立时 5 分钟的 6DoF 跟踪数据识别个体的准确率高达 95%。应用程序还可以使用生物特征数据来推断用户对刺激的身体反应和情绪反应的细节，以及敏感的健康信息。运动和眼动追踪可以捕捉到用户的潜意识反应，比如瞳孔扩张，这反过来可以揭示他们的兴趣和喜好。

虽然生物特征数据收集并非 AR/VR 独有，但 AR/VR 收集的信息范围和可推断额外信息的潜力在其他用于受控设置之外的消费设备中是看不到的。如果没有足够的保障措施，这些信息可能会造成直接伤害，包括歧视和侵犯自主权。它们可以透露个人没有选择披露的敏感信息和其他私人细节。此外，未经授权访问用户的生物识别信息可能会产生额外的危害。虽然生物特征信息（例如指纹）本身不会显示个人或身份资料，但它可以与个别使用者联系，以便进行身份识别或认证。鉴于涉及的生物特征数据的范围，信息安全在 AR/VR 中是一个值得关注的隐私问题。

（二）现有解决措施的限制

由于 AR/VR 中用户数据收集的沉浸式性质，许多用于限制不同类型数据的危害的标准解决方法在此背景下是不足的。首先，在 AR/VR 中，以用户为中心的同意、透明度和披露措施比其他数字和连接技术更复杂。用户与完全或部分虚拟空间的交互方式与他们在二维平台上的交互方式不同，这意味着标准的同意实践可能需要重新构思以获得沉浸式体验。此外，虽然隐私偏好允许用户选择不共享或不披露某些信息，但由于敏感或潜在的识别数据对于沉浸式技术的核心功能是必要的，这种方法有很大的局限性。

其次，鉴于识别用户提供和生成的信息的程度，数据匿名化尤其困难，即使通过删除姓名来消除跟踪数据，原始生物识别数据也可以相对容易地根据用户的独特移动特征重新识别用户。要真正去除敏感的生物特征和生物特征衍生数据可识别的身份，除了简单地删除姓名之外，还有必要采取其他做法。这使得安全存储和明确访问限制尤为重要，这反过来又引发了关于信息技术与创新基金会不同数据管理方法的益处和风险的问题。最重要的问题是用户或第三方是否能够接触到他们的数据，以及数据是否有适当的保障措施。

最后，现有的法律保障措施可能不足以应对在 AR/VR 中收集的各种数据带来的风险。例如，虽然有法律禁止未经同意的色情制品，但它们通常不保护用户免受自身或虚拟资产的虚拟复制品的匿名性和自主性的损害。这一政策差距在"深度伪造"或复制个人肖像的合成媒体的泛滥中表现得尤为明显，这引起了人们对个人自主权和通过数字复制品进行宣传的权利的担忧。然而，这种风险在身临其境的体验中更加明显，其中合成媒体的技术复杂性甚至可能不是必要的：一旦未经授权的用户获得了对另一个用户虚拟存在的访问或控制（例如，通过获得对其个人用户账户的访问），他们就可以相对容易地冒充该用户。恶意行为者也可以伪造虚拟存在，而无须获得这种未经授权的访问，只要有足够的可观察数据，他们就可以创建复制的虚拟化身和其他虚拟资产。不难想象，这样一个复制品被用于欺诈活动会造成情感、声誉和经济损害。此外，美国保护《美国宪法第四修正案》权利的法律尚未明确适用于政府要求从 AR/VR 设备和应用程序获取数据的请求。

（三）易受伤害的用户的被伤害风险加剧

任何用户数据收集都有可能伤害特别脆弱的用户，包括儿童、老年人和其他边缘的、弱势的群体。个人信息造成的伤害风险，例如歧视或违反自主权，对于这些个人来说更加严重，同时，他们往往没有足够的能力来管理个人隐私风险或对数据收集给予充分知情同意。鉴于在 AR/VR 中收集的信息的范围和滥用的可能性，值得注意的是，其最脆弱的用户面临独特的风险。这一点在审查潜在敏感的用例时特别重要，例如，在保健、儿童发展、教育和某些劳动力培训应用中。

第一，在 AR/VR 中，已经容易受到歧视或失去匿名性或自主性的伤害的用户可能面临更大的风险。例如，将 AR/VR 作为保健研究参与者或精神疾病治疗的一部分的个人，如果与服务提供者或雇主分享信息，可能会产生观测数据和计算数据，从而导致保健或就业方面的歧视。自主性和匿名性的更高风险也是一个严重的问题。例如，在没有充分保障的情况下，面临基于年龄、性别、种族、性取向或某些健康状况的歧视甚至身体伤害的个人可能会产生生物特征观测数据，这些数据可用于在未经其同意的情况下推断这些信息。

第二，重要的是要考虑儿童用户能够在多大程度上完全同意在身临其境的体验中被收集数据。如前所述，将标准的同意机制转化为身临其境的三维系统已经是一个挑战。在数字平台上，传统的针对适龄儿童内容和儿童安全的方法也是如此，比如父母控制、年龄核实和限制个人数据收集。期望儿童充分掌握个人数据收集的范围和目的（从而对其使用给予知情同意）不仅是不合理的，而且他们可能缺乏在身临其境的体验中充分区分现实世界和虚拟要素的能力，这可能使他们进一步暴露于分享个人信息的伤害之中。此外，由于儿童不能完全识别在 AR/VR 中共享身份识别或生物特征信息所带来的个人自主和匿名风险，如果不能在其年幼时减轻这些风险，就可能使他们面临长期的伤害。例如，来自人们儿时使用的设备的运动跟踪信息，以后可能被用在新的设备或应用程序上重新识别他们。

五、AR/VR 用户隐私的监管环境

虽然技术本身可能是独一无二的，但是 AR/VR 设备和应用程序在美国已经受到许多关于个人隐私和用户数据的法律和法规的约束。然而，当前的监管环境只解决了 AR/VR 带来的部分风险，某些要求使得数据收集变得复杂，而这些数据收集是提供强大而安全的跨部门沉浸式体验所必需的。此外，正如 AR/VR 为用户隐私提出了新的考虑，AR/VR 技术也为制定政策解决这些问题带来了独特的挑战。正因为如此，目前有关这些技术的法律和监管框架围绕一些问题在政策上留下了重大空白，同时又要求对其他问题做出不必要的复杂回应。

（一）AR/VR中现行的隐私权法律法规

目前美国对用户隐私的监管是国家和州级立法的拼凑。国家级的隐私条例既涉及特别脆弱用户和敏感数据的具体类型，也涉及某些行为者收集和管理数据的要求。COPPA、家庭教育权利和隐私法案（Family Educational Rights and Privacy Act，FERPA）和HIPAA都规范了可以通过沉浸式体验收集的数据。然而，这些规定只涉及信息的特定目的，而不涉及更一般的信息类型。例如，COPPA限制收集和存储可观察数据和观测数据（如履历信息、记录和地理位置信息），但仅限于针对儿童的产品和服务。

政府还制定了相关法律，规范政府对数字信息的使用，包括从AR/VR中收集的数据。1974年的隐私法案规定了联邦机构对个人记录的管理，并可能包括在任何机构使用AR/VR技术时收集的数据。近一个世纪的判例法为执法部门使用个人和数字信息，包括音像记录和某些形式的元数据，提供了额外的保障。然而，目前还没有任何法律涉及从AR/VR设备收集和计算的数据的范围和规模。

在州一级，有几项法律涉及了更广泛的生物特征隐私和数据保护。在加利福尼亚州，《加利福尼亚州消费者隐私法案》（California Consumer Privacy Act，CCPA）包括了对收集、处理和共享个人数据（包括生物数据）的公司的合规要求。虽然CCPA没有具体针对AR/VR，但提供这些技术的公司已经采取了针对具体法规和更一般的遵守措施的混合措施作为回应。伊利诺伊州、得克萨斯州和华盛顿州都已经出台了专门针对生物特征数据收集和面部识别技术的法律，并对收集这些数据时的通知和用户同意做出了特殊要求。这进一步使AR/VR提供者的监管环境和合规性要求复杂化，根据技术的性质，AR/VR提供者可能必须从其用户那里收集某种形式的生物识别信息。

（二）解决AR/VR用户隐私的政策挑战

考虑到操作AR/VR设备和应用程序所需的数据的范围，以及这些数据的敏感性，AR/VR技术给有关用户隐私的政策辩论带来了新的挑战。首先，对于实现核心功能所需的数据量没有明确的基线（这与允许用户决定他们是否愿意分享个人数据相反）。这使得加诸AR/VR提供商的任何同意要求变得复杂。非营利性组织XRSI提出的"XR安全倡议"是一个多利益相关方倡议，致力于沉浸式体验中的隐私和安全。该倡议指出"可能存在一个问题，即受试者是否有'真正的选择权'拒绝处理敏感数据，是否有可能在必要和不必要的数据之间划清界限"。此外，由于 AR/VR 仍然是一项相对较新的技术，消费者对其大量收集数据的目的仍然知之甚少。决策者要面对的一个挑战是，如何区分对这些未知因素的负面反应，以及数据收集可能带来的实际危害。大多数用户愿意交换一些数据来换取免费或低成本的在线服务。

许多这类规定并没有直接用于沉浸式体验，而是限制了某些用途，但未解决其他风险。

政策制定者面临的另一个挑战是确定识别信息和敏感数据的范围。当前个人保护、身份识别甚至生物特征数据的法律和政策框架没有涵盖在 AR/VR 收集的敏感信息的范围内，或其超出了用户身份识别或授权的潜在用途。此外，美国和世界各地的数据保护法规解决了作为数据主体的个人的隐私问题，但没有将"个人"或身份信息的定义扩展到包括完全虚拟的空间或资产范围。这使得在 AR/VR 环境下对用户隐私的现有理解难以应用，然而这又是隐私权法律和政策的基础。虽然隐私法规的总体目标可以扩展到 AR/VR 设备和应用程序，但是当前法律（例如 GDPR）中规定的实现这些目标的机制可能并不能直接适用于沉浸式体验，或者应用于沉浸式体验时存在不足。

最后，目前存在的零散监管提出了一长串适用于 AR/VR 技术某些方面的标准和合规要求。由于需要全面地收集数据，对一种信息的限制实际上是对整个技术的限制。这些法规中的许多内容并不能直接用于沉浸式体验，而是限制了某些用途，但未解决其他风险。这提出了一个关键的政策挑战：首先，澄清这些法规在 AR/VR 技术背景下的应用；其次，协调这些不同的规定，以确保它们不会过度限制 AR/VR 设备和应用的开发及使用。

六、建议

AR/VR 中用户数据收集的范围和规模向人们提出了重要的问题，即如何保护用户免受伤害，同时鼓励这一迅速发展的技术持续创新。政策制定者和开发人员都应寻求有效的解决方案，这些解决方案应采取必要的保障措施，并为用户隐私设置标准，以适用于现有和将来的用例。这就需要仔细考虑 AR/VR 技术的组成部分、收集信息的类型，以及这些信息可能造成的危害。现在采用的方法将影响未来为消费者、企业甚至政府开发 AR/VR 设备和应用程序的方式。

（一）为现有隐私法律法规在 AR/VR 中的应用提供指导和说明

许多现有的关于数据隐私的法律将适用于 AR/VR 中的某些数据。然而，

AR/VR数据收集实践在多大程度上符合这些规则仍不明确。这使得开发AR/VR设备和应用的公司处于监管不确定的状态，不清楚他们的产品何时以及如何符合联邦和州的规定。缺乏明确的指导方针将阻碍创新，特别是在监管指导不那么直接的新兴领域（例如，跟踪和脑机接口技术），或者在现有解释不能直接适用于AR/VR的严格监管领域（例如，健康数据和为儿童开发的产品）。

监管现有隐私法规的相关联邦机构和监管机构应就其在沉浸式环境中的应用提供明确的指导。这样的指南应该在联邦一级一致地综合现有的监管框架，防止各州进一步分裂。在此过程中，监管机构应仔细考虑本报告中概述的数据类型及其对相关AR/VR设备和应用的必要性。例如，当这些技术用于医疗保健时，卫生与公众服务部可以考虑由AR/VR收集的哪些可观察数据、观测数据和计算数据构成HIPAA下的"受保护的健康信息"。类似地，联邦贸易委员会可以就AR/VR数据收集方面的COPPA合规性做出补充性说明，例如收集视听记录或地理位置数据对于AR/VR设备和应用程序的核心功能何时是适合的，就像该机构以前对语音记录所做的那样。

（二）改革不必要的限制AR/VR的隐私法

许多基于特定技术或用例而制定的法律对AR/VR创新施加了不必要的限制。由于AR/VR设备和应用程序需要大量信息才能执行基本功能，针对独立技术的法规可能会强制执行AR/VR供应商难以或不可能维持的合规标准。在州一级，政策制定者应该审查旨在解决特定用例或数据收集实践的数据隐私法律，并重新审查那些可能对AR/VR技术施加禁止性限制的法律。这里特别值得注意的是管理生物特征数据的各州法律，这些法律通常是为解决生物特征识别而编写的，但可能会阻碍需要生物特征信息的AR/VR功能，如眼睛跟踪和运动跟踪。

在联邦一级，国会应通过建立一个优先于州级法律的统一的国家隐私框架来应对分散的州级隐私法律的风险。此外，COPPA等高度具体的数据隐私法律也需要类似的考虑。由于几乎不可能在不限制AR/VR设备或整个应用程序的质量和功能的情况下限制某类数据的收集，对广泛定义的个人信息（包括生物信息、语音记录和地理位置）的限制可能会严重影响在以儿童为中心的环境中使用AR/VR技术的可能性。与此同时，这些限制并不一定能保护儿童免受AR/VR独有或加剧的许多潜在伤害和隐私风险。例如，在多人游戏环境中，儿童仍然可能遭遇骚扰、访问不适当的内容，或与陌生人分享身份。除了就 AR/VR 的 COPPA 合规性提供具体指导外，联邦贸易委员会还应与开发人员合作，为保障措施和技术措施建立最佳实践，以保护儿童在沉浸式体验中免受伤害。这些最佳实践可以为今后对 COPPA 规定提出的任何修改提供参考。

（三）制定规则以防范新的危害风险

当前的 AR/VR 监管格局不仅对这些技术施加了不必要的限制，而且在针对急性潜在危害的保护方面还存在明显的差距。正如本报告所讨论的，将 AR/VR 设备从传感器收集的信息（包括眼睛和运动跟踪）作为原始观察元数据和推断计算数据，都存在隐私风险。除了生物特征识别之外，它还有许多用途，可以用来推断用户的重要个人信息和身份信息。然而，现有的个人和生物特征数据的定义并没有考虑到识别目的之外的生物特征信息的广泛收集和处理。这可能会使用户受到未经授权访问或恶意使用现有定义之外的数据的伤害，例如使用计算得出的心理数据来推断敏感的个人信息。

政策制定者应该对个人信息和身份信息建立一个清晰的定义，以包括高度敏感的生物特征数据等，从而鼓励对这些数据进行更大的保护。他们不仅应该考虑观察到的生物特征信息，还应该考虑利用这些信息揭示用户其他详细信息的方式。重要的是，任何与生物特征识别和生物特征衍生数据有关的规则都不应该直接禁止收集这些信息。设备和应用程序可能需要不同级别的信息才能发挥作用。例如，虽然通过视线跟踪收集关于用户反应和偏好的精确计算信息可能与社交体验无关，但在市场研究背景下，这些信息可能是必要的。

尽管 BCI 数据尚未广泛使用，但在定义上也存在类似的问题。虽然任何对 BCI 技术的直接监管都还为时过早，但政策制定者应该仔细考虑如何对观察到的 BCI 输入和从 BCI 支持的设备中推断出的计算数据进行分类。任何隐私法规都应明确定义生物特征识别和生物特征衍生数据，并提供与收集目的和伤害风险相一致的透明度、同意和选择要求。虽然两者都可能被认为是个人信息，但生物特征识别数据（如面部识别）与生物识别信息（例如从视线追踪或 BCI 技术推断出的有关个人偏好的数据）需要不同的保护措施。区分这两者将确保用户得到充分保护，免受伤害，同时允许在适当的用户透明性和选择权的情况下创新地使用此信息。

此外，对于在法律调查中使用 AR/VR 数据，应该有明确的准则。因为来自AR/VR设备和应用程序的数据可以形成个人的全面档案，所以对于执法和法律诉讼而言，它可能是一种有价值的工具。然而，现有的数字信息判例法表明，这种使用可能侵犯《美国宪法第四修正案》规定的个人权利。沉浸式体验还引入了执法使用的一个新维度——实时虚拟在场。多用户AR/VR平台提出了一个问题，即第三方原则和其他法律框架在多大程度上扩展到调查人员或执法人员在完全或部分虚拟空间中与用户互动、观察和记录用户活动。政策制定者应该为AR/VR中的综合用户数据引入新的法律保障措施，包括访问这些信息何时需要先获得搜查令的明确准则。

（四）制定联邦隐私立法，以协调合规要求并促进创新

虽然改革或引入规则来解决AR/VR中用户隐私的独特性可以在短期内保护用户并允许创新，但全面的国家隐私立法将更好地帮助监管机构和开发商进行定位，以确保随着这些技术的不断发展，必要的保护措施得到持续实施。政策制定者应制定隐私立法，从而：

- 为各种类型的数据的收集、处理和共享制定明确的准则，并考虑不同级别的敏感性；
- 实施用户数据隐私权，并保护用户避免受到损害；
- 加强通知、透明度和同意做法，以确保用户可以对他们选择分享的数据做出知情决定，包括敏感的生物特征识别和生物特征衍生数据。

监管协调还应考虑针对特定行业和特定目的的隐私法规，例如HIPAA和FERPA。此类法规可能会对AR/VR技术提出额外且可能相互冲突的要求，这可能会影响AR/VR技术在医疗保健和教育等可提供重大价值的行业中使用的潜力。监管机构应该确保各个特定部门法规的要求是一致的，任何此类特定要求都应增强更广泛的联邦隐私立法，而不是与之矛盾或使其复杂化。这种方法可以解决潜在的相互冲突的合规要求，并为AR/VR中现有的和新兴的数据收集实践制定明确的用户隐私保护标准。

（五）鼓励确保AR/VR用户隐私的自愿实践

特别是在缺乏全面的联邦隐私立法的情况下，AR/VR开发者和政策制定者应该共同努力，开发有效的自我监管方法，以确保用户隐私安全。清晰、一致的标准和做法将使生产AR/VR设备和应用程序的公司确保其产品实施适当的保障措施，同时也使政策制定者和监管机构更全面地了解最有效的和技术上可行的解决办法。

在与 AR/VR 开发者协商后，联邦机构（包括教育部、卫生与公众服务部和运输部）应针对相关用例制定自愿性的 AR/VR 隐私保护标准。这样的框架应该建立在现有标准和最佳实践的基础上，并综合考虑 AR/VR 技术存在的独特性或加剧的风险和潜在危害。重要的是，任何自愿性标准都应包括各行各业的 AR/VR 开发人员的意见，包括人力开发、教育、医疗保健和娱乐等。

这一领域有一些贡献可以作为 AR/VR 框架的起点，如 XR 安全倡议的隐私框架、Open AR Cloud 隐私宣言和 XR 协会的《开发人员指南》系列。虽然美国国家标准与技术研究院的隐私框架等现有文件提供了一份蓝图，但 AR/VR 设备和应用程序收集的数据范围需要更针对该行业的标准。这包括：

- 沉浸式体验的透明度和披露标准及机制，包括明确披露如何收集和使用敏感的生物特征数据；
- 针对用于非核心功能的信息的用户隐私控制和退出机制；
- 信息安全标准，包括高度敏感信息的加密和本地存储准则，如生物识别标识符或私人住宅空间地图；
- 用于用户身份识别以外目的的生物识别衍生数据的收集和使用准则，此类标准的制定工作也可以揭示需要政策干预以充分保护用户不受伤害的领域，例如处理侵犯自主权和歧视的法律。

七、结论

AR/VR 设备和应用程序让人们得以窥见一个更加互联、适应性更强、沉浸式体验更丰富的未来。但它们也引入了某种程度的用户数据收集和隐私担忧，这是其他消费技术所没有的。为了在实现其潜力的同时降低隐私风险，开发人员和政策制定者都应该考虑这种广泛的数据收集可能产生的实际危害。

至关重要的是，不能把 AR/VR 看作一个单一的技术，而要看作提供一种独特体验的众多信息收集技术的集合。可观察数据、观测数据、计算数据和关联数据在敏感性和潜在危害方面是不同的。解决这些实际危害而不是技术本身，将使决策者和开发人员能够区分用户偏好和严重的隐私风险。隐私偏好在很大程度上可以由开发人员直接解决，而额外的政策干预对于减轻来自用户信息的伤害风险可能是必要的。

AR/VR 中用户隐私的复杂性需要同样微妙的方法来减轻数据收集的范围和规模所带来的非常真实的威胁。但是，重要的是要抵制可能阻碍 AR/VR 设备和应用创新以及沉浸式体验中保护用户隐私的新方法的反动措施。通过从收集的信息类型和可能产生的实际危害的角度来处理这些问题，政策制定者可以塑造一个监管环境，在鼓励其创新的同时建立必要的保障措施。

4.3 人工智能与机器学习战略计划

一、执行摘要

美国国土安全部科学技术理事会（S&T）提出的目标将使其能够开展AI/ML的研究、开发、测试和评估活动，以支持DHS的任务需求，并就AI/ML的发展以及相关的机会和风险向利益相关者提供建议。

S&T的AI/ML战略计划明确了S&T有效应对AI/ML给国防部、更广泛的国土安全企业（Homeland Security Enterprise，HSE）及其服务任务带来的机遇和挑战的方法。AI/ML战略计划提出了以下3个目标。

（一）目标1：推动下一代AI/ML技术的跨领域应用

S&T将对AI/ML技术研究和开发活动进行战略投资，以满足国土安全部的关键需求。

S&T已经确定了3个研发目标：推进可信赖的人工智能、推进人机协作，以及利用AI/ML实现安全的网络基础设施。推进可信赖的人工智能是一项跨学科的工作，旨在研究并为可解释的人工智能、隐私保护、对抗偏见和对抗性机器学习等问题提供可操作的解决方案。S&T将研究人机合作、优化人机交互，同时限制其弱点。在安全的网络基础设施领域，S&T将研究允许跨系统共享和处理数据的能力、AI/ML模型的有效管理以及实现威胁检测和响应的AI/ML能力。

（二）目标2：促进在国土安全任务中使用经过验证的AI/ML的能力

S&T将确定技术成熟的能力，并将其与任务需求相匹配，以促进国土安全部各部门和利益攸关方对现有AI/ML解决方案的理解和采用。S&T还将提高非专业人员管理和处理大型数据集的能力，同时就AI/ML所需的技术和政策基础设施向该部提供建议。

（三）目标3：建立一支跨学科的AI/ML培训人才队伍

为了更有效地完成科技任务，S&T将招募专家并培训现有人员，以提高科技人员的 AI/ML 能力。此外，S&T 将为更广泛的 DHS 和国土安全企业提供专家意见和培训机会建议。S&T 对 AI/ML 的战略计划是根据国家指导和 DHS 人工智能战略制定的。

S&T 领导层致力于确保 AI/ML 的研究、开发、测试、评估和部门应用符合法律要求，并维持个人隐私保护、公民权利及公民自由。后续的 AI/ML 实施计划将详细说明 S&T 的 AI/ML 战略计划将如何实施。

二、目的

S&T 的 AI/ML 战略计划确定了愿景、使命、目标和目的。该战略计划确定了 S&T 将处理的 AI/ML 的重点领域，以履行其作为国土安全部各部门、国土安全部总部和国土安全企业的研发机构和科技顾问的使命。

三、简介

（一）国土安全部任务背景下的 AI/ML

国土安全部的任务包括：管理关键基础设施的网络和物理风险、在促进合法贸易和旅行的同时确保美国边境的安全，预防和调查犯罪活动，以及应对自然和人为的灾害。AI/ML 为国土安全部各部门和更广泛的国土安全企业更有效地完成许多不同任务提供了机会。在这些任务中可能使用 AI/ML 的例子包括：处理边境口岸的大量传感器数据、扫描网络活动的异常情况，以及模拟自然灾害对关键基础设施的影响。AI/ML 也引入了新的风险，国土安全部必须为识别、评估和缓解这些风险做好准备。国土安全部必须以保护隐私、民权和公民自由，以及防止偏见的方式开发和运用这种新技术，以确保其有效性并保持公众信任。国土安全部还必须准备好在问题发生时做出有效应对。

（二）科技任务背景下的 AI/ML

AI/ML 的使命是通过科学、技术和创新来应对未来的威胁和当前的需求，从而保障国家安全。根据 2002 年《国土安全法》的规定，S&T 开展与国土安全部和国土安全企业相关的基础和应用研究、开发、演示、测试和评估活动。S&T 的 AI/ML 战略计划与其 2021 年的战略计划中阐述的目标相吻合并得到支持。作为国土安全部的研究和开发部门，以及国土安全部各部门和国土安全企业利益相关者信赖的科技顾问，S&T 将开展研究，了解与快速变化的 AI/ML 技术相关的机会和风险以及其对国土安全部任务的影响。

S&T 将使国土安全部和更广泛的国土安全企业能够有效地利用 AI/ML 技术来执行其保护美国人民和国土的任务，同时按照道德标准和美国人民的价值观来操作。S&T 领导层致力于确保 AI/ML 的研究、开发、测试、评估和部门应用符合法律要求，保护个人隐私，并维护个人的公民权利和公民自由。

（三）S&T 的 AI/ML 技术愿景

S&T 是国土安全部在 AI/ML 技术方面值得信赖的顾问，与联邦、行业、学术界和国际伙伴合作，为关键国土安全任务 AI/ML 能力的研究、获取和实施提供专业、独立和客观的技术指导。S&T 预计 AI/ML 将在社会中日益普遍应用，包括对手使用 AI/ML 可能会对国土安全部和国土安全企业产生影响。此外，S&T 将为国土安全部各部门评估和获取 AI/ML 能力的可能性提供信息和助力。最后，S&T 拥有组织能力，能够了解 AI/ML 领域快速变化的机会和风险，以推进国土安全部的任务实施。

（四）AI/ML 的定义

人工智能（AI）指基于机器的自动化技术，至少具有一定的自我管理能力，能够针对人类定义的特定目标，对现实或虚拟环境做出预测、建议或决定（国土安全部人工智能战略，2020 年 12 月 3 日）。

机器学习（ML）是人工智能的一个子集。ML 系统以训练数据的形式接收输入，然后生成输出的规则。换句话说，ML 系统从以训练数据的形式提供的示例中"学习"，而不是从人类那里接受明确的编程。近年来，超大数据集的可用性不断提高，可用计算能力不断发展，其他技术不断进步，使得 ML 在各种应用中都非常有用，发展前景广阔。

随着 AI/ML 技术的发展，国土安全部必须不断评估与其使用相关的机会和风险，以确保国土安全部能够有效利用新兴技术来完成其任务。国土安全部将确保 AI/ML 的使用符合道德标准，并可促进和保护美国的利益。S&T 将向国土安全部各部门和合作伙伴提供关于有效预防、阻止或应对威胁的实践状态的建议。

（五）战略制定过程

S&T 的 AI/ML 战略工作组于 2020 年夏季召开会议，该会议由技术中心部门领导，成员包括来自整个科技部门的矩阵成员，目的是确定研究和开发活动的核心领域并确定其范围，以便为 S&T 的项目领域以及受这种破坏性技术影响的部门活动提供信息、培训和改进措施。其评估是在国家指导、国土安全部政策和国土安全部各部门联动的基础上进行的，以协调和关注 S&T 的 AI/ML

当前和未来活动。

2020 年 10 月和 11 月，来自国土安全部的运营商、项目经理、技术人员、高级领导和决策者举行了一系列研讨会，提出了以下目标。S&T 的目标与国土安全部人工智能战略中概述的目标一致，并明确了 AI/ML 中的科学技术研究和开发重点。

四、价值观和原则

S&T 的 AI/ML 战略计划与国土安全部人工智能战略以及总体指导原则保持一致，并明确了 S&T 将如何应对和支持新兴 AI/ML 技术给国土安全部带来的研发挑战和机遇。

S&T 以行政命令"保持美国在人工智能领域的领导地位"（2019 年 2 月 11 日）和行政命令"促进在联邦政府中推广使用可信人工智能"（2020 年 12 月 3 日）以及美国国家科学技术研究所的报告《美国在人工智能领域的领导地位：联邦政府参与开发技术标准和相关工具的计划》（2019 年 8 月 9 日）中规定的原则为指导。此外，S&T 按照经济合作与发展组织成员国提出并由二十国集团通过的人工智能原则行事。

这些原则将为后续 S&T 的 AI/ML 实施计划的制定提供参考，该计划描述了实现 AI/ML 战略计划中概述的目标、目的和成果的路线图及治理方法。

五、目标

国土安全部的人工智能战略（2020 年 12 月 3 日）提出了 5 个目标，以指导该部以负责任和值得信赖的方式将人工智能纳入国土安全部的任务，并成功地减轻与整个国土安全企业（HSE）的人工智能相关的风险。国土安全部的人工智能目标如图 4-1 所示。

国土安全部的人工智能目标				
1. 评估人工智能对国土安全企业的潜力	2. 投资国土安全部人工智能的能力	3. 减轻人工智能对于国土安全部和国土的风险	4. 发展国土安全部人工智能人才队伍	5. 提高公众的信任度和参与度

图 4-1　国土安全部的人工智能目标

除了与国土安全部和国土安全企业的努力保持一致外，S&T将继续与机构、学术界、工业界和国际伙伴合作，为国土安全企业的任务和挑战提供循证指导。S&T制定了3个战略目标，以提升其在国土安全部AI/ML中的作用，如图4-2所示。

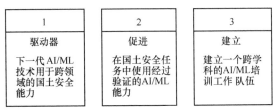

图4-2　S&T的AI/ML战略目标

（一）长远目标1：推动下一代AI/ML技术满足跨领域的国土安全需求

S&T与学术界、工业界、州和地方伙伴合作进行研究投资，利用AI/ML技术的突破来满足国土安全需求。S&T的战略目标1与国土安全部人工智能战略目标2相一致：投资国土安全部人工智能能力。在AI/ML领域，S&T投资的优先领域是推进可信赖的AI、人机协作和安全的网络基础设施。这些优先领域是由S&T的AI/ML工作组根据现有和预测的S&T和国土安全部各部门需求的一致性制定和验证的。

1. 目标1A：推进可信赖的人工智能

推进可信赖的人工智能是一个广泛的研究领域，主要研究如何确保AI/ML系统的可信度。出于以下多种原因，这一研究领域对于国土安全部和国土安全企业来说是至关重要的。

- 使国土安全部领导和管理人员能够根据技术和任务指标，以及适用的法律和政策要求，有效地评估AI/ML系统的性能。
- 为做出关键决定的操作人员提供适当的信任和信心，使其对任何纳入其任务的AI/ML系统有信心。
- 激发公众对国土安全部部署的AI/ML系统的信任。
- 这一研究领域涉及的问题不仅是技术性的，而且是多方面的，需要进行社会科学，以及政策、法律、隐私、民权和公民自由以及伦理学研究，从而制定治理方法，进而在国土安全部、国土安全企业和更广泛的社会中建立信任。

1A.i：推进可解释的人工智能

S&T 将通过投资、合作和知识共享，支持可解释的人工智能的研究，使在国土安全部和国土安全企业环境中负责任、可信地实施人工智能成为可能，并为受国土安全部活动影响的、依赖 AI/ML 工具的个人提供法律和行政流程。有效使用 AI/ML 需要对系统的工作原理进行解释，这些解释对于国土安全部的利益相关者来说是可以理解和有意义的。这就需要对如何有效地审计 AI/ML 系统进行技术研究，以了解它是如何实现其输出的。研究人类如何理解和解释这些解释性说法也是必要的。这包括确保将技术审计纳入社会、行为和道德考虑，以及满足国土安全部和国土安全企业业务的法律、政策和隐私要求，并确保相关解释对国土安全部和国土安全企业的人员有用且有意义。

1A.ii：在人工智能的功能中建立隐私保护机制

许多 AI/ML 模型是基于大量数据进行训练和处理的。研究隐私保护的新方法可以确保数据的收集、使用、维护和传播符合隐私法律、法规和国土安全部的政策，同时能够保持公众的信任。S&T 的研究将包括政策、业务规则和创新的隐私增强如何才能最好地确保 AI/ML 功能的隐私。S&T 还将研究新的隐私增强和保护措施，以及如何训练 AI/ML 模型以保护个人隐私的方式处理数据。

1A.iii：提高 AI/ML 模型检测和对抗偏差的能力

AI/ML 模型是在可能具有或引入偏差形式的数据集上训练的，这些偏差可以被机器过程复制或放大。这可能包括以不符合宪法和法律保障平等的方式对待个人，或在某些情况下放大或加剧系统性的社会偏见，并产生不同的影响。这可能会对这些群体造成不利的或不允许的后果，这与国土安全部和国土安全企业的核心价值和使命（保护美国人民并维护他们的价值观）是矛盾的。因此，了解不被允许的偏差是如何产生的，并在其被纳入 AI/ML 解决方案之前检测它们，是 S&T 将开展的跨学科研究的关键途径。

1A.iv：确保对 AI/ML 能力的信任

这一方向符合国土安全部人工智能战略目标 5：提高公众的信任度和参与度。对于那些与 AI/ML 系统交互或受 AI/ML 系统影响的人来说，拥有适当级别的信任是很重要的。如果公众对国土安全部和国土安全企业使用的 AI/ML 缺乏信心，则其使用可能会破坏公众信任，并成为国土安全部执行任务的障碍。S&T将开展跨学科研究，以评估公众如何看待国土安全应用中的AI/ML，以及探究哪些方法和途径可以最好地建立公众信任。S&T认为这种研究有助于确保国土安全部和国土安全企业以符合社区价值和利益的方式开发和使用AI/ML。此外，S&T将确定和利用最佳做法，包括行业的最佳做法，以确保AI/ML的潜在实施符合技术和道德标准。如果国土安全部没有将技术和道德上合理的技术纳入其任务，随着行业发展和对手的进步，国土安全部的各部门和国土安全企业的有效性可能会下降，这将对公众认知产生负面影响。

1A.v：机器学习的对抗性使用

虽然AI/ML可以带来巨大的好处，但它也创造了独特的攻击载体。一个AI/ML模型的世界根植于其训练数据。如果这些数据被破坏，AI/ML模型就会被训练成导致负面结果的样子。另外，对手也可能识别训练数据的局限性，并加以利用。此外，AI/ML模型也可能被攻击、偷窃或修改。了解、预防和对抗性机器学习的研究对于为国土安全部和国土安全企业开发值得信赖的人工智能至关重要。

2.目标1B：推进人机协作

这一目标研究人类和AI/ML如何能够最有效地合作，以执行国土安全部和国土安全企业的任务。AI/ML就像人类一样有非常明显的优势和劣势。了解AI/ML如何能最有效地辅助人类的决策对于最大限度地发挥AI/ML对国土安全部和国土安全企业的潜在好处至关重要。这一领域的研究是跨学科的，需要将技术研究与社会科学相融合。

1B.i：优化"人在环"架构

鉴于国土安全部各部门和国土安全企业业务的敏感性以及AI/ML的局限性，构建能够充分调动人类能力的系统，以获得人类认知和计算处理的最佳效果是一个关键的优先事项。S&T将在这一领域已有广泛研究的基础上，开发满足国土安全部任务需要的解决方案。

1B.ii：实现用户和异质结构之间的协作

随着物联网和边缘计算的出现，社会中的传感器、程序和数据的爆炸性增长为国土安全部各部门和国土安全企业在一系列危机和常见情况下使用数据创造了新的机会。但是这些数据可能存储于不同的架构中。为了利用这些数据，S&T将开展研究，以开发能够实时跨多种架构进行操作的AI/ML技术。

3. 目标 1C：利用 AI/ML 促进安全的网络基础设施建设

网络基础设施"由计算系统、数据存储系统、先进的仪器和数据存储库、可视化环境和人员组成，所有这些都通过软件和高性能网络联系在一起，以提高研究生产率，实现其他方式无法实现的突破"。网络基础设施是关键基础设施部门的基础，确保其安全性是国土安全部的一项任务。实现网络基础设施的技术革命也是 AI/ML 的基础。考虑到网络基础设施的速度、规模和计算密集型需求，AI/ML 是保证其安全的一个重要工具。

1C.i：描述有效模型生命周期

S&T 将研究 AI/ML 模型的有效性，包括如何最好地使其保持最新版本，以便提出建议，并告知利益相关者如何在整个生命周期内有效地管理 AI/ML 模型。

1C.ii：启用威胁快速检测和响应

鉴于网络威胁出现、传播和演变的速度越来越快，严格依赖人类的认知是不足以实时处理这些威胁的。S&T 将研究、开发、测试和评估 AI/ML 能力，以实时识别和跟踪新出现的网络威胁。

1C.iii：启用实时和安全的共享计算

由于分析网络威胁和保护网络基础设施的许多数据和系统具有敏感性，例如安全分类、PII 或专有信息，S&T 将研究允许跨系统共享和处理数据的技术能力，同时确保授权访问和使用数据而不暴露敏感信息。

4. 目标 1：成果

目标 1 在满足国土安全部需求方面取得进展的具体成果如下。

（1）有效的模型性能

有效的模型性能依赖于精心策划的数据集。在大多数情况下，S&T 将努力使用真实的业务数据来训练 AI/ML 模型，并验证和核实模型性能。然而，对于某些特定的国土安全任务，收集足够的数据来训练 AI/ML 模型是不可行的。在这些有限的情况下，需要在合成数据上训练准确、可靠的模型。开发、测试和评估使用精心策划的数据集构建的模型将推动下一代 AI/ML 技术的发展。

（2）缓解逆向工程的安全机制

理解、预防和打击对抗性机器学习需要对 AI/ML 系统的威胁和漏洞进行定性研究。降低风险的安全机制将是对抗性机器学习的一个关键指标。这一成果与国土安全部人工智能战略目标 3（减轻人工智能对国土安全部和国土的风险）相一致。

（3）人类的关注点转移到认知性的任务上

AI/ML的一个承诺是将人类从死记硬背的任务中解放出来，从而使人们能够专注于依赖人类判断的更复杂的任务。如果实施得当，AI/ML具有在各种环境中增强人类智能的潜力，在这些环境中，目前由人类分析师和操作员执行特征良好的机械任务。在国土安全部的特定应用中，为人机协作制定性能指标是一项重要成果，其有助于有效地进行开发、测试和评估。

（4）了解自动化系统风险的有效指标

无论是确定AI/ML系统的隐私风险，还是明确其在检测威胁方面可能出现的潜在错误，都需要对这些风险进行系统的衡量，以确定该系统是否满足要求。

（二）长远目标2：促进在国土安全任务中使用经过验证的AI/ML能力

该目标支持国土安全部人工智能战略目标1（评估人工智能对国土安全企业的潜在影响），以及国土安全部人工智能战略目标2（投资国土安全部人工智能能力）。S&T使国土安全部各部门和国土安全企业合作伙伴能够在近期内评估并采用AI/ML。S&T将与各部门合作，了解各部门的需求，然后根据这些需求进行AI/ML研究。S&T的作用包括确定当前可以支持国土安全企业任务的技术，支持各部门培养采用AI/ML的能力，制定测试和安全标准，并就恶意或破坏性使用AI/ML的影响向国土安全企业提供建议。

1.目标2A：识别、评估和转换国土安全部各部门和国土安全企业任务的现有AI/ML能力

2A.i：开发或采用经过验证的AI/ML能力，以满足各部门的需求

在与各部门的协调下，S&T将努力了解各部门的需求和能力，以及AI/ML系统运作的政策和任务背景，以使S&T的研究和开发符合能力需求。

2A.ii：识别、评估和转换能力，并告知利益相关者

如果AI/ML能力发展成熟，国土安全部必须做好准备，以评估AI/ML的技术性能和潜在影响。考虑到各部门或合作伙伴及其操作员的分析成熟度，该过程包括将正确的技术与适当的任务相匹配。这个过程不仅是技术性的。要使国土安全部各部门和国土安全企业采用AI/ML，需要利用S&T的全部能力，包括社会科学、系统工程、测试和评估、人为因素和组织分析。即使某项能力在技术上是稳健的，确定其是否符合使用环境要求、最终用户需求以及其他战略和战术考虑要求也是一个需要具备不同领域专业知识的人参与和判断的过程。

2A.iii：进行试点研究

S&T将对有前景的技术进行试点研究，以便快速试验AI/ML系统，为国土安全部各部门提供支持。此类试点研究将使S&T能够告知利益相关者现有能力的功能，并有可能使可行的产品满足国土安全部各部门的任务需求。

2.目标2B：在国土安全部各部门和国土安全企业中启用AI/ML

S&T旨在通过识别、评估、推荐工具和能力使各部门和合作伙伴更好地理解AI/ML解决方案如何应对任务挑战，实现国土安全企业各个层面的创新。这一目标需要一系列的技术投资，同时支持各部门的组织学习。

2B.i：指导各部门使用可访问的AI/ML工具

随着AI/ML的发展，非数据科学家能够使用的工具正在商业化。这些工具有助于在国土安全部和国土安全企业中实施AI/ML解决方案。S&T将向各部门提供指导，包括自助服务、数据清理和准备能力以及可访问的AI/ML工具。S&T还将告知利益相关者与可访问的AI/ML工具有关的潜在治理问题。

2B.ii：为各部门投资AI技术架构提供建议

S&T将作为国土安全部各部门投资AI架构的顾问，确保AI能够以最有效的方式满足各部门的需求，并确保各部门的架构选择不会妨碍企业级别的数据共享。

2B.iii：在国土安全部AI治理机构任职

要使组织成功采用技术，就需要进行有效的治理。国土安全部人工智能战略要求在国土安全部成立一个治理机构。S&T将代表这个治理机构，通过提供科学和技术指导发挥关键作用。在此背景下，AI治理可能在以下领域获得信息或帮助提供信息：政策、道德标准、数据管理、资源分配、保护隐私、公民权利和公民自由、记录管理和收购法规，并为国务院和高级领导提供他们需要的工具，以管理采用人工智能的企业级风险和收益。S&T还将提供AI/ML技术建议，支持合作伙伴和各部门机构开发自己的治理结构，以便在DHS和HSE中正确实施AI/ML。

2B.iv：指导各部门的自动化数据治理

访问和使用数据集通常需要大量的审批过程。商业上可用的或正在开发中的自动数据治理工具和功能可以加速审批过程，同时确保满足策略和记录管理需求。S&T将在自动化数据治理能力和机会方面进行试验并提供指导。自动化数据治理工具可以加快信息访问、共享和处理的速度，同时，更好地遵守隐私、公民权利和公民自由标准以及其他法律和政策要求。

2B.v：为限制恶意使用AI/ML提供建议和对策

S&T将为利益相关者提供关于AI/ML影响的建议。AI/ML的恶意使用以及AI/ML在整个社会的出现将对DHS各部门和HSE任务产生影响。AI/ML方面的专业知识可以帮助各部门和合作伙伴制定适当的前瞻性措施和应对措施。

3.目标2：成果

在重大的国土安全任务中提升最先进的AI/ML能力，意味着促进DHS各部门和利益相关者采用经过验证的AI/ML解决方案。有几个与此目标相关的成果，具体如下。

- 针对关键任务和行动的技术评估：S&T将提供专家意见，定期分析和评估现有技术的效用，以满足任务的关键需求。

- 影响DHS的业务流程：S&T将为把AI/ML引入现有的科技工作和业务流程以及建立利用AI/ML的新工作和业务流程提供指导。S&T将为DHS评估AI/ML对企业业务流程的潜在影响提供技术指导。

- 与各部门的联合实验：S&T将与各部门密切合作，进行实验并确定支持任务的解决方案，这将确保在引入创新时考虑适当的技术、组织和其他方面的因素。

- 跨DHS的信息灵通的AI/ML投资：科技部将生成知识产品，向各部门介绍最新的AI/ML工具、技术、技能。知识产品将使各部门在AI/ML方面进行明智的投资。这一成果也将支持DHS人工智能战略目标1.1（发展人工智能技术应用知识）和DHS科技AI/ML战略目标3B（使DHS的AI/ML能力更广泛）。

- 各部门使用科技采购指南：在整个采购过程中，S&T将为采购项目办公室提供支持，包括需求开发、流程分析、标准使用、系统工程和技术准备，并就最能满足各部门需求的AI/ML系统提供具体可行的建议。

- 通过实践社区吸引合作伙伴：为了在整个国土安全部采用AI/ML，需要将S&T纳入国土安全部的AI/ML专家和用户网络中，这些专家和用户经常进行交流，分享最佳实践和见解。S&T还需要被纳入总务管理局（GSA）的人工智能社区实践中。

- 外联和沟通指导：建立公众对AI/ML的信任，使AI/ML被适当使用，并与利益相关者进行有效的沟通，是在国土安全领域使用这项技术的必要条件。S&T将与总部的其他部门一起，发挥中心作用，就外联和通信问题向该部提供指导。

（三）长远目标 3：建立一支受过 AI/ML 培训的跨学科劳动力队伍

AI/ML 的使用需要熟悉和擅长使用该技术的员工。为了开展 AI/ML 研究，并为 DHS 和 HSE 提供 AI/ML 方面的建议，S&T 将建立一支具有一系列学科背景的 AI/ML 专家队伍，包括系统架构师、数据科学家、工程师和计算机科学家、社会科学家、隐私专家、伦理学家和政策分析师。S&T 支持 DHS 和 HSE 建立自己的 AI/ML 工作人员队伍。这一目标与国土安全部人工智能四大战略目标一致，与发展国土安全部人工智能劳动力，以及《2021 年科学技术战略计划》促进未来科学技术劳动力发展并保护当前安全的目标相一致。S&T 将提供 AI/ML 的培训和交流机会，并将在培训更广泛的国土安全部工作人员方面发挥作用，以促进工作人员更好地理解在国土安全部任务中使用 AI/ML 的机遇和挑战。

1. 目标 3A：建立 AI/ML 科技人才队伍

S&T 将培训和发展一支跨学科的人才队伍，与承包商、联邦资助的研究和发展中心（Federally Funded Research and Development Center，FFRDC）、国家实验室、北约合作网络防御卓越中心、实习生和研究员一起提升联邦人才队伍的专业知识水平。这需要更战略性地招募 AI/ML 人才，以及系统性地留住和培养人才。

3A.i：招聘

在竞争激烈的 AI/ML 人才市场，S&T 将致力于建立并稳定 AI/ML 人才输送渠道，以满足 S&T 和国土安全部的需求。建立这一渠道的机制之一是扩大国土安全部奖学金项目的范围，通过向教师、博士后、研究生和本科生提供直接接触国土安全挑战的独特机会，促进 AI/ML 人才的发展。另一个重要的招聘途径是利用 STEM 招聘权威专家。将 AI/ML 整合到人事管理办公室已确定和核准的工作系列中，以促进征聘和雇用工作的进展。

3A.ii：留住人才

S&T 将改善与政府服务沟通和传递价值主张的方式。S&T 将探索人才招聘机制，包括提供有竞争力的薪酬和机会，并应用现有的国土安全部专业激励计划和奖金招募 AI/ML 人才。为了留住 AI/ML 人才，S&T 必须确保技术能力和政策框架到位，让有才能的专家为 AI/ML 研究和开发活动做出贡献。

3A.iii：发展

S&T 会创造机会为专业高技能员工提供发展机会，包括职业道路发展机会、为 AI/ML 专家提供在科学技术领域寻求新挑战的机会、与其他机构承担活动并参与外部活动的机会等，使专业高技能员工能够跟上工业、学术界和非营利性部门的AI/ML发展步伐。

3A.iv：提高S&T员工的AI/ML能力

S&T将为员工提供培训机会，以快速提升员工的AI/ML技术熟练程度。

2. 目标3B：使DHS的AI/ML能力更广泛

为了让AI/ML在DHS中得到广泛应用，工作人员必须具备与技术进行交互的技能和知识，并具备与内外部的利益相关者进行有关技术讨论的能力。S&T将发挥核心作用，使国土安全部的工作人员能够更广泛地理解和利用AI/ML来履行其使命，同时遵守道德标准和13960号行政命令的原则。为此，S&T将与国土安全部首席人力资本官办公室（OCHCO）和人事管理办公室（OPM）合作，确定和开展培训活动，并制定评价技术专长的标准。

3B.i：培训国土安全部员工

从领导机构的高管到前线运营商，以及支持他们的一系列人员，国土安全部员工都需要熟悉AI/ML。有了基本的AI/ML知识水平，那些倾向使用该技术的人将能够创新，并得到使用AI/ML完成任务的新机会。S&T正在进行文化转变，开展培训，并确定将AI/ML纳入培训，满足国土安全部的劳动力需要。

3B.ii：协助国土安全部评估雇佣人员的技术专长

正如S&T需要扩大AI/ML专业人员的队伍一样，各部门也需要自己的专业人员队伍。确定一名潜在的雇员是否拥有适合某个职位的技术技能，对于确保关键职位的人员配备是至关重要的。S&T利用其在工业界和学术界的联系，可以帮助各部门评估候选人的技术专长，开发新的流程来评估、协调和改善部门的技术状况。S&T将与DHS、OCHCO和OPM合作，制定评估雇佣人员技术专长的标准。

3. 目标3：成果

S&T努力建立跨学科AI/ML培训劳动力的一个关键成果是吸引、发展和留住有才能的AI/ML专业人员。与构建AI/ML劳动力相关的还有其他几个成果，包括与人力资源、培训和实现S&T作为值得信赖的科技顾问的角色有关的成果，具体如下。

• 为全部门提供S&T技术专家：向国土安全部各部门提供有关AI/ML的专家建议，这表明S&T正在履行其在该部的职责，并在提供技术和科学建议方面保持良好的声誉。重要的是，S&T将继续向各部门提供有关

AI/ML 问题的帮助。

- 聘请专家：聘请专家将确保 S&T 能够继续履行其为能源部提供咨询的重要使命。
- 执行校外实习期项目：为了跟上快速变化的 AI/ML 的发展，需要定期开展学术界和工业界交流。AI/ML 校外实习项目将使 S&T 促进学术界和工业界的交流。
- 接待实习生：S&T 将继续接待有工程、计算机科学、数据科学、人工智能和机器学习背景的实习生。实习项目是将 AI/ML 人才带到科技领域的通道。
- 提供实习后的就业机会：S&T 鼓励 AI/ML 专业人员继续为公共服务做出贡献，将扩大人才通道为实习生提供继续参与国土安全主题活动的机会。
- 提供关于 AI/ML 培训的机会：S&T 将继续提供关于 AI/ML 应用和问题（包括技术、政策、伦理和社会层面）的全方位的研讨会和培训，研讨会和培训将涉及所有层次的知识和经验。

六、结论

S&T 的 AI/ML 战略计划提出了愿景、目标和结果，这些构成了应对 AI/ML 领域新出现的机遇和风险的 S&T 方法。对于复杂和快速发展的技术，如 AI/ML，建立一个强大的研发团队和经过 AI/ML 培训的跨学科劳动力队伍，以支持国土安全部的使命是至关重要的。随后的 S&T AI/ML 实施计划将详细说明如何实施 S&T 的 AI/ML 战略计划。

4.4　德国联邦政府《网络空间中的国际法适用讨论》①

一、引言

网络活动已成为国际关系的组成部分。跨境网络、技术和网络流程的广泛互联使不同国家的社会和个人更加紧密地团结在一起，并为国家和非国家行为

---

① 该立场文件是由德国外交部、国防部、内政部、建筑和社区部合作发布的。

者之间的合作开辟了新的机会。同时，国家和社会高度依赖于信息技术基础架构的功能，这产生了新的漏洞。在网络空间中，通常只需要有限的资源即可造成重大伤害，这对国家和社会构成了安全威胁。国家行为者和非国家行为者的有害跨界网络行动都可能危害国际稳定。

德国坚信，在处理与在国际范围内使用信息和通信技术有关的机会和风险时，国际法至关重要。作为以规则为基础的国际秩序的一个主要支柱，目前的国际法为各国使用和管制信息和通信技术及防范恶意网络行动提供了具有约束力的指导。特别是，《联合国宪章》在维护国际和平与安全方面以及在网络活动方面均履行核心职能。在此，德国重申对《联合国宪章》国际人道主义法等国际法毫无保留适用于网络空间的信念。

本文讨论了网络环境下某些国际法核心原则和规则的解释。德国的目的是为目前正在进行的关于在网络环境下适用国际法的方式的讨论做出贡献，这些讨论大多早于信息和通信技术的发展和兴起。该文件还打算在外交事务的一个重要方面促进透明度、可理解性和法律确定性。除其他情况外，本文的解释还考虑了联合国政府专家组关于"安全背景下信息和电信领域发展"的 2013 年和 2015 年报告。它们以适用的国际法为基础，并在很大程度上考虑《塔林手册 2.0》中记录的独立国际法专家的调查结果。

就本文而言，"网络过程"是指通过信息技术创建、存储、处理、更改或重定位数据的事件和事件序列。"网络基础架构"一词是指允许实施"网络流程"的所有类型的硬件和软件组件、系统和网络，其中包括"用于构建和运行信息系统的通信、存储和计算设备。""网络活动"是由网络基础架构用户发起的"网络过程"。"网络运营"一词更狭义地是指"利用网络能力在网络空间中或通过网络空间实现目标。"在上述意义上，"网络空间"本身在这里被理解为（至少部分互连）"网络基础设施"和"网络过程"的集合体。在本文中，形容词"恶意"在用于描述网络空间中的某些活动时，并不具有法律上的意义。

二、各国根据《联合国宪章》承担的义务

（一）主权

国家主权法律原则适用于国家在网络空间的活动。国家主权除其他外，指一国保留对在其领土上从事网络活动的人员和网络基础设施的监管、执行和裁决（管辖权）权利。它只受有关国际法规则的限制，包括国际人道主义法和国

际人权法。德国认识到，由于网络基础设施的高度跨境互联互通，一国行使管辖权可能会不可避免地对其他国家的网络基础设施产生直接影响。虽然这并不限制一国行使其管辖权的权利，但必须适当考虑可能对其他国家产生的不利影响。

根据主权含义，一个国家的政治独立受到保护，它保留自由选择其政治、社会、经济和文化制度的权利。一个国家一般可自由决定信息和通信技术在其政府、行政和审判程序中发挥何种作用。一个国家根据其主权，也可以自由决定其在信息和通信技术领域的外交政策。

此外，国家的领土主权受到保护。由于所有网络活动的本质都是人类利用实体基础设施的行动，网络空间不是一个非领土化的论坛。在这方面，德国强调，不存在与国家物理边界不一致的独立"网络边界"，从而限制或忽视其主权的领土范围。在其境内，一个国家拥有在国际法框架内充分行使其权力的专属权利，其中包括保护一国境内的网络活动、从事网络活动的人员以及网络基础设施，免受可归因于外国的网络和非网络活动相关干扰。

作为领土主权规则赋予各国权利的必然结果，各国有义务"不允许明知将其领土用于违反他国权利的行为"——这通常适用于国家和非国家行为者。"尽职调查原则"在国际法中得到广泛认可，也适用于网络环境，因为网络系统和基础设施之间具有巨大互联性，所以该原则具有特别的相关性。

德国同意这样的观点，即侵犯另一国主权的网络操作违反国际法。在这方面，国家主权本身就构成法律规范，并且在不适用国家行为的更具体规则（例如禁止干预或使用武力）的情况下，也可以直接作为一般规范适用。侵犯国家主权的行为也可能涉及领土范围，就此而言，下列案件类别可能与此相关（不排除其他情况的可能性）。

德国基本上同意《塔林手册 2.0》中提出的观点，认为一般情况下，如果一国的网络行动在另一国领土上造成了实际影响和伤害，则构成对该国领土主权的侵犯。这包括对网络基础设施组件本身的物理损坏，以及此类损坏对人员或其他基础设施（即与损坏的网络组件或位于损坏的网络基础架构附近的基础架构相连的网络或模拟基础架构组件）的物理影响。

德国总体上也同意《塔林手册 2.0》中表达和讨论的观点，即对一国领土内的网络基础设施造成的某些功能损害可能构成对该国领土主权的侵犯。德国认为，这也可能适用于某些重大的非物理（即与软件相关的）功能障碍。在这种情况下，有必要对个案的所有相关情况进行评估。如果功能障碍在目标国领土上造成实质性的直接或间接物理影响（并且可以建立与网络运营的充分因果联系），则极有可能侵犯了目标国的领土主权。

在任何情况下，低于某一影响阈值的可忽略的物理影响和功能损害不能被视为对领土主权的侵犯。

一般来说，一个国家领土上的关键基础设施（即在确保国家及其社会运作方面发挥不可或缺作用的基础设施）或具有特殊公共利益的公司受到影响，可能表明这个国家的领土主权受到了侵犯。此外，不符合"关键"或"特殊公共利益"条件的基础设施或公司受到影响的网络运营同样可能侵犯一国的领土主权。

（二）禁止非法干预

《联合国宪章》没有明确提到禁止国家间的非法干预。但是，它是主权原则的必然结果，这可以从第二条第四款中衍生出来。《联合国宪章》以习惯国际法为基础。一般来说，要使可归责于国家的行为符合不法干预的条件，该行为必须：干涉外国的领地服务；涉及胁迫。尤其是后者的定义需要在网络环境下进一步澄清。

国际法院（International Court of Justice，ICJ）在尼加拉瓜的判决（《尼加拉瓜境内和针对尼加拉瓜的军事和准军事活动》）中认为，"胁迫要素"定义并确实构成了禁止干预的实质，在使用武力的干预措施中尤为明显，要么以直接的军事行动展现，要么以间接形式支持另一国境内的颠覆或恐怖武装活动。恶意网络活动仅在某些情况下等于直接或间接使用武力。总体而言，德国认为，如果网络措施的规模和效果与非网络环境下的胁迫具有可比性，则该网络措施可能构成国际法禁止的干预措施。

胁迫意味着一国在与其内政相关的方面受到重大影响或阻挠，其意志明显受到外国行为的影响。然而，正如人们普遍接受的那样，不能过早地假定强制的因素，甚至更严厉的交流形式，如尖锐的评论和尖锐的批评以及（持续的）企图通过讨论从另一国获得某种反应或采取某种措施，都不属于胁迫。此外，行动国必须有意干涉目标国的内政，否则不干涉原则的范围将过于广泛。

在不当干预的情况下，通过恶意网络活动对外国选举产生干扰的问题变得尤为严重。德国大体上同意以下观点：针对外国选举的恶意网络活动可能单独或作为涉及网络和非网络策略的更广泛运动的一部分，构成不当干预。例如，可以想象，一个国家可以通过互联网传播虚假信息，故意在外国煽动暴力政治动荡、骚乱或内乱，从而严重阻碍选举的进行和投票的进行。此类活动的规模和效果可与叛乱分子的支持相媲美，因此可能类似于上述意义上的胁迫。有必要对个案进行详细评估。

同样，恶意网络活动导致选举基础设施和技术（例如电子投票等）失效可能构成被禁止的干预，特别是如果这种行为损害甚至妨碍了选举的举行，或者选举结果因此被大幅度修改。

除了上述例子外，还可能有网络选举活动针对国家的政治制度，并导致目标国家的政治制度发生实质性、永久性改变，在规模和效果上都可以与胁迫相媲美，即大大削弱公众对一国政治机关和政治进程的信任，严重阻碍重要国家机关履行职责或者劝阻重要公民群体参加选举，破坏选举的意义。由于这种情况的复杂性，很难制定抽象的标准。这方面的讨论仍在进行中。

（三）禁止使用武力

到目前为止，绝大多数恶意网络行动不属于"武力"的范畴。然而，网络行动在极端情况下可能属于禁止使用武力的范围，因此构成违反《联合国宪章》第二条第四款的行为。

国际法院（ICJ）在其核武器意见书中指出，《联合国宪章》条款"适用于任何使用武力的行为，不论使用何种武器。"德国同意这样的观点，即关于"使用武力"的定义，需要强调的是效果，而不是所用的手段。

网络行动可以越过门槛使用武力，并在两方面造成重大损害。第一，它们可以是更广泛的动能攻击的一部分。在这种情况下，它们是明显涉及使用武力的更广泛行动的一个组成部分，可以在审查更广泛的事件时加以评估。第二，在动能军事行动的大背景之外，网络行动本身就可能造成严重伤害，并可能造成大规模人员伤亡。

关于后一种情况，德国赞同《塔林手册 2.0》所表达的观点：类似于国际法院（ICJ）对尼加拉瓜的判决（《尼加拉瓜境内和针对尼加拉瓜的军事和准军事活动》），在网络行动中使用武力的门槛是由这种网络行动的规模和影响来界定的。当网络行动的规模和效果与传统的动能使用武力相当时，就构成了对《联合国宪章》第二条第四款的破坏。

认定网络行动已跨过禁止使用武力的门槛是一项根据具体情况做出的决定。在评估行动规模和效果的基础上，必须考虑到更广泛的情况背景和恶意网络行动的重要性。可能在评估中发挥作用的定性标准包括干扰的严重程度、影响的直接性、入侵外国网络基础设施的程度以及恶意网络行动的组织和协调程度。

三、国家在国际人道主义法下的义务

（一）国际人道主义法在网络环境中的适用性

德国重申其观点，即国际人道主义法（IHL）适用于武装冲突中的网络活动。在起草国际人道主义法核心条约时，网络空间作为一个战争领域是未知的，这一事实并不能使网络空间的敌对行为免于适用国际恐怖主义法。至于任何其他军事行动，国际人道主义法适用于在武装冲突背景下进行的网络行动，无论战争法认为该行动是否合法，国际人道主义法都不应受到影响。

国际武装冲突是在具体情况下适用国际人道法的主要前提，其特征是国家之间的武装敌对行动。这也可能包含使用网络手段作为部分或全部进行的敌对行动。德国认为，具有足够程度、持续时间或强度（而不是有限影响的行为）的具有非国际性质的网络操作（例如针对一个国家的武装团体的网络操作）可以被视为非国际性武装冲突（一般而言，非国际性武装冲突的特征是"政府机构与有组织的武装团体之间或一国内部此类团体之间的旷日持久的武装暴力"），从而也触发了人道法的应用。

同时，网络行动可能会成为正在进行的武装冲突的一部分。为了落入国际人道法的范围，网络作战必须与武装冲突有足够的联系，即网络作战必须由冲突的一方针对其对手进行，并且必须为其军事力量做出贡献。

非国家行为者与一个国家之间的网络操作可能会引发非国际性武装冲突。但是，由于敌对行动的强度、影响程度，这种情况很少出现。因此，诸如大规模入侵外国网络系统、大量数据被盗、互联网服务被封锁以及政府渠道或网站被破坏等活动通常不会单独发生并带来非国际性武装冲突。

（二）国际人道主义法的基本原则是在武装冲突中限制对网络运营的追索权

管制敌对行为（包括通过网络手段进行的敌对行为）的基本原则（如区别、相称性、攻击防范和禁止不必要的痛苦和多余伤害的原则）适用于国际和非国际武装部队中的网络攻击冲突。

德国在国际人道主义法（IHL）的范围内将网络攻击定义为在网络空间之内或通过网络空间发起的，对通信、信息或其他电子系统，以及在这些系统或物理对象上存储、处理或传输的信息造成有害影响的行为或行动或人，不需要发生与常规武器作用相当的物理损坏、人身伤亡或物体损坏及破坏。但是，仅入侵国外网络和复制数据并不构成国际人道主义法（IHL）中指明的攻击。

1. 禁止不加区别的攻击和网络行动

区分原则迫使各国一方面区分军事和民用物体，又区分平民，另一方面使战斗人员、有组织武装团体的成员与直接参加敌对行动的平民区别开来。虽然国际人道法没有禁止对后者的袭击，但必须避免袭击平民（不直接参加敌对行动）和平民物品。

在满足以下条件的情况下，在网络空间工作的平民可以被视为直接参与敌对行动，从而失去保护免受攻击和敌对行动的影响：他们的行为可能会对军事行动或军事能力产生不利影响，其行为与不利影响之间存在直接的因果关系，这些行为是专门为伤害一方而设计的，以支持一方参加武装冲突并对另一方产生不利影响（交战联系）。因此，德国同意以下观点：如果存在"通过军事网络攻击或计算机网络开发对军事计算机网络进行电子干扰，以及窃听对手的高级指挥或战术手段等针对攻击的针对性信息"的情况，就足以将平民视为直接参与敌对行动。

按照相同的逻辑，如果将民用物体用于民用和军事目的，或者将其专门用于军事目的，例如计算机、计算机网络和网络基础设施，甚至数据存储库，那么其都可以成为军事目标。但是，在有疑问的情况下，只有经过仔细评估，才能确定实际上已使用民用计算机对军事行动做出了有效贡献。如果对所审议物体的军事用途仍存有实质性怀疑，应认为该物体没有被用于军事目的。

应用区分原则的基准是由网络攻击造成的影响，而不管它是在进攻性环境还是在防御性环境中实施的。因此，按照国际人道法的要求，旨在不受控制地传播其有害影响的计算机病毒无法正确地区分军事和民用计算机系统，因此，禁止将其作为滥杀滥伤工具来使用。相反，恶意软件可以广泛传播到民用系统中，但只破坏特定的军事目标，这并不违反区分原则。鉴于网络攻击的复杂性，全面评估网络攻击的性质和影响的可能性有限，并且其对民用系统造成影响的可能性很高，在整个任务计划过程中，借助适当的专业知识来评估潜在的不分青红皂白的影响对德国至关重要。

根据国际人道法，如果对军事目标的网络攻击可能造成平民伤亡、民用物品损坏或两者都有的情况，且与具体和直接的武力优势相比，这种附带影响过大，则禁止针对该军事目标进行网络攻击。如果网络攻击是与其他形式的军事行动一起执行的，则必须从整体上考虑攻击的军事优势和附带损害。

与传统的物理手段或战争方法相比，在网络攻击运作中按比例分析评估附带损失、附带伤害或生命损失可能更加困难。然而，这并不能使那些计划和协调攻击的人忽略其可预见的直接和间接影响。

2.在策划和实施网络攻击时采取预防措施的义务

禁止不分青红皂白地进行网络攻击的必然结果是，行为方有义务在涉及网络运营的敌对行动中，时刻注意保护平民和民用物体免受伤害。

计划、批准或实施攻击的人必须在选择手段和方法时采取一切可行的预防措施，以避免伤害或在任何情况下将平民生命的偶然损失、对平民的伤害和对民用物品的损害降到最低，预防措施包括通过映射或其他过程在有关网络上收集情报，以评估攻击的可能影响。另外，可以考虑停用机制或网络工具的特定配置，以限制对预期目标的影响。此外，如果很明显，目标不是军事目标或受到特殊保护，则计划、批准或执行网络攻击的人员必须避免执行攻击或中止攻击。当预期攻击会给平民和民用物品造成过多的附带损害时，该义务同样适用。

对攻击采取预防措施的义务与对任何新的网络战争手段或方法进行武器审查以确定其是否在某些情况下或在所有情况下都被国际法禁止使用的义务相辅相成。武器审查确定了在特定情况下使用手段和方法的法律限制，应作为运作规划的基础。但是，网络战中使用的手段和方法通常是针对其目标量身定制的，因为它们通常涉及利用特定目标和操作环境的漏洞。这意味着手段的发展或方法的采用通常与具体行动的计划相吻合。因此，在攻击中采取预防措施的义务和进行法律审查的要求仍然是单独的要求，但在本质上可能会重叠。

四、各国的应对办法

（一）归因

作为促使国家对不法行为负责并记录违反网络空间规范行为的一部分，对网络事件进行归因至关重要。这也是某些类型的操作的先决条件。关于根据国际法将某些行为归于国家的规定，德国在不违反特别法规定的情况下，也将有关国家责任的习惯法规则应用于网络空间中的行为。此外，国家机关进行的网络业务应归于所涉国家。对于受一国法律授权行使政府权力并在特定情况下以其身份行事的个人或实体，情况也是如此。不排除归因，因为这种以官方身份行事的机关、个人或实体超出其职权或违反指示——越权进行的网络操作也应归于有关国家。当仅有一部分操作越权时，会减少归责。

一般而言，一个国家（行为国）（远程）使用位于另一个国家（论坛国）领土内的网络基础设施实施恶意网络行动，并不会导致行为国的行为归责于论坛国。然而，在某些情况下，论坛国可能会因不同的理由承担责任，例如，如果其对另一国恶意使用其网络基础设施的行为符合援助或协助条件。此外，如果论坛国主动且知情地向行为国提供网络基础设施访问，从而为恶意网络行动提供便利，则这种情况将适用本协议。

此外，根据一国指示或控制行事的非国家行为者所进行的网络行动可归因于该国。同样的原则也适用于现实世界：如果一个国家为了不法行为而求助于私人行为者，私人行为者的行为通常归因于国家。各国应承认，它们应对在其控制下行动的代理人的行动负责。国家必须对非国家行为者实施的特定网络行动或一系列网络行动拥有控制权。尽管此类控制的充分程度或强度是必要的，但不要求国家对网络行动的所有细节（特别是技术性的细节）有详细了解或施加影响。要建立一个属性联系，就必须对个别情况进行全面的评估。

除上述归因和援助的情况外，如果一国未能遵守其"尽职调查"原则所产生的义务，根据国际法，该国也可能对另一国或非国家行为者的行为承担责任。

适用有关国家责任的国际规则，从而根据国际法将恶意网络行动正式归咎于国家的行为，首先是国家的特权；但是，在这方面与伙伴进行国际合作和交换资料可能是极为重要的。在实践中，在网络行动的背景下，确定可用于做出归因决定的事实特别值得关注，因为恶意网络行动的执行者可能比动态行动的执行者更难追踪。与此同时，需要有足够的信心来确定错误行为的归属。收集有关事件或运动的相关信息可能涉及数据取证、开源研究、人类情报和依赖其他来源的过程，包括在适用的情况下，由独立可信的非国家行为者提供的信息和评估。生成必要的背景知识，评估可疑行为人实施恶意网络行动的动机，以及权衡关于某个恶意网络行为的始作俑者的其他解释的合理性，同样也是该过程的一部分。应考虑所有相关信息。

德国同意：按照目前的立场，根据国际法，一般没有义务公布关于归因的决定，并提供归因所依据的详细证据供公众审查。如果采取了应对措施，这通常也适用。在某一特定情况下，任何此类公布都是基于政治考虑的，并不是因为国际法规定的法律义务。此外，决定一项公开行为归属的时机也属于国家的政治自由裁量权范围。然而，德国支持联合国政府专家组 2015 年报告的立场，即对一个国家的网络相关不当行为的指控应得到证实。各国应提供资料和推理，并在情况允许的情况下，设法与有关国家沟通和合作，澄清所提出的指控。这可以提高归因决定和采取应对措施的透明度、合法性和普遍接受性。

在国家责任范围内的归因必须与政治上将某一事件的责任指定给国家或非国家行为者区分开来：一般来说，这种声明是由每个国家酌情做出的，是构成国家主权的一种表现。在与伙伴合作的情况下，可能会发生政治指定责任的行为。关于法律意义上的归因问题，涉及归因行为的国家法（法院）诉讼的结果，例如在某些公职人员或非国家行为者的刑事责任方面，可以作为确定国家责任过程中的指标。但是，应当谨记的是，国际法的归因标准不一定与国内法的标准相一致，其他的或具体的标准在为个别归因的行为确定国家责任时具有相关性。此外，对欧盟网络制裁制度下的自然人或法人、实体或机构采取有针对性的限制措施并不意味着德国在法律意义上将行为归为国家。

（二）应对措施

1.报复行为

一国可以采取补救措施，以对抗针对其的网络行动；扭转针对另一国利益的不友好行为，但又不违反国际法对该国所承担的义务。反制主要植根于政治领域，因此不受像反措施等其他类型那样严格的法律的限制。

可以采取补救措施来对抗另一个国家实施的不友好的网络行动。同样，如果由于法律原因（例如，在反措施不成比例的情况下）无法采取更密集的反应类型（如反措施、自卫），或在政治上不可行，补救措施也可能被用于应对非法的网络操作。此外，它们可能被作为对非法网络行动的反应，与其他类型的反应相结合，如对抗措施，作为国家针对恶意网络活动的综合、多管齐下反应的一部分。

2.对策

反措施法允许一个国家在某些情况下对与网络有关的另一国家违反其所负义务的行为做出反应，其采取的措施本身就侵犯了它对另一国家所负的法律义务。如果符合某些法律条件，这些措施就不构成国际法规定的不法行为。德国同意，网络相关和非网络相关的违反国际义务的行为都可以通过网络和非网络对策来应对。

关于反措施的局限性，德国认为，一般而言，与非网络相关情况适用相同的条件：特别是，只能针对对国际不法行为负有责任的国家采取反措施，以便促使该国履行因其责任引起的义务（特别是停止不法行为）。

网络基础设施不仅在不同国家之间而且在国家内部社会的不同机构和社会阶层之间具有多重且紧密的联系，因此，网络对策特别容易产生有害的甚至非法的副作用。在这种背景下，各国在检查是否满足适用于网络反措施的限制标准时，必须特别彻底和谨慎。

一国可（仅少量）进行网络侦察措施，以探索应对措施，并评估此类措施满足对策要求的潜在副作用。

3. 根据需要采取的措施

如果一个国家是出于必要采取行动，则该国违反其国际义务的网络行动的不法性可以通过例外排除。这意味着一国在某些情况下，可以通过采取部分行动来打击恶意网络操作，即使在某些不满足对策或自卫先决条件的情况下，也要进行积极的反击行动。

关于国家责任的条款草案反映了这方面的习惯法，要求该行为必须是"国家维护根本利益免受严重和迫在眉睫的危险的唯一途径"。"利益"是否为"必要"取决于实际情况。德国认为，在网络环境中，"基本利益"的影响尤其可以参考恶意网络操作实际或潜在针对的基础设施类型以及该基础设施作为一个整体对国家的重要性进行解释。如，对某些关键基础设施的保护可能属于"基本利益"的范畴。同样，它可能是根据外国网络操作的后果实际或潜在引起的损害类型来确定的。例如，保护公民免受严重的人身伤害是每个国家的"根本利益"，而不管关键基础设施是否针对目标。然而，鉴于必要性论证的特殊性，绝对不能过早地假定"根本利益"。

个案评估是必要的，以确定一个危险是否"严重"。"基本利益"对于一个国家的基本运作越重要，"严重"标准的门槛就应该越低。德国同意，"严重危险"并不以身体伤害的发生为前提，它可能是由大规模功能障碍引起的。

一个国家在面临网络威胁时，不是必须评估总体和最终的潜在损害才能援引必要性标准。当网络措施的起源尚未确定时，也可能援引必要性标准；然而，各国应始终努力澄清归因和（国家）责任，以便能够证明其行动理由。

4. 自卫

如果发生武装袭击，《联合国宪章》将被触发。只要恶意网络行动在规模和效果上与传统武装攻击相匹敌，就可以构成武装攻击。德国同意《塔林手册

2.0》第 71 条所表达的观点。

此外，德国承认国际法院（ICJ）在尼加拉瓜的判决（《尼加拉瓜境内和针对尼加拉瓜的军事和准军事活动》）中所表达的观点，即武装攻击是使用武力的最严重形式。评估网络行动的规模和影响是否严重到足以将其视为武装攻击，是在国际法框架内做出的政治决定。相关因素包括财产的有形破坏、伤亡（包括间接影响）和严重的领土侵犯。这一决定不仅基于技术信息，也是在评估了战略背景和超越网络空间的网络行动的影响之后做出的。这一决定不是由恶意网络行动的受害国自行决定的，而是需要全面地向国际社会（即联合国安全理事会）报告。

对构成武装攻击的恶意网络操作的响应不仅限于网络反操作。一旦触发了自卫权，被攻击国便可以采取一切必要和相称手段来结束攻击。被攻击国自卫时不需要使用与攻击相同的手段。

非国家行为者的行为也可能构成武装攻击。德国对于基地组织的袭击和ISIS 的袭击都表达了这一观点。

在德国看来，《联合国宪章》第 51 条要求一国只有在攻击"迫在眉睫"的情况下才可以采取自卫行动。在防御恶意网络操作的自卫方面也是如此。对尚未发起攻击的潜在攻击者进行的打击不属于合法自卫。

五、结论与展望

正如本文就一些国际准则的诠释所证明的那样，国际法的现状能够为国家在网络空间及其相关领域的行为提供必要的指导。德国相信，关于国际法如何在网络环境下适用的不确定性可以通过诉诸既定的国际法解释方法来解决。德国认为，厘清网络空间国际法适用方式的解释以国际交流与合作为基础至关重要。这就是为什么德国密切关注并积极参与联合国网络和国际安全工作组（即国际安全背景下信息和电信领域发展问题政府专家组，以及国际安全背景下信息和电信领域发展问题不限成员名额工作组）的工作。除了在网络空间国际法方面的工作外，这些组织还制定了网络空间负责任国家行为的自愿、非约束性规范，这可能在补充现有的"硬"国际法规则方面发挥重要作用。此外，德国希望各国反思并关注全球学术界和民间社会关于国际法在网络环境下的作用、功能多样性以及辩论的重要性。

挑战迫在眉睫。信息和通信技术的发展日新月异，需要提供足够的法律评估并对新的实际情况做出反应。虽然国际法提供了一个足够的框架来应对快速发展的技术变革，且适用于新的发展，但它在网络环境中的解释和有效应用将越来越依赖于对技术复杂性的深入理解。这可能需要加强技术和法律方面的专门知识储备。此外，关于国家和非国家行为者在网络空间的行为的举证困难将继续构成实际挑战。

尽管如此，德国在强调各国维持国际和平关系以及维护法治这一首要责任的同时，深信各国、国际组织、民间社会和学术界的共同努力将继续为网络空间中的国际法适用提供重要见解，使网络国际关系这一相对新颖的领域具有高标准的国际法律确定性。

4.5　新加坡《网络安全战略（2021）》

一、新加坡《网络安全战略（2021）》概述

安全的网络空间支撑着国家安全，推动着数字经济发展，保护着人们的数字生活。

2016 年新加坡发布的首部网络安全战略（2016 年战略）为今天的网络安全工作奠定了基础。5 年来，新加坡的战略环境和技术环境已发生了深刻的改变，在总结过往经验的基础上，新加坡重新修订了网络安全战略来应对新兴的网络威胁。

新加坡《网络安全战略（2021）》旨在增强数字基础设施的安全性和弹性，以增强网络安全从业者的素质和强化网络生态系统获利为关键抓手，为构建更加安全的网络空间、更便捷的数字生活制定了规划。显而易见，这一战略的出台证明了尽管新加坡国土面积并不大，但依然可以在数字领域发挥巨大的作用，构建一个开放、安全、稳定、便捷、和平、互联互通的网络空间。

一个可信赖的、弹性的网络空间由战略支柱和实施基础构成。

三大战略支柱：构建具有弹性的网络基础设施；确保安全的网络空间；加强国际网络空间合作。

- 构建具有弹性的网络基础设施：启用以关键信息基础设施（Critical Information Infrastructure，CII）为核心的国家网络安全协作模式；确保

政府系统的安全性和弹性；保护重要的实体和系统。

- 确保安全的网络空间：安全的数字基础设施、装备、程序为数字经济赋能；捍卫网络空间活动；提高网民素质，构建健康的数字生活方式。
- 加强国际网络空间合作：推动自主自愿的符合国际法规的网络规范发展；通过能力建设倡议和制定网络安全技术标准、可互操作标准，强化全球网络安全态势；为打击跨境网络威胁做出贡献。

实施基础：培育富有活力的网络空间生态系统；建立健全网络人才通道。

- 培育富有活力的网络空间生态系统：发展促进经济增长和国家安全的优秀能力；创新构建世界级的产品和服务；培训新加坡的网络空间市场。
- 健全网络人才通道：鼓励青少年、妇女和中年职场危机人士投身网络安全领域；为具有全球竞争力的员工营造培训深造氛围；培育活跃、专业的行业社团组织。

二、引言：新加坡网络运行概况

随着新加坡对民众生活的数字化改造不断加深，网络安全已成为居民数字生活中不可缺少的因素。新加坡对网络安全威胁始终持谨慎认真的态度，网络安全工作始于 2005 年第一个国家信息通信安全总体规划制定和 2009 年新加坡通信技术安全局（Singapore Infocomm Technology Security Authority，SITSA）成立。2015 年，新加坡成立了网络安全局，作为负责监督和协调国家网络安全的各个方面的中央机构，新加坡网络安全局在 2016 年发布了首个新加坡网络安全战略，旨在：构建弹性网络基础设施；构建更加安全的网络空间；构建活跃的网络安全生态系统；强化国际伙伴关系。

（一）新加坡网络空间运行环境的重大变化

作为一个迅速发展的领域，在过去 5 年中，新加坡的网络运营环境发生了以下 4 个关键变化。

1.突破性技术

展望未来，以下几个新兴技术或许将突破现有的网络安全模式，例如，由 5G、云计算和无处不在的数字设备实现的边缘计算将从根本上改变网络环境。网络安全模式逐渐从外围防御转向零信任，这种网络安全模式的转变需要一种思维模式的转变。此外，量子技术也将破坏目前支撑网络安全的加密方法。另外，人工智能和量子计算等技术也为人们提供了保护数字资产的新方法。

2. 持续增长的网络物理风险

当前，人们正在进入一个数字领域和物理领域融合的时代。网络干扰可能会蔓延到物理领域，对现实世界造成影响。仅在 2021 年，人们就看到了很多国家因网络攻击导致医院关闭、石油输送中断以及基础设施损坏的案例。随着家庭智能设备和联网产品的激增，日益增长的网络物理风险不仅限于工业领域，也正悄悄潜入人们的日常生活。

因此，必须确保关键信息基础设施和其他重要系统都具备良好的防御弹性。现有的政策和立法框架也应符合实际，以应对这些风险。

3. 无处不在的数字连接

2019 的新冠肺炎疫情流行加速了数字化发展进程，企业运行和个人生活都越来越依赖于数字基础设施和网络服务的平稳运行。与此同时，诸多漏洞也暴露出来，提高了新加坡政府及国民受到攻击的可能性。网络黑客利用这些漏洞发起攻击，近年来，网络攻击在数量和化解难度上都有所增长和提高。因此，新加坡政府将深化与企业、个人的合作，帮助他们提升处置化解网络安全风险的能力和手段，让他们能够共享数字化成果。

4. 网络空间地缘政治紧张局势增加

数字技术日益被认为是国际体系中权力分配的关键决定因素。数字领域因此成为地缘政治争论的新舞台。多国政府在竞相发展对关键数字技术的先发优势。技术标准制定机构正日益受到政治上的关注。新加坡必须继续坚定地致力于开放、安全、稳定、可访问、和平和可互操作的网络空间，并为此积极努力，以应对这些地缘政治紧张局势。

（二）应该如何适应这个多变的网络环境

与 2016 年战略相比，《网络安全战略（2021）》为了适应网络运营环境的变化，采取更加积极的姿态应对网上威胁，拓宽防范范围，并与全球行业及组织建立更加深入的伙伴关系。此外，《网络安全战略（2021）》也将人力资源和网络生态的系统发展放在推动网络安全工作的更关键位置上。

新加坡将以建设具有弹性的网络基础设施、强化国内数字基础设施的安全性和强度为目标，创建新加坡模式。

（三）新加坡模式

在《网络安全战略（2021）》中，新加坡将继续把监管作为关键抓手，继续探索扩宽政府在网络安全法框架下的职权监管范围，包括对关键基础设施及其他实体、系统的监管。但是一个片面追求执行监管职能的法规可能会产生某种不求有功、但求无过的心态，这种心态在当下这个快速多变的环境中并不可取。相反，各类企业和组织应当以一种管控风险的心态和思维来更好地适应当下的世界。因而，《网络安全战略（2021）》的目标是推动各类企业和组织积极投身于网络安全工作，建设一个欣欣向荣的数字世界。

实施基础：构建充满活力的网络安全生态环境；构建能够满足安全和经济需要的，以研发创新为支撑的网络安全生态系统；构建一个畅通的人才培育渠道；构建一直能够满足国家安全和经济需要的、强大的网络人才队伍。

战略支柱：①想要让网络空间更加安全，需要创建一个清朗健康的数据环境。政府应优先保障为数字经济发展提供动力的网络基础设施安全，并充分支持数字经济的健康发展。考虑到片面强调网络安全可能会导致很多企业和个人畏葸不前，因而，政府希望让民众找到更加便捷的方法来保护个人设备和应用程序，各类企业、单位和个人也要发挥自己的作用。企业和单位应将网络安全纳入其风险管理框架内，加强网络安全态势管理；个人应维护良好的网络环境，对网上威胁保持警惕。②通过积极推动建立一个开放、安全、稳定、便捷、和平、共享的网络空间，加强国际网络合作。新加坡积极推动符合国际法准则的自愿、自主的方案实施，推进技术和互操作标准的开发和采用，并与其他负责任的国家一起共同构建以规则为基础的多边秩序。新加坡还将通过加强与国际伙伴的行动合作，打击跨境网络威胁，继续支持能力提升项目，助力全球和区域的网络安全水平升级。③新加坡模式。为推动建成一个充满活力的网络安全生态系统，政府将对网络安全行业和研究领域研发先进技术等行为进行激励，打造世界级的产品和服务，促进网络安全市场发展。投资网络安全研发创新技术，让相关责任人通过完成政府项目，给出"新加坡制造"的完美解决方案。政府将与高校密切合作，培养网络安全专业的学生和热衷网络安全构建的爱好者。与行业、高校院所共同制定技能水平规范，以标准化模式培养网络安全专业人才。在新加坡"技能创前程"计划中，政府也鼓励有志于网络安全工作的民众，通过在专业院校和培训机构中的学习，进一步提升网络安全方面的能力水平。

（四）个人的角色是什么

网络安全工作是一个需要人人参与的集体活动。政府牵头发起的新加坡网络安全保障战略，不应仅仅是一纸蓝图，而应是一个呼吁各方参与者都能抓住机会、用好资源、发挥才能，共同为国家的网络安全做出贡献的号令。政府将充分发挥"领头羊"的作用，指导企业、机构和个人共同为网络空间安全努力作为。

- 作为关键信息基础设施所有者，可以：①采用以风险管理为基础的网络安全工作模式；②将网络安全风险意识嵌合在运营思路中；③利用关键信息基础设施供应链项目管控供应商网络安全风险；④在企业运营中将网络安全运维能力框架作为流程管理、结构搭建、人才招聘的手段来强化关键信息基础设施安全。

- 作为软件或硬件销售商，可以：①让员工具备网络安全相关技能和知识结构，能够更好地设计软硬件产品；②产品申请通过网络安全标志计划来强化关键信息基础设施安全。

- 作为企业或机构的领导，可以：①采用以风险管理为基础的网络安全工作模式；②将网络安全风险意识嵌合在运营思路中；③为单位申请新加坡网络安全认证；④使用新加坡网络安全局开发的工具包和相关资源，提升单位人员的网络安全意识，强化单位的网络安全态势。

- 作为网络安全的专业人士或研究人员，可以：①参与国家网络安全研发项目，提高网络安全能力；②通过网络安全创新提案激发网络安全创新解决方案；③与当地行业协会开展社区活动，为网络安全生态系统贡献力量。

- 作为学生，可以：①参与"青年网络探索计划"或"网络安全职业指导计划"等新加坡青年网络项目；②参与新加坡网络奥林匹克计划下的实战训练；③学习更多的网络安全知识。

- 作为使用数字技术工作、娱乐的个体，可以：①遵从新加坡网络安全行动的相关要求；②使用官方认可的网络安全解决方案保护自己的设备，从而维护良好的网络环境。

三、第一章　建立弹性的基础设施

目标：加强数字基础设施的安全性和弹性。

新加坡依靠关键信息基础设施提供基本服务，如电信、能源、医疗保健和银行服务。

随着数字化程度的提高，以前与互联网隔离的信息集成系统现在越来越多地与其他数字系统联系在一起，这使它们暴露在网络漏洞和威胁之下。与此同时，威胁行动者变得越来越老练，他们正在磨炼自己的技能，利用任何他们能找到的漏洞来扰乱人们的数字生活方式。

新加坡正在推动更广泛的数字化，同时，政府也致力于提升关键信息基础设施的安全性和弹性。除了关键信息基础设施，政府还将寻求提高可能影响新加坡人生活和生计的其他数字系统和基础设施的网络安全水平。

《网络安全战略（2021）》的新变化

在 2016 年战略中，政府专注于加强关键信息基础设施的网络弹性。《网络安全法》于 2018 年通过，它是保护关键信息基础设施的立法框架。

在继续加强这些领域的同时，《网络安全战略（2021）》还力求实现以下目标。

- 发挥全国协同效应：这包括加强技术能力以及跨政府的协调能力，以提高行动的速度、有效性和敏捷性。
- 将保护范围扩大到关键信息基础设施之外：加强其他关键实体的网络安全态势，这些实体的妥协或破坏会对更广泛的经济社会产生重大的连锁反应。
- 应对日益增长的网络物理风险：随着物理世界和数字世界不断融合，政府要确保政策和立法框架仍然适合管理网络物理风险。

政府将与关键信息基础设施所有者、网络安全行业和关键数字基础设施所有者密切合作，以协调一致的方法来实现国家网络安全。新加坡还将确保为本国公民提供关键服务的政府系统是安全和有弹性的。政府还将关注关键信息基础设施以外的领域，致力于保护其他支持数字经济和生活方式的重要服务的实体和系统。

（一）以关键信息基础设施为核心，实现国家网络安全的协调

为了确保基本服务免受网络安全威胁，新加坡将通过改进政策方法来防范复杂的威胁行为者。新加坡必须继续加强保护、检测、响应和从恶意网络活动中恢复的能力。新加坡还将确保网络物理风险得到妥善处理。

改进政策方法，以防范复杂的威胁行为者。 政府将实施分层和协调的国家网络防御方法，将鼓励关键信息基础设施所有者对关键系统采取零信任的网络安全姿态。对于其他服务和基础设施，其中断可能会对国家产生重大的连锁反应，将采用基于风险的方法来加强这些系统的网络安全。例如，新加坡网络安全局正在开发一项关键信息基础设施供应链计划，为所有利益相关者提供建

议，以管理供应链中的网络安全风险。此外，新加坡还试图改变人们的观念，将网络安全视为企业风险管理问题，而不是合规问题。

加强保护、检测、响应和从恶意网络活动中恢复的能力。 强大的能力使网络安全成为可能。政府会加强人们检测和分析恶意网络活动的技术能力，以更好地防御此类威胁。这包括通过开发网络融合平台来提高政府的调查速度和效率。为了加强人们的应对和恢复能力，政府还将实施一些举措，如成立国家网络安全指挥中心。新加坡还将与关键信息基础设施所有者和其他机构合作，解决在网络安全方面存在的人员、流程和技术等方面的挑战。

确保政策和立法框架切合实际，以应对日益增长的网络物理风险。 网络攻击的影响已不再局限于数字领域。它们正蔓延到实体领域，美国管道公司 Colonial Pipeline 以及爱尔兰、新西兰的医疗保健服务受到的勒索软件攻击就证明了这一点。新加坡的政策和立法框架必须与时俱进以减轻网络物理风险，这包括审查《网络安全法案》，还有引入《网络安全总计划》和《运营技术网络安全能力框架》等举措。

新加坡的关键信息基础设施

关键信息基础设施是支持基本服务交付的数字系统。今天，关键信息基础设施已被确定来自 11 个关键行业 —— 航空、银行和金融、能源、政府、医疗保健、信息通信、陆路运输、海事、媒体、安全和应急服务以及水务。

为了确保基本服务不受网络威胁的影响，政府设立了一个 3 层架构，以加强关键信息基础设施的网络抵御能力。

- 新加坡网络安全局作为独立的国家网络安全权威机构，监控和监管关键信息基础设施行业。与此同时，新加坡网络安全局积极扶持行业领导和关键信息基础设施所有者，以提高他们的态势感知能力，促进能力建设。
- 每个关键信息基础设施部门都有一个部门领导负责联系新加坡网络安全局。他们对本行业的独特运营和商业环境（以及风险）有很好的把控，是最适合监管关键信息基础设施所有者的人。他们能够根据网络安全、可用性和成本的综合考量给出最恰当的指导。
- 在组织层面，关键信息基础设施所有者负责管理其网络安全风险，并且是一线的捍卫者和响应者。

（二）确保政府系统的安全和弹性

为了实现公共服务数字化，政府将确保所有政府系统——包括关键信息基础设施和非关键信息基础设施系统——具有弹性、受到保护并受到用户的信任。今天，所有政府系统都遵守定期审查的定制网络安全策略。新加坡还将对政府系统的网络安全架构进行现代化改造，以保持技术发展领先。由于网络安全不仅与技术有关，还与人员和组织流程有关，新加坡也会提高政府各部门的网络安全能力。新加坡希望其他组织和企业可以将政府基于风险管理的网络安全模式作为加强网络安全态势的指导意见。

审查网络政策，并在政府部门执行一系列分层要求。 教学手册 8（IM8）是政府用于保护政府信息通信技术和智能系统资产的管理工具。IM8 安全策略基于系统的分类和关键性为政府系统建立了稳固的安全环境实践。智慧国家和数字政府团通过提供咨询服务和在政府部门任命首席信息安全官，支持实施 IM8 安全控制。作为 IM8 审计的一部分，政府还对政府系统进行定期渗透测试，在潜在的漏洞被利用之前确定要解决的漏洞。

使政府的网络安全架构现代化。 政府正在实施基于政府信任的架构，将零信任原则转化为政府环境，从而加强应用程序和系统的安全性。

为了配合政府信任架构的运作，政府将启用"政府网络安全运营中心"，以提供实时监控、提高政府对情况的认知，以及做出更迅速和准确的事件反应。

提高政府各部门的网络安全能力。 随着人们越来越依赖数字系统，政府公职人员应具备足够的技能和知识，保障自己的网络安全。政府还将开发网络安全功能能力框架，为政府网络安全专家提供明确的研发对照。此外，智慧国家和数字政府团还启动了政府科技数字学院，为政府中的信息通信技术和人工智能专业人员提供定制的网络安全培训课程。

政府漏洞赏金计划和漏洞发布计划

政府漏洞赏金计划是一项邀请知名网络安全研究人员对政府关键系统进行针对性评估的计划，发现关键漏洞的研究人员将获得赏金奖励。另外，漏洞发布计划是一个众包平台，供公众识别和报告政府面向互联网的移动和网络应用程序的漏洞。通过这个平台，智慧国家和数字政府团鼓励公众对任何可疑漏洞进行报告，同时加强公众对政府系统网络安全的集体所有权意识。

在政府漏洞赏金计划和漏洞发布计划成功的基础上，智慧国家和数字政府团于 2021 年启动了新的漏洞奖励计划。这 3 个众包漏洞发现计划共同补充了 Govtech 保护政府系统的一系列举措。

（三）保护关键信息基础设施以外的重要实体和系统

随着对数字基础设施和服务的日益依赖，政府必须考虑到关键信息基础设施以外，其他实体支持的网络安全问题，特别是要看到一旦它们中断，将对新加坡其他地区产生的重大影响。政府还将应对新的数字运营模式带来的风险，让新加坡人能够满怀信心、有条不紊地挖掘新技术带来的好处。

提高关键信息基础设施以外的重要系统和实体的网络安全态势。虽然世界各地的网络监管主要侧重于防止基本服务中断，但仍有一些系统和实体即使不提供基本服务，但它们如果中断或受到损害，仍可对新加坡产生重大影响。在这方面，政府也要提升它们的网络安全态势，保护人们的数字经济和生活方式。政府将探索更广泛的数字环境，确保这些重要的系统和实体得到充分保护，不受恶意网络威胁。

应对新的数字化运营模式带来的网络安全风险。数字技术一直在发展，政府必须做好准备才能适应新的运营模式。例如，云服务提供的数字服务对于支持关键业务功能和运营越来越重要。政府将研究新兴数字运营模式对公共政策造成的影响，并寻求解决风险的适当方式。

四、第二章　构建更安全的网络空间

目标：创造一个更清朗的数字环境。

数字化改变了人们生活、工作和娱乐的方式。网络安全是新加坡人自信而安全地开展数字化的关键因素。

新加坡的目标是创造一个健康的数字环境。正如良好的卫生习惯对于人们保持健康大有裨益一样，更清朗的数字环境和良好的网络使用习惯将有助于人们在数字世界中安全生活。2020 年，政府推出了《更安全的网络空间总体规划》，阐明了创建清朗数字环境的方法。总体规划仍然与《网络安全战略（2021）》相关。

《网络安全战略（2021）》的新变化

2016 年战略旨在提高人们对网络使用习惯的认识，并鼓励人们形成良好的网络使用习惯。尽管人们对网络安全的需求有很高的认识，但企业和个人的网络安全实践水平仍然很低。

正如《更安全的网络空间总体规划》所述，政府力求通过以下方式提高新加坡的网络安全总体水平。

- 保障大众的网络安全：政府将保护国家的互联网基础设施，使新加坡的企业和个人免受大多数网络威胁。
- 简化终端用户的网络安全：政府将使网络安全解决方案的应用变得简单和方便。政府还将与业界合作，开发创新的网络安全解决方案，供终端用户即插即用。

每个人都可以在实现更安全的网络空间方面发挥作用。政府将支持企业、个人和更多的团体加入。各方可以共同努力，捍卫为数字经济提供动力的数字基础设施、设备和应用程序；保护网络空间活动；让熟悉网络的人们拥有健康的数字生活方式。

（一）确保为数字经济提供动力的数字基础设施、设备和应用程序的安全

除了保护关键信息基础设施外，还可以通过最大限度地减少互联网架构中的漏洞来保护国家和个人。然而，在国家层面上并不能检测、预防所有威胁。因此，政府还将授权个人保护他们的设备，并与企业合作加强其应用程序的安全性。

保护新加坡的互联网基础设施。政府可以通过保护国家互联网基础设施，为所有新加坡人提供额外的保护。例如，政府正在与互联网服务提供商合作，在本地互联网域中实施域名系统安全扩展协议，增强互联网的安全性，防止网络威胁到达终端用户。

保护用户设备和端点。信息通信技术市场竞争激烈，许多制造商通常优先考虑功能、可用性或成本，而不是设备的安全性，因此漏洞常见于设备和端点。政府鼓励企业加大对产品的安全性的投资。例如，新加坡在 2020 年推出的"网络安全认证计划"可以让消费者轻松评估智能设备的安全级别。

保护企业应用。应用程序是用户和网络空间之间的接口。恶意行为者能够利用应用程序中的漏洞访问用户的敏感信息。为了激励软件即服务（SaaS）平台开发更安全的应用程序，政府将研究"软件即服务"产品标识计划等举措，还将加强与大多数数字应用程序的私人机构的联系，确保其产品的安全性。

（二）确保网络活动的安全

网络入侵的发生只是时间问题。因此，必须具备能够迅速发现和补救漏洞的能力。如第一章所述，政府将增强保护、检测、响应和从恶意网络活动中恢复的能力。政府还将支持企业制定数据保护的基线标准，从而让自身免受网络攻击的威胁。

使企业能够保护自身免受网络威胁。 政府通过提供网络安全资源来支持企业——从免费自助工具到提供高效能的网络安全行业合作解决方案。例如，随着人们在工作和休闲中越来越依赖移动设备，越来越多的网络犯罪也瞄准了这些设备。政府将开展行业合作，为人们开发一种移动终端解决方案，保护他们的手机不受威胁，保护个人隐私。

支持机构制定保护资料的基线标准。 政府会加大为企业提供工具和自助平台的力度，强化数据保护。政府将与产业界合作，提供数据保护服务，例如为资源有限的中小企业提供其所需的数据保护、服务。

负责任地使用数据和人工智能

政府致力于为企业负责任地使用数据获取业务价值提供支持。

"数据驱动优化业务计划"提供免费的工具和指导，帮助企业更好地保护客户的个人数据，同时有效地利用数据保持竞争力。"数据驱动优化业务计划"的目标是为刚接触数据分析的、希望利用数据进行更复杂用例的中小企业提供支持。该计划还将提供一站式的数据保护实践指导，为企业提供专业的数据保护服务。

资讯通信媒体发展局（Info-Communications Media Development Authority，IMDA）和个人数据保护委员会（Personal Data Protection Commission，PDPC）始终在行业开发和部署值得信赖的人工智能系统方面给予指导。过去的举措包括关键人工智能治理框架、实施和自我评估指南组织（ISAGO）。资讯通信媒体发展局和个人数据保护委员会还起草了人工智能治理测试框架草案，并与志同道合的合作伙伴开展合作，使其成为最小可行产品（Minimum Viable Product，MVP）。预计该MVP 将支持行业满足关键人工智能治理框架的规范，例如欧盟、经济合作与发展组织，以及新加坡的规范。

（三）让熟悉网络的人们拥有健康的数字生活方式

如果终端用户缺乏网络安全意识或态度松懈，再安全的系统也会存在致命的弱点。增强网络安全责任感，要提高民众的网络安全意识，转变网络安全观念，推动实现网络良好实践。

提高对网络安全的认识并改变观念。 政府将推出全国性的网络安全宣传活动，以提高人们的网络安全意识，鼓励人们养成良好的网络卫生习惯。政府还将针对特定人群组织推广活动，如学生、工作的成年人和老年人。政府将与私人机构合作，扩大覆盖范围。

推动实现好的网络实践。政府将支持、鼓励个人和企业在线保护自己。例如，新加坡网络安全局的Go Safe Online门户为公众和企业提供可操作的建议和提示。新加坡网络安全局还将为企业推出自愿参加的新加坡网络安全信任认证和网络环境安全标志。这些标志能够清楚地让企业了解其网络安全级别，并向客户保证其系统是安全的。

共同努力加强集体网络抵御能力

为了提高市民对网络安全的认识，政府定期开展活动打击网络犯罪。例如，为了促进和鼓励采用良好的网络环境安全使用习惯，新加坡网络安全局于2021年6月发起了"网络安全胜过道歉"运动，新加坡警察部队每年也会举办全国性的反诈骗公众教育活动。

政府也致力于提高弱势群体的网络安全意识。由新加坡网络安全局、新加坡警察部队和资讯通信媒体发展局于2021年发起的新加坡网络安全老年人项目，计划在两年内覆盖5万名老年人。该项目将用4种语言举办网络研讨会、发行出版物和组织线下活动，内容涵盖网络威胁、网络诈骗和网络使用技巧等主题。政府也通过国家警察学员团网络犯罪预防计划和SG网络安全学生计划等项目，建立与学生的联系。

为了打击网络犯罪，私人机构的利益相关者同样发挥着重要作用。新加坡警察部队于2017年成立了公私网络犯罪利益相关者联盟。该联盟现已发展为一个拥有59名成员的强大组织，成员涵盖银行、电子商务和社交媒体平台等9个行业。新加坡警察部队定期与公私网络犯罪利益相关者联盟合作伙伴进行外展和讨论，制定解决网络犯罪的新方法。通过公私网络犯罪利益相关者联盟成员在预防和检测网络犯罪方面的努力和预警，这个公私行业平台产生了许多成功案例。

新加坡网络安全信任认证和网络环境安全标志

网络安全可以成为竞争优势。企业数字化的速度比以往任何时候都要快，尤其是在网络入侵日益频繁的情况下，网络安全将是确保消费者信任的关键。

新加坡网络安全局正在引入一个自愿参加的新加坡网络安全信任标志，该标志将作为表彰具有良好网络安全措施的公司的识别标志，从而使客户能够根据他们的网络安全状况，选择合作的公司。

对于可能没有专门的IT或网络安全专业知识的小型企业，新加坡网络安全局正在开发一个单独的网络环境安全标志。该标志注重实用性和可行性，为了更好地保护企业免受常见的网络攻击，专注于基本的网络环境安全。

"网络安全信任认证"和"网络环境安全标志"都是在与产业界人士协商后制定的。

五、第三章　加强国际网络合作

目标：营造开放、安全、稳定、通达、和平、兼容的网络空间。

网络威胁是国际性和跨境的。从 SolarWinds 漏洞到 Kaseya 虚拟系统管理员攻击，人们已经看到了严重的网络攻击可以蔓延到每个国家。

弹性的基础设施和更安全的网络空间可提升人们抵御网络威胁的能力。但为了制定能够提升全球网络安全基线水平的策略，新加坡仍然需要与国际伙伴合作，努力实现基于规则的网络空间多边秩序的长期目标。

《网络安全战略（2021）》的新变化

2016 年战略实施后，新加坡加大了对国际网络政策讨论的参与力度。加强与东盟国家合作，提升地区网络安全水平，加强与国际伙伴的双边网络安全伙伴关系。

随着网络安全在全球对话中获得越来越多的关注，新加坡将进一步提高在国际网络政策讨论中的参与度。

- 倡导以规则为基础的网络空间多边秩序和可互操作的信息通信技术环境：作为一个小国，新加坡坚定支持建立以规则为基础的多边秩序。制定和实施自愿性和非约束性规范是实现这一目标的重要步骤。新加坡必须帮助制定和遵守所有国家都同意遵守的规则，监督主权国家在网络空间的行为。

- 提高全球网络安全基线水平：新加坡希望全球共同努力提升各国防御网络威胁的能力。新加坡还鼓励制定和实施网络安全标准，让人们使用的信息通信技术产品和服务具有最基本的网络安全。

为了构建开放、安全、稳定、可访问、和平、可互操作的网络空间，新加坡将推进网络规则、规范、原则和标准的制定和实施。新加坡还将加强全球网络安全态势，为打击跨境网络威胁和网络犯罪做出贡献。

（一）推动制定和实施自愿的、不具约束力的、符合国际法的规范

《网络安全战略（2021）》力求在国际社会取得的进步基础上再接再厉。新加坡将推动制定网络规范，确认国际法在网络空间的适用性，并与合作伙伴共同推进规范的落实。

1.推动国际网络规范的讨论和对国际法在网络空间适用的理解

联合国作为一个重要的平台，它为所有国家提供参与和制定规则、规范、原则和标准的机会。新加坡积极参与联合国的国际讨论，如联合国网络安全政府专家组。在这些平台上，新加坡承认国际法，特别是《联合国宪章》适用于网络空间，并强调各国应遵守网络规范和稳定框架的中心地位。今后，新加坡将继续努力推动这些讨论深化。例如，新加坡将主持信息通信技术安全及使用不限成员名额工作组（2021—2025 年）。

2. 与合作伙伴合作落实网络规范

2018 年，东盟成为第一个原则上签署 11 项自愿性、非约束性网络空间主权国家行为规范的区域组织。作为东盟下一步行动的一部分，新加坡正在与联合国裁军事务办公室和马来西亚等伙伴合作，制定一项区域行动计划来执行这些命令。根据联合国–新加坡网络规划，新加坡还将与东盟和全球伙伴合作，制定《规范落实清单》——类似于各国采取的一系列行动。

新加坡国际网络周和东盟网络安全部长级会议

考虑到建立更深入的公私伙伴关系的必要性，新加坡自 2016 年以来，通过举办每年一次的新加坡国际网络周的方式，促进了各方在网络安全方面的对话交流。新加坡国际网络周将国际和地区的政策制定者、行业合作伙伴和学术界专家聚集在一起，共同讨论跨领域的网络安全问题。此外，新加坡还主办了东盟网络安全部长级会议，该会议由新加坡负责网络安全的部长主持。东盟网络安全部长级会议作为一个非正式的平台，将东盟秘书长和东盟电信和（或）网络安全部部长聚集在一起，共同讨论影响本地区和其他地区的网络安全问题。

（二）通过能力建设倡议、制定技术和可互操作的网络安全标准，加强全球网络安全态势

除了制定并实施网络规范外，各国还应努力提升全球网络安全基准水平。为此，新加坡将支持推动能力建设相关倡议，积极参与相关产品和服务的专业、可互操作的网络安全标准的构建。

1. 支持能力建设以构建安全、稳定的网络空间

在联系异常紧密的网络空间中，要重视对最薄弱环节的加固。随着全球对网络安全的讨论从传统的网络安全话题扩展到新兴技术和数字安全，各国有必要提升能力建设，从而能够应对不断变化的网络威胁。新加坡将与东盟对话伙伴关系国家以及产业和学术界伙伴开展密切合作。

2. 推动公平、专业的网络安全标准的制定和采用

新加坡认识到，标准和认证是帮助提升市场上产品和服务的网络安全基准的重要手段。新加坡将以信息技术安全性评估通用准则（Common Criteria，CC，

是一项允许安全的 IT 产品互认的国际标准）等现有国际标准为基础，推进专业、可互操作的国际网络安全标准的制定和采用。新加坡还将推进新加坡网络安全局的"网络安全标识计划"等本地互认计划，改进全球范围内消费者物联网产品的安全性。

3. 东盟-新加坡网络安全卓越中心

作为落实东盟网络能力计划（ASEAN Cyber Capacity Programme，ACCP）的一项举措，东盟-新加坡网络安全卓越中心（ASEAN-Singapore Cybersecurity Centre of Excellence，ASCCE）建设于 2019 年启动，旨在支持东盟高级官员协调网络政策制定、网络运营和技术能力建设等事宜。2021 年 10 月，东盟-新加坡网络安全卓越中心正式运行。

东盟-新加坡网络安全卓越中心承诺提供 3000 万新加坡元资金，与东盟成员国、东盟对话伙伴关系国、国际伙伴关系国家和联合国裁军事务办公室合作，聘请顶级网络安全专家和教员设计并实施网络安全能力建设计划。

ASCCE 有 3 项重要职能：一是研究网络安全战略、立法和实施国际网络规范，并提供培训；二是重点围绕专业技能和信息共享，为计算机应急响应小组提供培训；三是与新加坡淡马锡理工学院合作，通过网络防御培训和演习，为参与者提供实践机会。

自 2019 年以来，在新冠肺炎疫情大流行的背景下，ASCCE 调整了工作方案，暂停线下的能力建设相关培训，启动数字平台培训服务。2020 年，ASCCE 组织了 7 个能力建设项目，在线上培训了 300 多名东盟成员国官员。

展望未来，ASCCE 将继续着眼于东盟地区的能力建设需求，提供与数字环境发展相适应的规划，提升东盟地区官员的能力，强化东盟内外的网络安全。

（三）为打击跨境网络威胁的国际努力做出贡献

尽管多国努力构建以规则为基础的网络空间多边秩序，不断提高全球网络安全基准水平，但仍难以避免网络攻击事件发生。2021 年微软交换服务器遭入侵等例子表明，网络威胁并不局限于地理边界。因此，对网络安全事件做出响应的关键是强化双边、多边业务合作，及时共享信息并迅速响应处置。

1. 与主要国家保持稳健的双边网络安全关系

在现有伙伴关系和双边协议的基础上，新加坡将通过定期对话加强与主要国际伙伴国的接触，以促进业务和专业信息共享。除业务合作外，新加坡还希望与伙伴在网络政策、网络生态系统和网络人才培养方面的经验做法加强交流，推动能力建设工作，进一步加强全球网络安全。

2.加强多边合作应对跨境网络威胁挑战

新加坡将加强与东盟地区国家和国际伙伴国的多边合作。今天，新加坡积极参与各种国际CERT网络，与CERT同行密切合作调查网络事件，降低网络威胁的影响。新加坡还与国际刑警组织以及私人机构合作伙伴开展密切合作，打击跨境网络犯罪。在区域层面，新加坡每年举行东盟网络事件演习，积极加入东盟信息交换工作机制。在这些努力的基础上，新加坡将与合作伙伴开展更密切的合作，共同打击跨境网络威胁。

3.东盟CERT和东盟信息交换机制

东盟计算机应急响应小组（ASEAN CERT）将成为《东盟网络安全合作战略2017—2020》中加强协调和协作的工作机制。在新加坡的牵头推动下，东盟目前正在研究推进东盟CERT工作的机制。

此外，于2021年1月举行的首届东盟数字部长会议批准建立东盟CERT信息交换机制。该机制将进一步支持东盟CERT与各国CERT之间开展合作，提高区域网络安全事件的响应能力。它还将促进东盟各国CERT的交流，并通过ASCCE协调各国CERT的能力建设项目。

六、第四章 构建充满活力的网络安全生态系统

目标：构建以研发和创新为支撑的网络安全生态系统，满足安全和经济发展的需求。

一个充满活力的网络安全生态系统为长期保护新加坡免受网络威胁奠定了基础。此外，它还进一步强化了新加坡作为全球商业中心的地位，为新加坡国民和新加坡公司提供贸易机会。

新加坡要想成为网络安全领域的全球领导者，需要政府、工业界和学术界密切合作。新加坡希望构建一个由网络安全公司、创新者和研究人员组成的生态系统，系统可以激发更前沿的网络安全能力，并创造出具有高经济价值的一流产品和服务。

《网络安全战略（2021）》的新变化

2016年战略已经成功地为本地企业的网络安全生态系统奠定了基础。新加坡推动了多项"新加坡制造"解决方案的发展，并为个人和初创企业建立和扩大业务规模提供了支持。

在《网络安全战略（2021）》中，新加坡将进一步采取以下措施。

- 将新加坡定位为值得信赖的科技中心：新加坡希望凭借强大的安全评估和测试能力，将新加坡打造成一个具有国际认可度和可信度的测试、检验、认证中心，这将有助于巩固新加坡数字经济品牌的地位。
- 将研发和创新作为竞争优势：新加坡希望走在网络安全研发的前沿，与快速发展的技术环境同步发展，利用新技术打击恶意网络参与者。

网络安全企业和学术界是国家推动科研和创新领域的重要参与者和受益者。政府将与他们开展密切合作，发展先进技术能力，鼓励行业创新，打造世界一流的产品和服务，促进网络安全市场增长。

（一）发展促进经济增长并保障国家安全的先进能力

为了确保在技术快速变化的情况下拥有顶尖的能力，政府将积极推动将研究成果转化为商业产品，同时对本地研发生态系统的发展给予支持。新加坡还将在政府内部和行业合作伙伴范围内进行投资，建立深度网络安全能力，满足国家安全需求。

1.将研究转化为创新和经济可行的产品

政府将继续与研究人员和终端用户开展合作，明确网络安全研发的方向，使在研项目可以直接用来解决现实世界中的挑战。政府还将与企业开展密切合作，将研究成果转化为商业产品，实现安全和经济目标。政府希望在研发初期增强与学术界和网络安全行业、包含终端用户之间的合作，创造更多的研究成果转化途径。国家网络安全研发计划将成为实施这些政策的关键途径。

2.在高校、政府和行业合作伙伴中进行深入的网络安全能力建设

为了满足国家的网络安全需求，政府将加大对深度网络安全能力开发的投资力度。政府也认识到，这些投资将促进本地网络安全行业的能力发展。因此，政府将通过与选定的行业合作伙伴进行合作，促进本地网络安全行业的深度能力建设，特别是在对新加坡网络防御方面具有战略价值的领域。国家正在通过积极吸引具有强大网络安全能力的顶级国际公司在新加坡设立工程或研发设施等方式强化优势地位。

（二）以创新打造世界一流的产品和服务

新加坡希望通过推动创新来突破网络安全产品和服务的界限。政府将通过针对性的政策支持推动行业创新来实现这一目标。政府还将对新加坡网络企业家和初创企业的成长提供支持。放眼全球，希望新加坡的企业能开发出国际认

可的网络安全产品。

1. 支持产业创新

鉴于网络威胁形势瞬息万变，网络安全公司想要保持领先地位，需要不断创新，并投资新的解决方案。政府将加强对行业龙头企业的网络安全创新的支持。例如，为了应对紧迫的网络安全挑战，网络安全行业创新倡议鼓励企业通过与关键本地用户（例如可能有特定运营需求的关键信息基础设施所有者）匹配来进行创新。该计划还为本地公司提供机会，帮助他们打入新加坡发展迅速的网络安全市场，推动本土网络安全行业的发展。

2. 支持网络初创企业的发展

除了支持现有成熟的网络安全公司，鼓励崭露头角的网络企业家和初创企业也很重要。位于新加坡 Ayer Rajah Crescent 71 号区域的创新网络安全生态系统ICE71 就是这样的一项措施。ICE71 计划为处于所有成长阶段的创新者和初创企业提供支持。这包括区域外联和创业计划，使网络安全生态系统区域参与进来，促进利益相关者之间开展合作。政府将以此计划为基础，大力鼓励创业精神，包括制定下一阶段的 ICE71。

3. 开发国际认可的网络安全产品

为了提高本地安防产品在全球市场的认可度，保证这些产品符合相关的国际标准，政府实施了新加坡通用标准计划。该计划根据国际通用标准对IT产品进行评估和认证。政府还为消费者智能设备建立了网络安全标识计划。政府将完善丰富方案，让企业能够容易提交他们的产品进行安全评估和测试。新加坡希望在此基础上，建成一个国际认可的富有活力的本地检验、测试与认证（TIC）生态系统。

4. 国家综合评估中心

国家综合评估中心不仅是产品安全评估和测试的一站式设施，它还将成为本地群体发展专业技能的平台。

国家综合评估中心力求实现以下目标：

- 为了在新加坡培育一个产品评估和认证的实践社区，国家综合评估中心将在最高保证级别上改进安全评估所需的先进设备；
- 为了支持本地网络安全 TIC 行业的发展，国家综合评估中心将为网络安全从业者提供研究和学习高级安全评估技术的机会；
- 为了创建本土化的产品评估专业知识，国家综合评估中心将为学生和专业人士提供培训课程和实习机会，以学习更多的安全评估方法和认证流程。

（三）发展网络安全市场

政府希望扩大新加坡制造的网络安全产品和服务的市场。政府将通过推荐用户使用"新加坡生产的产品"，推动网络安全解决方案的升级。政府也将进一步鼓励新加坡公司国际化发展，为其产品和服务出口提供支持。

1. 鼓励使用网络安全解决方案

政府支持用户采用有助于构建满足网络安全稳定需求的解决方案。政府将鼓励用户使用兼容性更好的网络安全解决方案，在"中小企业数字化计划"下，中小企业具备了优先申领网络安全解决方案补贴的资格。对于具有特定网络安全需求的大型企业和组织，鉴于终端用户可能并不熟悉市场上普遍的网络安全解决方案，政府将积极发挥作用，满足他们对更复杂解决方案的需求。

2. 推动网络安全公司国际化

本地公司不应局限于新加坡市场，而应寻求拓展新市场，满足全球对网络安全产品和服务日益增长的需求。政府希望为有前途的本地网络安全公司向海外拓展提供支持，出口新加坡制造的网络安全产品和服务。例如，政府可以牵头组织和帮助这些网络公司，对其解决方案从国际化角度进行分析。

七、第五章　建立健全的网络人才输送渠道

目标：打造和培养一支强大的网络安全队伍，满足安全和经济需要。

网络安全战略能否成功实施，最终取决于新加坡的员工和人才。

政府、企业和组织的网络安全责任的广度和深度将持续增长。在不断发展的技术环境中，新加坡需要培养新的人才，并提升现有从业人员的技能，这样才能实现前面章节中讨论的目标。

因此，拓宽新加坡网络安全人才渠道显得至关重要。新加坡可以通过利用强大的教育系统来培养一支技术过硬的网络安全人才队伍。在全球网络安全专业人才短缺的情况下，这将显著增强新加坡的竞争优势。

鉴于国家对网络安全人才的需求在不断增长，2016 年战略力求保障一支数量充足、训练有素的网络安全人才队伍，新加坡在这方面取得了良好的进展。根据 2020 年资讯通信媒体发展局对信息通信媒体人力的调查，2020 年新加坡有超过 10700 名网络安全专业人员，高于 2018 年的 6000 人。

在《网络安全战略（2021）》中，新加坡将采取进一步措施，具体如下。

- 吸引人才以助推国家网络安全发展：政府将吸引更多年轻人，培养他们的兴趣和网络安全技能，鼓励更多年轻人从事网络安全事业。
- 进一步壮大网络人才队伍：政府将保障网络安全专业人员能够获得培训资源和机会，从而应对不断变化的网络安全威胁。

行业合作伙伴、高等教育机构和专业协会是实现这些目标的重要合作伙伴。在新加坡强大的教育体系基础之上，政府将与所有利益相关方合作，支持青年、女性和职业转型期的专业人员从事网络安全事业。为了确保网络安全人才具备所需的技能和知识，政府将充分营造技能深造的文化氛围，培育一个拥有强大专业团体、充满活力的行业。

（一）支持不同群体从事网络安全工作

充满吸引力的职业前景和受人尊敬的职业地位是专业人才队伍成长的支撑。政府将在现有措施的基础上吸引更多人才加入网络安全行业。政府还将培养年轻人对网络安全的兴趣，并鼓励网络安全行业中的弱势群体参与进来。

1.培养青少年将网络安全作为未来职业发展的兴趣和能力

政府希望吸引有前途的年轻人加入网络安全行业中，建立长期的本土人才通道。政府将通过网络安全训练营、竞赛、学习之旅和职业指导等方式，与学校及其他合作伙伴密切合作，从而更好地吸引年轻人。此外，政府还将为学校教师和职业顾问提供网络安全领域的知识，以指导学生的职业选择。通过考核，具有一定网络安全技能水平、热爱网络安全事业的人可以通过网络工作学习计划，为国民提供服务。政府通过持续的技能开发和实践经验，进一步加强人才通道管理。

"新加坡网络安全青年计划"是一项国家计划，在学术界、社区和企业的支持下，引导年轻人踏上网络安全之旅。其中一项重要措施就是"青年网络探索计划"，该计划通过向大专学生介绍网络安全的基本知识，培养他们对网络安全工作的兴趣。

"网络安全职业指导计划"还可以为他们提供行业导师的职业指导和支持。此外，还包含几项其他措施，例如"学生志愿者认可计划"以及"网络安全学习之旅"。通过各项计划，政府将选定一批具有卓越网络安全技能的青年，他们将通过网络对战课程在"新加坡网络奥林匹克运动员"计划下进行培养，政府将为他们安排更深层次的训练和国际比赛。

2.吸引多元化人才

除了年轻人，政府还希望吸引更多来自相关领域的女性和转型期的专业人员加入网络安全行业中。政府将与行业和国际合作伙伴开展密切合作，鼓励女性参加网络安全教育计划，并激励女性承担网络安全工作角色。政府还将利用"网络安全助理和技术人员转换计划"鼓励处于转型期的专业人员加入网络安全领域。

3.新加坡网络安全女性计划

参加 2020 年新加坡国际网络周网络活动的女性在网络安全行业的代表性仍然不足。新加坡网络安全局与企业已通过本地网络安全社区开展合作，推出了"新加坡网络安全女性计划"，这是一项针对性的举措，旨在鼓励更多女性从事网络安全工作。

过去，新加坡组织了包括夺旗大赛、网络女性导师计划和技术研讨会在内的多项活动，这也是"新加坡网络安全女性计划"活动的一部分。2020 年，新加坡网络安全局还推出了"新加坡网络安全领域女性计划 X"系列活动，这是一项旨在庆祝国际女性网络日的虚拟活动，所有年龄段的女性都可以参加这些活动。通过活动了解更多关于网络安全的信息可以提升她们的技能，推进她们的职业发展。

（二）打造积极向上的行业文化

高水平的劳动力对于网络安全行业发展至关重要，这将是新加坡经济和数字未来的关键因素。除了吸引新技术人才进入该行业以外，政府还将与行业和高等教育机构合作，通过完善网络安全职业发展道路来促进专业技能向深层次发展。政府还将在公共部门培养、培训和保障网络安全专业人员队伍。

1.完善职业发展道路，推进专业技能向深层次发展

新加坡计划建立发展良好的职业路径和技能培训框架，推进网络安全从业人员技能的提升。政府将为公共部门的网络安全专业人员发展提供职业规划。例如，政府启动了 ICT 技能框架和 OT 网络安全能力框架，企业可以利用这两个工具来完善组织中网络安全专业人员的职业发展道路。政府还将丰富网络安全专业人员的培训和交流机会。现在，专业人士已经可以通过培训拨款或加入"新加坡网络领袖计划"等项目的方式来提升自己的技能，加入当前或今后的网络安全领袖阵营。

2.优化、培训和维持公共部门的网络安全专业人员

政府将为公共部门的网络安全专业人士开辟良好的职业道路。例如，新加坡网络安全局为培训公共网络安全专家制定了网络安全发展计划。

学员完成课程后，可选择在公共机构或私人机构谋求职业发展。新加坡网

络安全局还成立了新加坡网络安全局学院，为政府和关键信息基础设施领域的网络安全专业人士提供培训市场上难以获得的细分课程。

（三）通过强大的专业社区培育充满活力的行业

网络安全专业人员的地位正在显著提高，形成了强烈的认同感。为了建立更强大的实践社区并培养业内信任，政府将与行业协会密切合作，进一步提升网络安全团体的成就与贡献。

表彰支持网络安全工作的优秀团体。网络安全企业、专业机构和学术界是新加坡培养强大网络人才的关键利益相关方。企业和社区合作伙伴会经常组织社区活动、研讨会、会议和计划，帮助完善人才通道，培养专业技术人员，对此政府持鼓励支持态度。比如，新加坡网络安全局就设置了"支持网络安全奖"。作为一项年度活动，该奖项旨在表彰为本地网络安全生态系统做出重大贡献的企业和个人。今后，政府将加强与工程师和软件开发商等专业团体的合作，鼓励他们提供具有安全性设计理念的产品和服务。

八、结论

在网络威胁不断变化、新兴数字技术持续演进的环境中，新加坡《网络安全战略（2021）》为新加坡和新加坡人民绘制了保障智慧国家安全的蓝图。维护网络空间安全是每一个人的责任。只要人人各尽其责，新加坡就能创造一个开放、安全、稳定、无障碍、和平、兼容的数字环境，抓住数字化带来的机遇。

4.6 《东盟数字总体规划2025》（节选）

一、《东盟数字总体规划2025》（ADM 2025）的愿景

（一）愿景

未来5年，东盟地区可能在数字经济和数字社会建设发展方面取得巨大进展。当前，东盟人口中有很大一部分拥有宽带设备（固定或移动）；云服务可以以低成本提供创新功能；而新冠肺炎疫情大流行使决策者、监管机构和企业都看到了数字化的好处。但是这个数字经济和社会会是什么样子呢？

首先，东盟每个人都在使用数字服务改善日常生活——与亲友联络、娱

乐、买卖东西、理财、决策，并借此获得更好的教育和医疗。其次，在东盟成员国经济体中，大大小小的企业都使用数字服务提高生产力；与价值链中的合作伙伴进行更快、更具成本效益的互动，并使用新方式向消费者推销产品。这也意味着公共机构将向东盟公民提供范围更广泛、更方便、更快捷的服务。再次，东盟地区将更加繁荣，因为数字服务将促进各国与其他东盟成员国的贸易更加快速和畅通。这反过来又使每个东盟成员国中最具创新性和最有效率的企业更容易在东盟地区拓展，从而向所有东盟消费者提供种类繁多、物美价廉的产品。最后，东盟经济体能够在未来几年内（与《东盟全面复苏框架》一致）更快地从新冠肺炎疫情中复苏，实现更绿色、更可持续的发展。

ADM 2025 设想

东盟致力于成为一个由安全和变革性的数字服务、技术和生态系统驱动的领先的数字社区和经济体。

实现这样的愿景有巨大的价值，这需要政府、监管机构和市场参与者以互补的方式合作。

- 市场参与者应继续投资新技术，创新所提供的服务，并以新的竞争方式向最终用户提供技术和服务。

- 各国政府和监管机构应致力于消除这些市场过程中不必要的监管障碍；为数字包容和数字技能的社会措施提供资金；建立对数字服务的信任；协调整个东盟的监管和标准；提高人们对数字服务价值的认识。

ADM 2025 明确了东盟成员国政府和监管机构可以采取哪些行动来最好地实现上述愿景。简单地说，实现数字经济和数字社会的愿景需要满足以下 3 个条件。

- 整个东盟都拥有高质量和全面的电信基础设施互联互通。优质且全面的高速连接显然是实现数字服务的关键，这既意味着改善那些已经连接的地区的基础设施，也意味着将连接扩展到未连接和服务不足的地区。

- 通过此连接运行的服务务必安全，并且与最终用户的需求相关，包括消除市场主体创新的障碍，改善电子政务服务，发展安全的、能够更好地支持国际贸易的服务。这也意味着要建立东盟消费者和企业可以信任的服务。

- 企业和消费者使用数字服务的诸多壁垒需要消除。企业和消费者（数字服务的两个关键用户）需要分别采取行动。对于企业而言，重点是通过数字技能提高生产率；对于消费者而言，重点是提高基本的数字素养并降低数字服务费用，以便数字服务能够得到广泛使用。

（二）预期成果

为了满足这 3 个条件，ADM 2025 规定了在未来 5 年应达到的 8 个预期成果。表 4-3 列出了这 8 个预期成果以及原因。第三节列出了实现 8 项预期成果所需的赋能行动。必须指出的是，这些预期成果与赋能行动是相辅相成的。这意味着，如果要实现 ADM 2025 的愿景，就需要为所有预期成果采取赋能行动。ADM 2025 图解如图 4-3 所示。

表4-3　ADM 2025的8个预期成果

预期成果（DO）	选择预期成果的理由
DO1：ADM 2025行动将优先加速推动东盟从新冠肺炎疫情中恢复	东盟使用更好的数字服务将使东盟成员国经济体能够更快地从新冠肺炎疫情中恢复。需要采取行动，既要确保东盟数字总体规划的实施是优先的，又要改革许多部门中阻碍使用数字服务的法规
DO2：提升固定和移动宽带基础设施的质量，并扩大覆盖范围	优秀的电信基础设施是任何数字化转型的核心。为了实现这一成果，要确保东盟的电信基础设施能够及时高效地升级到更高的数据速率、能力和复原力，并确保其覆盖范围扩大到农村地区
DO3：提供可信的数字服务，同时保护消费者免受伤害	为了确保数字服务的采用，特别是在医疗和金融等领域，消费者需要信任这些服务。新兴技术也是如此。其中一个关键部分是确保尽可能广泛地采用网络安全和数字治理最佳实践，以减轻数据泄露对企业和消费者的直接影响，并建立信任
DO4：创建可持续且有竞争力的数字服务市场	为了助力实现这一愿景，政府应采取措施，确保数字服务市场的设计能够鼓励数字服务的健康和可持续发展，并提高不同参与者在市场上的竞争力
DO5：提升电子政务服务质量，并扩大其使用范围	整个东盟都需要高质量的数字服务。市场参与者将创造许多这样的数字服务。但是，在提供更好的电子政务服务和向终端用户提供政府数据方面，东盟成员国政府在这方面也要发挥重要作用
DO6：提供连接商业并促进跨境贸易的数字服务	数字服务可以为降低贸易壁垒做出重大贡献。预期成果中规定了利用电信服务和电子商务促进跨境贸易的措施
DO7：提高企业和民众参与数字经济的能力	为东盟共同体提供更好的数字服务，提高其生产率，将提振东盟经济。这样做的重点是刺激创新的当地供应和创意能力
DO8：构建数字包容性的东盟共同体	为了充分发挥数字服务的好处，公民和企业，特别是中小企业，都有必要采纳和使用这些服务。实现东盟每个人都能获得数字服务的主要障碍有4个：缺乏数字技能、价格高昂、缺乏相关服务和内容，以及缺乏可用的连接。这项预期成果有助于解决前两个挑战

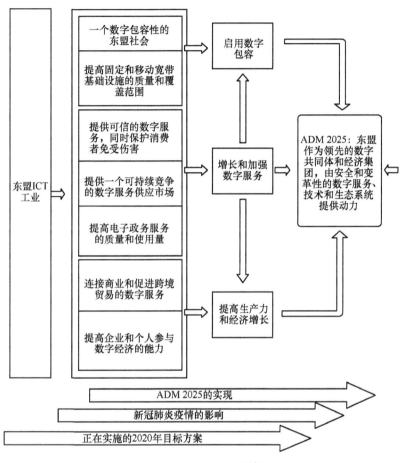

图 4-3　ADM 2025 图解

二、塑造 ADM 2025：全球背景

以下 3 个主要的全球性问题决定了 ADM 2025 的设计。

- 新冠肺炎疫情大流行及其控制措施对世界各地的健康和财富产生了重大影响，东盟地区也不例外。ADM 2025 如何帮助该地区从疫情中恢复？
- 气候变化已成为一个日益紧迫的重大问题。数字服务在减少碳排放方面发挥着重要作用。这将如何影响 ADM 2025？
- 技术趋势在很大程度上是全球性的。其中一些趋势将对东盟未来 5 年提供和使用数字服务的方式产生重大影响。那么，ADM 2025 的支持行动应该如何考虑这些因素呢？

以下概述了对这 3 个全球性问题的分析及其对新总体计划的影响。

（一）从疫情大流行中恢复

1.导言

新冠肺炎疫情的大流行对世界各地的健康、社会互动和经济增长产生了重大影响，东盟地区也不例外。本节评估新冠肺炎疫情大流行对 ADM 2025 的影响。这些发现有助于形成在 8 项预期成果下提议的扶持行动。该节还提供了 3 项更广泛的、影响到许多其他预期成果的额外赋能行动。它借鉴了以下来源的资料：

- 《新冠肺炎疫情对东南亚的影响》，联合国，2020 年 7 月；
- 《新冠肺炎疫情对数字基础设施的经济影响》，国际电联，2020 年 7 月；
- 《从遏制到复苏》，世界银行，2020 年；
- 《互联网时代的流行病》，国际电联GSR-20 讨论文件，2020 年 6 月；
- 《电信与病毒》，威廉·韦伯，2020 年 6 月；
- 《东盟信息通信技术总体规划 2020》（AIM 2020）回顾和 ADM 2025 调查研究。

焦点是 2021 年年初至 2025 年期间新冠肺炎疫情大流行的影响和东盟对此的反应，以及东盟各国政府正在采取哪些短期应急措施来刺激数字服务的使用。

2.新冠肺炎疫情对经济的深层次影响

在考虑新冠肺炎疫情大流行如何塑造 ADM 2025 之前，必须总结疫情对东盟经济体和东盟成员国政府支出的可能影响。

很明显，新冠肺炎疫情大流行将对经济增长产生重大影响。例如，世界银行关于新冠肺炎疫情大流行对东亚地区影响的研究表明：这场疫情大流行以及遏制其蔓延的努力导致经济活动大幅减少。这些因疫情大流行引发的全球经济衰退而雪上加霜，这场衰退严重打击了高度依赖贸易和旅游业的东亚和太平洋经济体。国家成果通常与疾病控制效率以及国家受到外部冲击的程度有关。

新冠肺炎疫情通过损害投资、人力资本和生产率，对包容性的长期增长产生持久影响。公共和私人负债，再加上银行资产负债表恶化和不确定性增加，可能会抑制公共和私人投资，并对经济稳定构成风险。

个人将在生病、失业、裁员和生产率下降方面感受到这些影响。学校长时间停课的情况也将导致东盟人力资本的减少。根据世界银行的说法，影响可能是巨大的：如果不加以补救，疫情大流行导致的后果可能会在未来 10 年间使区域经济增长每年减少 1 个百分点。

然而，目前尚不清楚这些影响将持续多长时间，也不清楚特别脆弱的行业（如旅游业和航空旅行等）需要多长时间才能恢复，以及东盟人口接种疫苗需要多长时间才能达到经济活动恢复正常的水平。

3.对数字服务领域的影响

（1）东盟成员国政府部门

随着支持就业、企业和医疗保健的支出增加，政府税收减少，东盟成员国政府部门在平衡预算方面将面临挑战。因此，政府在为解决数字鸿沟、提高数字技能、发展电子政务服务以及通过使用数字服务提高生产力的政府举措等理想目标编制预算方面可能面临挑战。

（2）市场主体

市场主体的收入和利润都可能减少。新冠肺炎疫情导致用户对服务的需求上升，但随着更多人失业和企业倒闭，最终用户为服务付费的能力下降。对电信首席执行官的一项调查显示：电信运营商每年的负面收入影响可能高达10%，有些服务需要 18~24 个月才能恢复到疫情之前的水平。

这意味着市场参与者对新服务和基础设施的投资可能会下降。收入是否会进一步下降尚不确定，但移动漫游收入的重大损失仍有待克服。即使长期收入不下降，新冠肺炎疫情大流行造成的不确定性也可能导致投资减少。

（3）终端用户

受新冠肺炎疫情的影响，终端用户在东盟更多地使用数字服务。对《东盟数字总体规划 2025》的调查表明，随着员工更多地居家办公，使用数字服务的人数增长了 10%~50%；人们更频繁地使用流媒体视频进行娱乐；各种在线联系增加；电子教育、电子购物、电子银行和电子保健的使用增加。这种影响很可能长期存在，尽管长期持续增长的规模尚不确定。

在欧洲，由于固定宽带在家庭中的高普及率，固定宽带流量大幅增加（增长 50%或更多），而移动宽带流量略有下降。这种模式很可能会在新加坡这样的东盟成员国重演。然而，在大多数移动宽带接入占主导地位的东盟成员国中，移动宽带流量的激增可能会导致严重的拥塞。这与 Open Signal 的研究结果一致。该研究表明，在疫情暴发时，东盟的移动宽带速度显著下降，但现在正逐渐恢复到疫情前的水平。东盟的主要问题似乎是针对那些生活在宽带服务较差或根本未覆盖地区的人们。

4.减轻新冠肺炎疫情大流行的影响

数字服务有助于减轻疫情大流行对东盟经济的影响。国际电信联盟召集的专家小组表示：虽然关于数字化对减轻流行病影响的贡献的研究有限，但关于数字化的积极影响的新证据是令人信服的。中期（例如 2021 年），拥有顶级连通性基础设施的国家可以减轻多达一半的负面经济影响。

然而，这种影响在东盟成员国中比较弱，因为该领域存在着明显的数字鸿沟。有资料显示：数字鸿沟一直被视作弥合数字化价值的关键障碍，特别是那些未使用宽带服务或部分使用宽带服务的人群，他们无法从线上学习、远程办公、获取电子商务和医疗保健信息中受益。

5.对《东盟数字规划 2025》的影响

新冠肺炎疫情大流行显著增加了东盟对数字服务的需求。然而，由于其经济衰退，新冠肺炎疫情大流行也降低了一些用户购买服务的能力。

对于东盟地区的经济发展推动和社会凝聚力增强来说，新冠肺炎疫情大流行使得在该地区开发世界级的数字服务至关重要。特别是数字服务正在减轻新冠肺炎疫情造成的经济损失，而那些拥有最好宽带基础设施的国家的弥合效果最强。

新冠肺炎疫情大流行可能会削弱东盟市场参与者及东盟成员国政府投资数字基础设施和服务的意愿。因此，促进市场参与者对数字基础设施的投资尤为重要。

无法使用网络的人群不同程度地承受着新冠肺炎疫情的影响，减少或消除数字鸿沟变得更加重要。理想状况下，移动人口覆盖率较低的东盟成员国将通过解决可用性、可负担性、内容相关性和缺乏数字技能等问题加速数字投资。上述考虑使得DO2（提升固定和移动宽带基础设施的质量，并扩大覆盖范围）及DO8（构建数字包容性的东盟共同体）成为可能，这对《东盟数字规划 2025》尤为重要。

新冠肺炎疫情对政府财政的巨大影响增加了风险，因此《东盟数字总体规划 2025》可能也需要优先考虑一些东亚国家。同时，相对于其他经济领域，数字服务公司在疫情防控期间可能会表现得相当不错，但对于东盟成员国政府来说重要的是：

- 提高数字能力，为因新冠肺炎疫情大流行而收入减少的企业提供支持和帮助；
- 确保数字设备的价格适中，以促进数字共融；
- 为改善数字融合的社会措施提供资金。

因此，东盟成员国政府可能需要更多地寻找全球资源，从而为本国实施各项措施提供资金。这些资源可能包括世界银行和国际金融公司，它们正在部署20 亿美元的信贷额度，并寻求投资机会。东盟开发银行也出台了一项支持东南亚的实质性一揽子计划。

6.《东盟数字总体规划 2025》在加速从新冠肺炎疫情中恢复的作用

在确保东盟迅速、有效地从新冠肺炎疫情大流行复苏方面，《东盟数字总体规划 2025》能发挥什么作用？大多数措施，如正确的财政政策、对就业和企业的财政支持以及全面的贸易政策，显然超出了总体规划的范围。其中一些项目，如通过更有效的跟踪和追踪系统开发更好控制疫情大流行的机制，既过于短期无法纳入 5 年计划，又因各国情况不同而具有特殊性。其他方面，例如数字服务可能提供的支持使疫苗接种项目变得有效，仍然因太不确定而无法纳入总体规划。即便如此，一些行为可以定义如下。

- 如上所述，《东盟数字总体规划 2025》能否成功实现其愿景，对各国迅速从疫情大流行中恢复至关重要。这意味着东盟成员国各国政府需要支持资助优先项目的最新计划。建议采取有效行动，为上述政策提出经济依据，并酌情向全球机构寻求资金，本项是基于 DO1 考虑的。

- 规章制度可能阻止了在东盟成员国的某些部门使用数字服务。疫情大流行的经验导致一些障碍被消除，至少有一个东盟成员国正在进行系统审查，以更广泛地消除上述规定，此问题也在 DO1 的考虑范围内。

- 社会中最贫穷的人可能是受新冠肺炎疫情大流行后遗症影响最严重的人。使用数字服务可以在很大程度上减轻这种影响。因此，确保 DO2和 DO8 在促进数字融合方面的行动取得成功就显得尤为重要。

- 获得电子教育和电子保健服务有可能减轻大流行的影响，并改善许多东盟成员国农村贫困人口的福祉。这使得在 DO5 中提出的措施在任何大流行恢复规划中都特别重要。

- 新冠肺炎疫情大流行影响了东盟特别依赖的全球贸易。确保 DO6 授权措施成功，重振此项贸易十分重要。

- 鼓励更多地使用数字服务，以帮助各国加快从疫情大流行的影响中恢复，这将要求终端用户更加信任数字服务。DO3 处理这一问题时指出，更多地使用数字服务需要更多的相关服务（DO5）、更高水平的数字素养（DO8）、本地和全球服务（DO7）以及激烈的竞争（DO4）。

- 新冠肺炎疫情将削弱市场主体和政府的投资动机。为了应对上述情况，在DO2下提出了促进投资的行动，同时维护国家安全利益。这些障碍包括：对外国所有权的限制及对运营商的控制；部署被动基础设施（如规划许可和通行权）的高昂成本；与国际最佳实践相比，东盟对可用和分配的IMT频谱的限制；尚未进行模拟数字电视转换的东盟市场（如印度尼西亚和柬埔寨等国），缺乏700MHz频谱波段数字红利；电信法规抑制了主要市场参与者的投资热情。引用国际电信联盟专家小组的话："监管框架可能需要调整，以刺激投资，同时维持'合理的'竞争。"

（二）应对气候变化

气候变化威胁是全球性问题，东盟地区尤其严重。在世界上20个最脆弱的国家中，有6个是东盟成员国国家，这些国家面临洪水、海平面上升、山体滑坡、强烈的热浪以及对渔业和农业的严重破坏等风险。

使用数字服务可在缓解气候变化方面发挥重要作用。例如，使用智能手机和笔记本电脑能减少出行，使人们可以居家办公、线上购物等。物联网（IoT）在提高建筑物能效、促进交通系统智能性以及改善库存控制方面发挥着至关重要的作用。虽然数字服务的使用需要电力，但使用数字服务节约的能源与使用数字服务消耗的能源比率正在上升。根据GSMA的数据，该比率已从2015年的5:1增长到现在的10:1。

在减缓气候变化方面的许多工作正通过东盟气候变化工作组进行协调，并通过《东盟社会文化共同体2025年蓝图》中具体规定的行动加以实施。例如，工作可能包括在国家灾难期间开发一个保护数字基础设施的框架。

ADM 2025在缓解气候变化方面的主要作用是更多地促进人们使用数字服务，从而使碳排放量因使能比率的提高而进一步减少，这一目标也已被纳入ADM 2025的所有赋能行动中。

东盟还可以采取一项额外的具体行动，即确保运营商尽可能高效地运营其网络，这里的数据已令人鼓舞。如图4-4所示，过去几年全球数字服务产生的数据流量已经极大地增长，但自2013年以来，运输这种不断增长的数据流量所消耗的电量略有下降：

a）全球供应商使其设备更加节能；

b）谷歌、脸谱网、微软和苹果等全球数字平台提高了数据中心效率，并从使用化石燃料转向了使用可再生能源；

c）运营商更加注重以节能方式运行其网络。

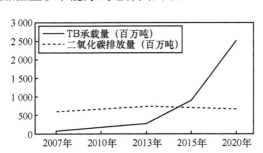

图 4-4　全球信息通信技术的碳足迹

加速 a）和 b）效果的举措在很大程度上超出了东盟的控制。但东盟可以对 c）采取一项简单的使能行动，即每个东盟成员国可要求其主要运营商出具报告，报告包含以下内容：

- 每年网络运行消耗的电力；
- 在这些电力中，来自可再生资源的电力所占的比例；
- 通过其网络传输的数据流量。

然后可以集中整理上述资料，以进行趋势监测，并查明需要采取行动改进的问题。该行动明确在 ADM 2025 的范围内，并被指定为 DO2 的赋能行动。

（三）全球技术趋势

ADM 2025 的预期成果和赋能行动是由全球数字化趋势及其对未来数字化服务提供方式的影响所决定的。一些专家认为，未来 10 年中的主要技术趋势十分重要，见表 4-4。

表4-4　未来10年中的技术趋势

重要的现有趋势（将会继续）	未来趋势
互联网：将继续以目前的形式存在，并发展为提供广泛的云服务	人工智能：在特定的领域会非常强大
互联互通：地理上基本已实现了可交付所需	大数据：通过数据分析提供新见解的价值
虚拟现实和增强现实：虚拟现实仍然是小众领域，但增强现实可能会发挥更大的作用	机器人技术：可以实现更多自动化
机器人技术：目前广泛应用于制造业	自动驾驶汽车：到2025年将缓慢发展，影响有限
物联网：将带来生产力的提高和更好的工作设备	3D打印：可大大缩短新产品的上市时间

这些趋势的含义是世界上大部分地区已经以数据速率和允许几乎无限形式的交互设备连接到互联网。大数据和人工智能的使用正在迅速提供新动能，如即时语言翻译和智能响应设备，包括智能音箱（如亚马逊的Echo）。可以肯定的是，未来会有越来越多的智能设备、应用领域的快速创新和超过顶级的服务。

这对商业模式和组织变化的影响各不相同。如今的大型数字公司，如谷歌和亚马逊等将在未来很长一段时间内继续占据主导地位。像移动运营商这样的连通服务供应商将会变得举步维艰。这表明需要：

- 进行市场研究，了解连通服务供应商的经济情况，决定是否需要干预，例如改变监管、促进合并或促进更大程度的资源共享。具体见DO2；
- 适时监管以检查全球数字实体的主导地位，或促进区域变异，具体见DO4；
- 鼓励创新的方法，主要是OTT服务，具体见DO7；
- 为公民、消费者和企业提供获得教育的机会，以确保其在快速变化的数字服务世界中保持更新，具体见DO7和DO8。

三、预期成果 & 赋能行动

表4-5总结了ADM 2025提出的预期成果（DO）和赋能行动（EA），以下会提供更多详细信息。

表4-5 预期成果（DO）和赋能行动（EA）一览表

DO/EA	说明	重要程度
DO1	ADM 2025行动将优先加速推动东盟从新冠肺炎疫情中恢复	
EA1.1	提出优先考虑ADM 2025行动的经济依据	高
EA1.2	评估促进使用有助于从新冠肺炎疫情大流行中恢复的数字服务的经济情况	中
DO2	提升固定和移动宽带基础设施的质量，并扩大覆盖范围	
EA2.1	鼓励外来投资投向数字及信息通信技术领域	高
EA2.2	为包括海底电缆维修在内的地方和国家基础设施争取最佳实践许可和访问权	高
EA2.3	促进市场参与者采用区域范围内电信法规的最佳实践，以提供监管确定性	中
EA2.4	确保充足的国际互联网互联互通	中

（续表）

DO/EA	说明	重要程度
EA2.5	减少东盟电信运营商的碳足迹	中
EA2.6	确保提升并协调东盟地区的频谱分配	高
EA2.7	采用区域政策，为人工智能治理和道德、物联网频谱和技术提供最佳实践指南	中
EA2.8	建立区域机制，鼓励发展综合服务及端到端服务方面的技能	中
EA2.9	建立农村互联互通最佳实践卓越中心	高
DO3	提供可信的数字服务，同时保护消费者免受伤害	
EA3.1	通过更多、更广泛地使用在线安全技术来实现信任	高
EA3.2	通过增强金融安全、医疗安全、教育安全和政府安全来建立信任	中
EA3.3	完善数据保护管理的法律监管措施	高
EA3.4	加强区域网络应急事件响应团队的协调与合作	高
EA3.5	促进与电子商务有关的消费者保障及权益	高
DO4	创建可持续且有竞争力的数字服务市场	
EA4.1	继续寻找机会，协调数字法规，促进跨境数据流动	高
EA4.2	深化信息通信技术和东盟竞争监管机构之间在信息通信技术行业和数字经济方面的合作	中
EA4.3	监管其他司法管辖区数字平台法规的发展	低
DO5	提升电子政务服务质量，并扩大其使用范围	
EA5.1	根据国际电信联盟的要求，创建东盟范围内关于电子政务服务使用水平的指标	高
EA5.2	通过内部使用信息通信技术及电子服务，帮助主要政府部门提高生产力	高
EA5.3	探索如何以保障公民自由的方式在每个东盟成员国中引入数字身份	高
EA5.4	帮助发展中的东盟成员国提高其电子政务服务的质量	中
EA5.5	通过使主要的政府电子服务在东盟地区具有互操性，增强东盟成员国的凝聚力	低
DO6	提供连接商业并促进跨境贸易的数字服务	
EA6.1	根据相关的东盟贸易协定，促进合规并确保电信服务和电子商务的利益	高

（续表）

DO/EA	说明	重要程度
EA6.2	提升域内贸易和电子文件（如发票）在东盟内部无缝高效流动，支持贸易数字化	高
EA6.3	评估将第四次工业革命（IR4.0）技术贸易便利化进程的净收益	中
EA6.4	通过减少东盟地区移动数据服务的漫游费来降低该地区的商务旅行成本	中
EA6.5	促进东盟电子商务贸易，加强实现"最后一英里"的合作，提高数字经济竞争力	中
DO7	提高企业和民众参与数字经济的能力	
EA7.1	继续支持东盟信息通信技术资格认证的提升和统一	低
EA7.2	促进高级数字技能的发展，如编码、黑客马拉松、创新挑战	中
EA7.3	制定东盟数字初创企业发展框架	高
EA7.4	推进AIM 2020中开启的智慧城市工作	中
DO8	构建数字包容性的东盟共同体	
EA8.1	确保公民和企业拥有使用数字服务的技能和动力	高
EA8.2	减少上网的负担能力障碍	中
EA8.3	减少上网的可访问性障碍	中
EA8.4	鼓励更深入地采纳和使用"垂直"数字服务	低

（一）DO1：ADM 2025 行动将优先加速推动东盟从新冠肺炎疫情中恢复

所有现有证据表明：

- 考虑到新冠肺炎疫情大流行对政府预算的影响，东盟成员国各国政府将承受削减开支的压力；
- 在东盟地区使用更好的数字服务可以加速东盟成员国的经济从新冠肺炎疫情大流行中恢复。

东盟成员国部长层面需要采取行动，以确保专门设计用于刺激数字服务使用的 ADM 2025 处于优先地位——无论是对 ADM 2025 的赋能行动相对适度的资金投入，还是东盟成员国各政府实施这些行动所需的更大支出，如总体规划中提出的社会措施。与此同时，需要在东盟层面开展研究，以确定其他部门的法规可在何处进行改革，以刺激主要数字服务的使用。

EA1.1：提出优先考虑 ADM 2025 行动的经济依据

在旨在优化数字服务业发展的所有计划中，重要的是为优先考虑社会措施以刺激数字服务的使用提供经济依据。这将有助于东盟经济从新冠肺炎疫情大流行中快速恢复。东盟成员国可以利用这些材料为与对话伙伴的讨论提供资金。

EA1.2：评估促进使用有助于从新冠肺炎疫情大流行中恢复的数字服务的经济情况

在东盟成员国经济的许多行业中，法规可能会阻止数字服务的使用。新冠肺炎疫情大流行的经验消除了其中一些壁垒，至少一个东盟成员国正在进行系统审查，以更广泛地消除此类法规。需要在东盟层面开展研究，以确定法规改革可以刺激数字服务的使用、帮助各国从新冠肺炎疫情大流行中恢复，并在东盟成员国各个级别充当行动的催化剂。

（二）DO2：提升固定和移动宽带基础设施的质量，并扩大覆盖范围

卓越的电信基础设施是任何数字转型的核心。实现这一成果将确保东盟电信基础设施及时升级到更高的数据速率，并改善其能力。

EA2.1：鼓励外来投资投向数字及信息通信技术领域

调查显示，电信网络部署不充分的主要原因之一是缺乏投资。在国家投资金额不足的情况下，鼓励运营商获得其他东盟成员国和/或世界其他国家的投资可能会有益处。特别是促进和鼓励泛东盟电信运营商可以使领先的运营商利用全球投资来源，并从整个地区规模经济和最佳实践技术的使用中获益。鼓励提高宽带普及率也可以刺激增加投资。鉴于此，东盟成员国可以与其他行业机构进行合作，以促进跨境投资。

EA2.2：为包括海底电缆维修在内的地方和国家基础设施争取最佳实践许可和访问权

为了部署新的及修复的基础设施，通常需要访问权。例如，对于固定网络，需要获得挖掘道路的权利；对于无线网络，需要获得使用街道设备的权利；而对于移动网络，可能需要获得对新基站地点的规划许可。海底电缆维修也是如此。这种访问权可能很复杂，在不同国家和一个国家内的不同地区之间存在延迟和差异。获取访问权的困难经常被认为是阻碍基础设施部署的最重要问题。为了鼓励采取最佳实践来改善整个地区的权利，东盟可以考虑委托一个项目，以确定最佳实践，并就泛东盟的一系列程序和权利达成协议。

EA2.3：促进市场参与者采用区域范围内电信法规的最佳实践，以提供监管确定性

缺乏共同的法规会使东盟区域内的运营变得复杂和昂贵。在整个东盟地区制定一致的法规既可以鼓励外来投资，也可以使各国了解并采纳最佳实践。东盟电信监管事会（ATRC）应制定和编纂最佳实践，并将其作为国家监管机构的资源。这可以通过了解每个国家的全部法规、比较法规，并商定哪些是泛东盟最佳实践来实现。东盟应委托一个项目，详细介绍每个东盟国家当前的电信法规，确定最佳实践，并制定一套泛东盟法规。

EA2.4：确保充足的国际互联网互联互通

大量的数据传输是国际性的，因此需要优质的国际光纤连接。东盟已为各国互联做了许多工作，但数据传输对带宽的需求仍在增长，因此不断审查和升级国际光纤连接非常重要。东盟应建立一个项目，以确定互联互通性差距，并详细说明未来可能会如何发展。

EA2.5：减少东盟电信运营商的碳足迹

气候变化的许多方面涉及远比电信更广泛的问题，因此东盟可采取具体行动，确保运营商尽可能高效地运营其网络。该行动应建立机制来衡量和报告关键指标，从而可以与整个地区的最佳实践进行比较和协调。

EA2.6：确保提升并协调东盟地区的频谱分配

拥有足够且合适的频谱是许多规划的关键，包括引入 5G、在农村地区提供移动设备覆盖和连接，以及实现物联网解决方案。尽管已有多轮磋商及东盟内部倡议，但还可以做更多的事情。东盟应在 AIM 2020 工作的基础上实现建议协调，就最佳实践许可和授予提供指导，并继续评估未来的协调需求。

EA2.7：采用区域政策，为人工智能治理和道德、物联网频谱和技术提供最佳实践指南

目前，如果机场等实体希望部署物联网解决方案，它们将在使用的频段和连接性方面有多种选择，包括 Wi-Fi、Sigfox、LoRa、LTE-M、NB-IoT 及 5G MMC。这些选择大多无济于事，因为它们可能会导致机场承担选择错误技术的风险，且这些技术未来会过时，也会阻碍终端强大的规模经济的发展。就鼓励物联网创新技术的最佳实践达成区域协议，以及在所需频谱上进行区域协调，可以解决这一问题。

随着东盟向数字经济发展迈进，一个可信的生态系统至关重要，在这个生态系统中，企业可从数字创新中受益，且消费者对使用人工智能充满信心。在部署人工智能解决方案时，可以制定区域指南，帮助解决主要的治理和道德问题，以增进理解和信任。

EA2.8：建立区域机制，鼓励发展综合服务及端到端服务方面的技能

例如，机场这样的实体也需要一个完整的解决方案，包括设备、航站楼、软件等。这通常由运营商、系统集成商、机场专家和应用程序提供商共同提供。东盟成员国可以优先考虑该国所缺乏的相关数字技能和技术供应商，并建立区域机制鼓励它们的发展，例如，可通过政府服务的单一采购以及为特定的供应商制定经批准的泛东盟候选名单。

EA2.9：建立农村互联互通最佳实践卓越中心

一些东盟成员国仍在努力解决农村地区连接受限的问题。有许多方法可以改进，包括部署光纤、增强的铜缆网络、接入固定无线、使用移动覆盖和卫星解决方案。东盟应建立一个卓越中心，使各国经营者了解最适合自己的办法，并从其规划和部署的专业知识中获益。

（三）DO3：提供可信的数字服务，同时保护消费者免受伤害

为了鼓励消费者采用数字服务，特别是在健康和金融等领域，消费者需要信任这些服务。新兴技术也是如此。关键是确保尽可能广泛地采用网络安全和数字治理的最佳案例，以减轻违规行为对企业和消费者的直接影响，并建立信任。

EA3.1：通过更多、更广泛地使用在线安全技术来实现信任

东盟成员国可以建立一个程序来测量和改进安全网络技术的使用。这将涉及为关键的在线安全技术及其在整个地区的部署创建可靠的索引和度量体系。到 2023 年，东盟成员国的目标是对关键安全技术指标进行常规、公开和可靠的测量。到 2025 年，这些指标可以指导其他区域的项目在安全技术部署方面的工作。

EA3.2：通过增强金融安全、医疗安全、教育安全和政府安全来建立信任

在金融、医疗保健、教育和政府这 4 个基本领域中，东盟应通过为这些领域构建安全框架来建立信任。在该地区行业利益相关者的合作下，东盟可以支持最佳实践的发展，并针对这些领域中的信任和安全性采用统一的认证方法。在其中一些关键的纵向领域中，需要采取其他措施来鼓励建立信任并管理潜在风险。与用户健康相关的技术应必须获得认证，而在其他关键行业中，专门创

建的安全响应团队可以快速处理网络安全事件。

EA3.3：完善数据保护管理的法律监管措施

东盟成员国应在《东盟个人数据保护框架》（2016 年出台）和《东盟数字数据治理框架》的基础上，建立基于统一原则的数据保护和隐私法规及框架，包括数据管理和跨境数据流动。这将通过鼓励用户信任共享个人数据来促进跨境数字贸易。东盟应以《东盟跨境数据流动机制实施指南》（2021 年出台）为基础，开发、认可和实施一套数据传输机制，以促进跨境数据流动。这将提高该地区最终与亚太经济合作组织（APEC）的《跨境隐私保护规则》、欧盟的《通用数据保护条例》等标准的互操作性。东盟可以为通用政策制定框架，以收集大量数据，并在这些数据集上使用机器学习和人工智能技术。

EA3.4：加强区域网络应急事件响应团队的协调与合作

扩展与各个国家计算机应急响应小组之间的现有协作，并为东盟全面建立区域计算机应急响应小组。

EA3.5：促进与电子商务有关的消费者保障及权益

在消费者权利和保护方面趋同将有助于促进跨境贸易，确保该地区的消费者相信产品的安全性，并保障其权利被其他成员国承认。在迄今取得进展的基础上，东盟可能会考虑加强与相关部门机构的合作，以制定泛东盟的措施，用于承认和执行私人和公共行为的跨境判决，以此促进贸易和消费者信任。

（四）DO4：创建可持续且有竞争力的数字服务市场

为了助力实现愿景，政府应采取措施确保数字服务市场的架构旨在鼓励数字服务的健康可持续发展，并增强市场中不同参与者的竞争力。

EA4.1：继续寻找机会，协调数字法规，促进跨境数据流动

东盟应在现有工作的基础上，委托开展一个研究项目，以查明东盟内部跨境数据流动还有哪些障碍。一旦确定了障碍并将其列为优先事项，东盟就可以找到调整监管的机会（例如在数据本地化方面）或发展相互认可的数据保护制度。同时，可以探索监管沙盒，将其作为促进跨境数据流动的一种选择。

EA4.2：深化信息通信技术和东盟竞争监管机构之间在信息通信技术行业和数字经济方面的合作

数字经济为监管机构和竞争管理机构带来了一系列交叉问题。这些主管部门应就数字问题开展更深入的合作，并寻求促进和制定一系列规范信息通信技

术部门和更广泛的数字经济的原则。

EA4.3：监管其他司法管辖区数字平台法规的发展

世界各地的其他司法管辖区正在反思如何鼓励数字市场的创新和竞争，并在这方面实施举措。东盟应定期审查此类措施，并监督这些措施的设计和影响。这将使东盟能够确定对该地区最有效的方法，并避免无效之举。

（五）DO5：提升电子政务服务质量，并扩大其使用范围

东盟需要高质量和相关的数字服务。尽管市场参与者将创建许多此类数字服务，但东盟成员国政府在使数字服务与所有公民发生关联并消除数字融合的主要障碍方面发挥着重要作用。

EA5.1：根据国际电信联盟的要求，创建东盟范围内关于电子政务服务使用水平的指标

从 2021 年起，为所有东盟成员国创建一个可靠的政府电子服务水平指标十分重要，以便提供一个基准来监测东盟电子政务服务的成果。现有的联合国和国际电信联盟的指标可以在这里使用。

EA5.2：通过内部使用信息通信技术及电子服务，帮助主要政府部门提高生产力

数字化可以显著改善政府服务水平，使政府部门更具生产力。因此，东盟应就政府内部职能和数据处理的数字化转型制定最佳实践指南，以提高政府组织的生产力。

EA5.3：探索如何以保障公民自由的方式在每个东盟成员国中引入数字身份

数字身份可以使数字服务更易于使用和实施。东盟应做一项研究，发布一个全功能数字身份系统，该系统应具备以下功能：

- 可用于公共部门和私营部门的交易以及信息交换；
- 通过相互认证等机制在整个东盟地区开展工作。

EA5.4：帮助发展中的东盟成员国提高其电子政务服务的质量

创造人民重视的高质量电子政务服务，将刺激人们普遍接受数字服务。因此，确定采用哪种电子政务服务最实用以及如何以成本效益最高的方式实施最佳案例是至关重要的。

EA5.5：通过使主要的政府电子服务在东盟地区具有互操作性，增强东盟成员国的凝聚力

随着东盟十国都实施了相同的电子政务服务，确定最有希望实现泛东盟电

子政务互操作性的候选人并评估使其在东盟成员国之间互动的优势及壁垒将变得越来越重要。

（六）DO6：提供连接商业并促进跨境贸易的数字服务

支持商品和服务以及电子商务的国际贸易的数字服务；东盟内部和东盟外部对于该地区的经济成功是至关重要的，这也是这项期望的重点。与区域政策相一致的重点领域是确保第四次工业革命（IR4.0）技术的好处，确保东盟支持电子商务和跨境贸易的贸易协定的好处，以及加强"最后一英里"合作。

EA6.1：根据相关的东盟贸易协定，促进合规并确保电信服务和电子商务的利益

东盟关于电信服务的自由贸易协定将改善东盟企业在电信和信息通信领域的接入，并将大大降低其他参与国在东盟地区投资当前市场的壁垒。这两者都将增强并进一步促进该地区的贸易数字化，并为东盟带来可观的利益。

考虑到这一点，EA6.1 将在 2021 年年底前完成，这要求：

- 确定在电信和信息通信领域遵守东盟贸易协定所需的步骤；
- 列出每一项辅助措施所需的步骤，以修订东盟和辅助措施层面的立法和条例及其他辅助活动，以确保东盟贸易协定在电信和信息通信技术领域方面的利益，如《东盟电子商务协定》和《<东盟数字一体化框架>行动计划 2019—2025》；
- 制定实施这些措施的时间表和监测进度的机制；
- 在这一进程中还将评估其他贸易协定。

EA6.2：提升域内贸易和电子文件（如发票）在东盟内部无缝高效流动，支持贸易数字化

组织和企业的数字化转型为在数字经济中提高效率和扩大客户基础带来了机会。对于东盟而言，在东盟成员国之间建立更深的信任与合作，使贸易便利化、流程数字化以及使贸易业务数字化，并进行数字安全交易（包括与其他业务和客户进行跨境交易）变得越来越重要。EA6.2 提出了一项研究，该研究将：

- 建立在现有进出口程序数字化的基础上，如东盟单一窗口；
- 提高所有东盟成员国货物进出口程序的自动化水平；
- 使用标准的第三方来源的东盟无缝贸易便利化指标和其他贸易便利化指标来跟踪进度、衡量进度；

- 确定关于创建和采用能够实现数字交易并促进跨境贸易的新业务服务的最佳实践、准则、政策或案例研究。

EA6.3：评估将第四次工业革命（IR4.0）技术贸易便利化进程的净收益

EA6.3 提出了一项与东盟成员国相关部委合作并与 EA2 并行进行的研究，其中考虑了使用 IR 4.0 技术进一步实现贸易流程自动化的可行性、成本和收益。

EA6.4：通过减少东盟地区移动数据服务的漫游费来降低该地区的商务旅行成本

东盟多年来一直试图在整个地区建立通用的漫游费，并取得了部分成功。完全实现这一目标会在降低商务旅行成本和为受新冠肺炎疫情困扰的东盟旅游部门带来急需的推动力方面产生重大效益。

在提出任何建议之前，本研究需要：

- 审查东盟以往减少漫游费的举措，以确定变革的障碍；
- 重新检查实现拟议目标的成本和收益，也许可以借鉴欧盟在类似行动中的经验作为指导。

EA6.5：促进东盟电子商务贸易，加强实现"最后一英里"的合作，提高数字经济竞争力

促进电子商务发展对于满足人们对商品和服务的需求以促进东盟的数字经济至关重要。预估到 2025 年，数字一体化将使该地区的 GDP 增长 1 万亿美元。因此，为了进一步增强东盟成员国之间的电子商务跨境贸易，东盟数字部门应与其他相关部门合作，以实现：

- 促进东盟成员国之间的电子商务贸易，加强"最后一英里"的合作，并提高东盟成员国在全球经济中的竞争力；
- 确定有利于东盟企业特别是中小企业的最佳政策、做法（包括但不限于电子商务订单履行流程）和案例研究；
- 研究数字经济价值链中的东盟成员国物流，并改善邮政和快递交付标准，以保护买卖双方；
- 通过一个可互操作的平台，形成一个具有数据交换能力的电子商务包裹收集点的区域虚拟网络，以促进实现跨境的"最后一英里"，进而扩大本地商人在海外销售的范围。

（七）DO7：提高企业和民众参与数字经济的能力

为了通过建立数字经济能力来推动生产力的提高，必须促进和鼓励东

盟企业和人民更多地使用数字工具和系统。这是 DO7 的主要聚焦点——应与涵盖了政府的数字生产力的 DO5 及涵盖了人民的数字生产力的 DO8 加以区分。

EA7.1：继续支持东盟信息通信技术资格认证的提升和统一

鉴于东盟项目早期取得的积极成果，东盟应继续支持在信息通信技术互认技能标准、东盟资格参考框架方面所做的工作，并利用这项工作制定和促进共同课程标准和跨东盟认证，以鼓励劳动力流动。这应扩展到信息通信技术资格的定义、区域认证、整个区域各级的共同课程开发，以及更广泛的 STEM 类别，特别是与信息通信技术职业和资格密切相关的类别。

EA7.2：促进高级数字技能的发展，如编码、黑客马拉松、创新挑战

雇主需要高级的数字技能，包括"传统"信息通信行业之外的技能。东盟成员国可以共同开发用于编码/编程培训课程的教学大纲，以此教授此类技能。跨东盟对编码课程和资格的认可将使学习这些技能对东盟公民更具吸引力。因此，创办黑客马拉松、创新挑战和其他类似的活动也十分必要，以建立一个解决创新问题的生态系统。

EA7.3：制定东盟数字初创企业发展框架

支持创新是关乎个人的，是奖励个人的洞察力、奉献和承诺的举措，在 AIM 2020 项目的基础上，东盟数字部门应制定一个鼓励数字初创企业的发展框架。

EA7.4：推进 AIM 2020 中开启的智慧城市工作

- 继续推进东盟智慧城市网络（ASEAN Smart Cities Network，ASCN）方案下已经开始的工作。
- 根据《东亚峰会领导人关于东盟智慧城市的声明》（2018 年 11 月 15 日发布）：通过 ASCN 平台促进更大的城市间互动；建立和促进东盟、非东盟赋能行动参与国和其他多边机构之间的互利伙伴关系，以调动资源和专业知识来实施智慧城市项目。
- 尽管 AIM 2020 在智慧城市领域开展了一些项目，但应对新冠肺炎疫情大流行很可能会为在东盟城市地区采用此类系统和应用提供更大的动力。因此，应制定智慧城市发展的最佳实践指南和标准。

特别重要的是，开展研究以确定今后的做法，包括：

- 适合智慧城市发展的国际和政策模型与做法，包括在物联网、机器对机

器（M2M）和传感器技术等领域；

- 采用智慧城市发展的最佳标准，例如物联网、M2M 和传感器技术以及相关政策；
- 确认具有代表性的东盟城市是否适合微移动倡议以及开展这项工作的必要的基础设施、电信和信息通信系统，并为此提供支持。这将扩展雅加达的无车日、胡志明市的阮惠大道和河内的还剑湖步行街等概念。

（八）DO8：构建数字包容性的东盟共同体

实现这一愿望可确保东盟公民继续使用数字服务。众所周知，数字通信技术是生产力和经济增长的重要驱动力。为了充分发挥数字服务的效益，公民和企业，特别是中小微企业需要采用和使用这些服务。

EA8.1：确保公民和企业拥有使用数字服务的技能和动力

东盟促进数字包容性的资源中心可以通过提供易于使用的工具包和资源来教授基本的数字技能，从而帮助扶持行动，克服技能和动力方面的障碍。学校、社区中心和慈善组织可以使用这些工具帮助用户学习这些技能，并克服动机障碍。资源中心还可以针对东盟地区的数字包容性问题开展研究项目。

EA8.2：减少上网的负担能力障碍

虽然随着时间的推移，上网的成本（无论是连接还是设备）已经下降，但对于许多公民来说仍然遥不可及。政策可以确保为农村地区提供社区互联网服务，低收入者也能够受益于数字服务。另一个关键问题是确保学校有互联网接入，供学生（数字技术能力）和成年人（负担得起的接入）使用。

因此，东盟应制定政策建立乡村互联网中心并寻求全球发展机构的资金，从而将入网的计算机送入学校和社区中心。

EA8.3：减少上网的可访问性障碍

可访问性差是充分利用数字服务的一个障碍，特别是对于残疾用户而言。对于某些用户而言，典型的触摸屏界面难以使用，并且许多功能和服务无法访问。

东盟成员国可以共同促进无障碍服务的创建、部署和应用，而东盟政府可以率先提供无障碍政府电子服务。东盟可以对无障碍技术进行研究，并为东盟成员国的无障碍政府服务建立行为准则。

尽管政府不能强迫私人确保提供的服务是可访问的，但公开提供可访问行为准则将帮助企业了解如何才能使他们的产品和软件具有可访问性。

EA8.4：鼓励更深入地采纳和使用"垂直"数字服务

东盟已经在金融等数字服务方面开展了实质性工作，包括支付基础设施和监管计划。ADM 2025 可以以此为基础，帮助用户提供必要的数字技能，以充分利用数字金融服务和其他新兴服务。数字包容中心应包括适用于各种数字服务的模块，例如，一个关于数字金融包容性的模块，它可以提供有关如何教用户进行数字交易的指南和资源。

4.7 美国国家安全委员会《临时国家安全战略纲要》

一、正文序

我们面临着一场全球性的流行病，一场毁灭性的经济衰退，一场种族正义危机，以及日益加深的气候紧急状况。当前时代面临着一个前所未有的挑战，同时存在着一个无与伦比的机遇。

这一时刻要求我们向前迈进，而不是退缩——勇敢地与世界接触，以确保美国人的安全、繁荣和自由。它要求我们对国家安全有一个新的和更广泛的理解，认识到我们在世界上的作用取决于我们在国内的力量和活力。它需要创造性地利用我们国家力量的所有来源：多样性、充满活力的经济、充满活力的公民社会和创新的技术基础、持久的民主价值观、广泛而深入的伙伴关系和联盟网络，以及强大的军事力量。我们的任务是确保这些优势持续下去，在国内重建得更好，在国外重振领导地位。从恢复实力的立场来看，美国能够应对任何挑战。

我们将共同证明，民主制度不仅仍然可以为美国人民提供服务，而且民主制度对迎接时代的挑战至关重要。我们将加强与支持美国的盟友、志趣相投的伙伴合作，集中集体力量推进共同利益，遏制共同威胁。我们将通过外交发挥领导作用；将重申对全球发展和国际合作的承诺，同时对国防进行明智、有纪律的投资。我们将在应对当前危机的同时，促进韧性、创新、竞争力的发展，并真正实现未来的共同繁荣。我们将继续致力于实现我们的理想。我们将使国家安全机构和程序现代化，同时确保充分利用人才的多样性，以应对当今复杂的挑战。我们所做的每一件事，都将致力于使美国工薪家庭的生活更美好、更安全、更轻松。

我们面临的危机令人生畏。但美国并不气馁。纵观美国的历史，美国人已经将危机时期转变为复兴和机遇时期。今天也是如此。我们不仅有机会重建，而且有机会重建得更好。利用我们的优势，我们将创造更美好的未来。

二、全球安全形势

我们不能假装世界可以简单地恢复到 75 年、30 年甚至 4 年前的样子。我们不能就这么回到过去。在外交政策和国家安全方面，正如国内政策一样，我们必须开辟一条新路线。

最近的事件非常清楚地表明，我们所面临的诸多严峻的威胁没有国界或围墙，必须采取集体行动予以应对。大流行病和其他生物风险、不断升级的气候危机、网络和数字威胁、国际经济中断、旷日持久的人道主义危机、暴力极端主义和恐怖主义，以及核武器和其他大规模毁灭性武器的扩散，所有这些都构成深刻的、在特定情况下的危机。任何问题的有效解决都不可能由一个国家单独完成，要解决这些问题，美国不能旁观。

然而，在美国参与国际合作的需求比以往任何时候都更大的时候，全球各地的民主国家，包括我们自己的民主国家，正日益遭受围攻。自由社会遭遇了来自内部的腐败、不平等、两极分化、民粹主义和对法治的狭隘威胁的挑战。民族主义和本土主义趋势（因新冠肺炎疫情危机而加剧）催生了一种"每个国家都为自己服务"的心态，使所有人更加孤立、更不繁荣、更不安全。民主国家也越来越多地遭遇到来自外部的敌对势力的挑战。反民主势力利用错误信息、虚假信息和腐化手段来挖掘人性的弱点，在自由国家内部和国家之间播下分裂的种子，侵蚀现有的国际规则。扭转这些趋势对国家安全至关重要。美国必须以身作则，发挥领导作用，这需要在国内努力工作——巩固民主制度的根基，真正解决系统性的种族主义问题，兑现美国作为一个移民国家的承诺。美国的成功将是其他民主国家的灯塔，他们的自由与美国的安全、繁荣和生活方式交织在一起。

我们还必须面对这样一个现实：世界各地的权力分配正在发生变化，正在产生新的威胁。美国还面临着治理脆弱的国家内部的挑战，以及有能力破坏美国利益的、有影响力的非国家行为体的挑战。国内外的恐怖主义和暴力极端主义仍然是重大威胁。但是，尽管有这些严峻的挑战，基于力量的所有形式和各个方面的持久优势，美国仍然能够塑造国际政治的未来，促进我们的利益和价值观，创造一个更自由、更安全、更繁荣的世界。

这项工作十分紧迫，因为美国帮助建立的国际秩序的联盟、机构、协议和规范正在经受考验。在快速的变化和不断加剧的危机中，这个体系的缺陷和不平等已经变得很明显，而僵局和国家间的竞争已经让世界各地的许多人，包括许多美国人，开始质疑它的持续重要性。美国不可能恢复正常，过去的秩序也不可能简单地恢复。但这也提供了一个机会——采取行动、适应、改革和采取大胆举措，以新的方式将志同道合的国家和有影响力的非国家行为者聚集在一起。与美国的盟友和伙伴一起，使国际合作架构现代化，以应对21世纪的挑战，如网络威胁、气候变化、腐败和数字独裁主义等。

最后，在这些大趋势的背后，是一场既带来危险又带来希望的技术革命。世界领先大国正在竞相开发和部署新兴技术，如人工智能和量子计算，这些技术可能会影响各国之间的经济和军事平衡，以及未来的工作、财富和内部不平等。未来潜力巨大：清洁能源技术的进步对减缓气候变化至关重要；生物技术可以开启治疗疾病的大门；5G基础设施将为商业和信息获取方面的巨大进步奠定基础。技术的迅速变化将影响我们生活和国家利益的方方面面，但技术革命的方向和结果仍未确定。新兴技术在很大程度上仍然不受法律或规范的约束，这些法律或规范旨在以权利和民主价值为中心，促进合作，建立防止滥用或恶意行为的护栏，降低不确定性、管理竞争将导致冲突的风险。美国必须重新投入资金以保持科学技术优势，并再次发挥领导作用，与合作伙伴一道建立新的规则。

三、国家安全重点

美国自建国以来，重大国家利益一直没变。今天，为了促进这些利益，需要一种新的方式来应对当前时代的挑战。保护美国人民的安全是我们最庄严的义务。这要求我们不仅要面对来自大国和地区对手的挑战，而且还要面对来自暴力和犯罪的非国家行为者和极端主义者的挑战，以及来自气候变化、传染病、网络攻击和不尊重国界的虚假信息等的威胁。扩大经济繁荣和发展机会是我们的长期利益，但我们必须从工薪家庭生计的角度来重新定义美国的经济利益，而非企业利润或国家财富总和。这就要求经济复苏以公平和包容性增长为基础，以及鼓励创新、增强国家竞争力、创造高薪就业岗位、重建美国关键商品供应链和扩大所有美国人的机会的投资。我们必须继续致力于实现和捍卫作为美国生活方式核心的民主价值观。这不仅意味着维持现状，还意味着振兴民主，为全体美国人实现理想和价值观，并在国外捍卫价值观，包括团结世界民主政体，以对抗对自由社会的威胁。

从根本上说，为了确保国家安全，需要：

- 捍卫和培育美国力量的根本源泉，包括人民、经济、国防和国内民主；
- 促进有利的权力分配，以阻止和防止对手直接威胁美国和美国的盟国，阻止对手进入全球公共领域，或控制关键地区；
- 领导和维持一个由强大的民主联盟、伙伴关系、多边机构和规则支持的稳定和开放的国际体系。

美国不能独自完成这些工作。为此，我们将振兴美国在世界各地的联盟和伙伴关系并使之现代化。几十年来，我们的盟友一直站在我们的身边，抵御共同的威胁和对手，并携手努力促进我们共同的利益和价值观。它们是巨大的力量来源和独特的美国优势，有助于美国承担起维护国家安全和人民繁荣所需的责任。我们的民主联盟使我们能够提出一个共同点，形成统一的愿景，并集中力量促进高标准，建立有效的国际规则。这就是为什么美国投资北约，以及美国与澳大利亚、日本和韩国的联盟，并使之现代化。这些联盟和伙伴关系是美国最大的战略资产。我们将与盟国合作，公平地分担责任，同时鼓励它们投资于自己的相对优势，以应对当前和未来的共同威胁。

除了核心联盟，我们还将加倍建立全球合作伙伴关系，因为当我们共同努力应对共同挑战、分担成本并扩大合作范围时，我们的实力会倍增。在这样做的同时，我们将认识到，我们至关重要的国家利益迫使我们与印太、欧洲和西半球建立最深厚的联系。当我们与伙伴国家交往时，我们会铭记价值观和利益。我们将深化与印度的伙伴关系，并与新西兰以及新加坡、越南和东盟其他成员国一道努力，推进共同目标。我们将加强与太平洋岛国的伙伴关系，因为认识到我们拥有共同的历史和惨痛的经历。我们将重新致力于跨大西洋合作伙伴关系，与欧盟和英国就当前时代的决定性问题制定一个强有力的共同议程。

由于美国的重大国家利益与美洲近邻的命运密不可分，我们将根据相互尊重和平等的原则以及对经济繁荣、安全、人权和尊严的承诺，扩大美国在整个西半球的参与度和伙伴关系，特别是与加拿大和墨西哥的伙伴关系。这包括与国会合作，在 4 年内为中美洲提供 40 亿美元的援助，并采取其他措施解决人类不安全和非正规移民的根源，包括因新冠肺炎疫情而恶化的贫穷、暴力犯罪和腐败问题，以及整个拉丁美洲和加勒比海地区发生的严重衰退和债务危机。我们将合作应对气候变化对地区的影响，同时帮助邻国投资于善政和民主机构。

在中东，美国将保持对以色列安全的坚定承诺，同时寻求进一步与邻国融合，并继续发挥美国作为可行的两国解决方案的推动者的作用。

美国还将继续在非洲建立伙伴关系，投资于民间社会，加强长期的政治、经济和文化联系。我们将与富有活力和快速增长的非洲经济体结成伙伴关系，同时还将向治理不善、经济困难、卫生和粮食不安全的国家提供援助，这些国家的状况因新冠肺炎疫情而更加恶化。我们将努力结束非洲大陆的冲突，防止发生新的冲突，同时加强我们对发展、健康安全、环境可持续性、民主进步和法治的承诺。我们将帮助非洲国家应对气候变化和暴力极端主义带来的威胁，并支持它们在面对外国不当影响力时维护经济和政治独立。

除了致力于我们的联盟和伙伴关系，美国将再次拥抱国际合作，以建立一个更美好、更安全、更富弹性和更繁荣的世界。我们将迅速采取行动，重新获得美国在国际机构中的领导地位，与国际社会一道，共同应对气候危机和其他共同挑战。美国已经重新加入《巴黎协定》，并任命了一位总统气候问题特使，这是恢复美国的领导地位并与其他国家共同努力以应对迅速上升的气温所带来的严重危险的第一步。气候危机已经酝酿了几个世纪，即使采取积极行动，美国和世界还是将在未来几年经历越来越多的极端天气和环境压力。但是，如果现在不采取行动，我们将错过最后的机会来避免气候变化对人民的健康、经济、安全甚至地球带来的最可怕的后果。这就是为什么美国将清洁能源转型作为国内经济复苏的中心支柱，使之成为全球气候变化议程领导者的国内繁荣和国际信誉的原因。在今后几个月里，美国将召集世界主要经济体，力求提高包括美国在内的所有国家的雄心壮志，以迅速降低全球碳排放量，同时也增强国内和脆弱国家应对气候变化的能力。在做出这些努力的同时，我们将帮助世界各地的伙伴减轻和适应气候变化的影响，美国将随时准备向受自然灾害影响的国家和地区提供人道主义和发展援助。

美国还将与国际社会一道抗击新冠肺炎疫情和其他具有大流行潜力的传染病构成的持续威胁。美国将领导世界卫生组织致力于改革和加强该组织。美国将推动改革，以改善联合国在应对这一大流行病和为下一次大流行做准备方面的机构和作用。美国已经开始动员国际社会对新冠肺炎疫情做出反应，初期向 COVAX（新冠肺炎疫苗实施计划）捐款 20 亿美元，并承诺在未来的几个月和几年中再提供 20 亿美元。美国将与联合国、七国集团、二十国集团、欧盟和其他区域组织一道，通过《全球卫生安全议程》，并与国际金融机构合作，为急需的医疗用品和疫苗提供支持。美国将与其他国家一道，应对由疫情大流行引起或因疫情大流行加剧的严峻挑战，包括债务增加、贫穷加剧、粮食安全恶化以及基于性别的暴力恶化。美国将为所有国家振兴并扩大全球卫生与健康保障计划，以降低未来自然灾害、意外事故或蓄意的生物灾难发生的风险。

改善全球生活也可以增强美国的国内利益。当我们共同努力应对共同挑战、分担负担并扩大合作范围时，美国的实力就会成倍增长。通过我们的发展机构和融资工具，美国将为外国提供援助以促进全球稳定，并提供掠夺性发展模式的替代方案。我们将投资于具有气候意识的粮食和水安全以及有韧性的农业，预防疾病并改善公共卫生和营养。我们将努力确保为儿童和青年提供高质量和公平的教育以及机会。作为更广泛地致力于包容性经济增长和社会凝聚力的一部分，我们将促进性别平等、LBGTQI+ 权利和妇女赋权。全球发展是表达和体现美国人民的价值观，同时追求国家安全利益的有效手段之一。简而言之，美国的对外援助计划和伙伴关系既是正确的也是明智的选择。

联合国和其他国际组织尽管不完善，但对于促进美国的利益仍然至关重要，美国将重新作为一个全面参与者参与进来，努力按时全额履行美国的财政义务。在一系列关键问题上，从气候变化到全球卫生、和平与安全、人道主义、振兴民主和人权、数字连接和技术治理、可持续和包容性发展以及被迫流离失所和移徙，美国只有恢复在多边组织中的领导作用才能实现有效的全球合作。同样重要的是，这些机构应继续坚持自联合国系统 75 年前成立以来一直支撑着的普遍价值观、愿望和规范。在一个竞争日益加深的世界，美国不会放弃这一重要领域。

在重新参与国际体系的过程中，美国将应对核武器构成的生存威胁。美国将阻止代价高昂的军备竞赛，并重建美国作为军备控制领导者的信誉。这就是为什么美国迅速采取行动延长与俄罗斯的《新削减战略武器条约》。在可能的情况下，美国还将寻求新的军备控制安排。美国将采取措施减少核武器在国家安全战略中的作用，同时确保美国的战略威慑力量仍然安全、可靠和有效，并确保美国对盟国的延伸威慑承诺仍然强大和可信。美国将与俄罗斯和中国就涉及战略稳定的一系列新兴军事技术发展进行有意义的对话。

为了促进美国在全球的利益，我们将在国防和负责任地使用美国的军事力量方面做出明智和有纪律的选择，同时将外交提升为第一手段。与安全环境相匹配的强大军事力量是美国的决定性优势。当需要保护我们至关重要的国家利益时，美国将毫不犹豫地使用武力。我们将确保我们的武装力量能够威慑对手，保卫人民、利益和盟友，并击败出现的威胁。但是，使用军事力量应该是最后一招，而不是第一招；外交、发展和经济策略应该是美国外交政策的主要工具。只有当目标和使命明确且可实现时，当武力与适当的资源相匹配时，当它与我们的价值观和法律相一致时，当它与美国人民知情同意时，军事力量才应该被使用。我们决定将以文官控制军队和健康的军民关系的强大传统为基础。在需要使用武力时，尽可能与国际和当地合作伙伴一起使用武力，以增强效力和合法性，分担负担，并在投入的其他方面取得成功。

保卫美国还意味着在国防预算中明确优先事项。首先，美国将继续投资于全部服役人员及其家属。美国将保持战备状态，确保美国武装部队仍然是世界上训练最好、装备最好的部队。美国将适当评估部队的结构、能力和规模，并与国会合作，将重点从不需要的遗留平台和武器系统上转移，以腾出资源投资于决定未来安全的尖端技术和能力。我们将简化这些技术的开发、测试、获取、部署和保护流程，确保有熟练的劳动力来收购、整合和操作它们；将制定伦理和规范框架，以确保负责任地使用这些技术；将保持特种作战部队的熟练程度，将重点放在危机应对、优先反恐和非常规战争任务上；将发展更好地竞争和阻止灰色地带行动的能力；将优先在应对气候变化和清洁能源方面进行国防投资；将努力确保国防部是一个机会真正平等的地方，在那里服役人员不会面临歧视，以及性骚扰和性侵犯的祸害。

美国不应该，也不会卷入"永远的战争"，这场战争已经造成数千人死亡，数万亿美元损失。在其他地方，当我们与我们的伙伴一起努力，威慑对手、捍卫利益时，美国在印度洋-太平洋和欧洲的存在将最为强劲。在中东，美国将调整军事存在规模，使其达到破坏国际恐怖主义网络、保护美国其他重要利益所需的水平。《全球态势评估》将指导这些选择，确保它们与美国的战略目标、价值观和资源保持一致。美国将在与盟友和伙伴密切协商的情况下，根据人员安全做出这些调整。

当美国履行承诺，将美国人民——尤其是工薪家庭——置于国家安全战略的中心时，美国的政策必须反映一个基本的事实：在当今世界上，经济安全就是国家安全。美国中产阶级的力量——这个国家的脊梁——是美国长期的优势。因此，美国的贸易和国际经济政策必须服务于所有美国人，而不仅仅是少数享有特权的人。贸易政策必须壮大美国的中产阶级，创造新的更好的就业机会，提高工资水平，加强社区建设。美国将确保国际经济规则不会对美国不利；将执行现有的贸易规则，并制定促进公平的新规则；将确保通过国际商业、贸易和投资政策促进的增长是持久和公平的；将与盟友合作，改革世界贸易组织（WTO），使其发挥作用，支持美国的就业以及全球数百万人共享的价值观——劳工权利、平等机会和环境管理。美国只有在对美国工人和社区进行投资之后，才会寻求达成新的贸易协议。在与其他国家谈判时，美国将为美国工人和中小企业挺身而出，即继续确保所有美国公司都能在海外成功竞争。美国将让劳工和环境组织参加谈判，并坚持所有的经济协议都提高劳工和环境保护力度；将与志趣相投的国家合作，推动一个促进全球向清洁能源过渡的国际贸易体系；将确保国际经济政策加强国内政策，以支持工人、小企业和基础设施；将整合各种措施，以应对转型和分配方面的挑战；将重申在发展投资中与私营部门建立伙伴关系的承诺，并寻求为美国公司在发展中国家创造投资机会；将高度重视发现、预防和管理给美国家庭带来沉重打击的全球经济冲击。

在多重危机交织的时刻，我们必须认识到，美国要提升国际影响力必须稳定国内环境。充满活力、包容和创新的国民经济和繁荣的人口是美国的一项重要优势，必须予以更新。这首先要果断应对新冠肺炎疫情引发的公共卫生和经济危机。拜登总统上台后仅两日，便出台了 12 项行政命令，强化了美国的国家策略，有望重拾美国人民的信任。这些行动包括：发起安全、有效且全面的疫苗接种活动；强制要求佩戴口罩；加大检测力度；扩大医疗队伍；充分利用大数据等。美国将加大紧急救援力度，实施《国防生产法案》，让学校和企业安全开学和复工，促进安全出行。我们应对新冠肺炎疫情的努力将重点放在保护最易受威胁的人群、促进公平和传播科学主导的可信的公共卫生指导。为了应对经济危机，我们将与国会合作，为工人、家庭、小企业和社区提供持续的救济，并开始进行意义深远的投资，在基础设施、制造业、技术和护理领域创造数百万个薪酬优厚的新就业机会。

在采取短期复苏所需的紧急措施的同时，美国也必须抓住摆在面前的历史性机遇，以使美国在很长时间内以更有弹性和更安全的方式重建。这就是为什么美国将重建并加强联邦、州和地方的准备工作，不仅为了应对这次疫情大流行，而且为了应对下一次疫情大流行。我们将努力恢复美国在全球卫生和卫生安全方面的领导地位，做好全世界范围内的准备工作，并提升应对能力，以发现并迅速遏制传染病和生物威胁。我们将对关键库存进行投资，并确保危机期间所需的药品、医疗设备和其他关键材料的供应链不过度依赖容易中断的海外网络。我们将确保本国经济更有能力应对新冠肺炎疫情和气候变化等全球冲击。

更好的重建还需要一个更新的社会契约。在任何时候，而不仅仅是在危机时期，我们都把美国工人和工薪家庭视为基础——确保他们有更高的工资、更强有力的福利、集体谈判权利和公平安全的工作场所。我们将动员美国的制造业和创新，以确保未来在美国创造，在整个美国创造。我们将利用美国人的聪明才智建设现代基础设施，确保我们的投资创造良好的就业机会，扩大中产阶级。

这一议程的核心是建设一个公平、清洁和有恢复力的能源未来，这是防止气候危机构成的生存风险所迫切需要的。这样做对于激发创新、增加高薪工作岗位以及确保美国在未来几十年的竞争力至关重要。我们将大幅增加对技术研究、开发和部署的投资，为低碳甚至无碳未来提供动力。美国的创新可以创造就业岗位，并使就业岗位数量不断增长，以满足全球市场的需求。我们将利用联邦采购来启动对电动汽车等关键清洁技术的支持；支持可再生能源的加速部署，投资于气候友好型基础设施，建立应对气候变化的能力，使能源网络现代化，并提供必要的国际领导力，鼓励世界各国也这样做。

更广泛地说，我们将保持美国的创新优势，以改善所有美国人的生活；将加倍进行科技投资，包括在研发、基础计算技术和国内领先制造领域，以实现众多领域的国家战略目标，包括经济、健康、生物技术、能源、气候和国家安全领域；将以警惕和远见来保护投资，以打造和扩大持久的战略优势；将通过投资于STEM（科学、技术、工程、数学）教育来增加科技劳动力，美国目前在这方面正在失去优势，并通过确保移民政策激励世界上最优秀、最聪明的人在美国学习、工作和留在美国来恢复美国的历史优势；将建设21世纪的数字基础设施，包括通用的、负担得起的高速互联网接入和安全的5G网络；将继续探索外太空，以造福人类，同时确保航天活动的安全性和稳定性；将制定新兴的技术标准，以确保国家安全、经济竞争力和价值观。通过这些举措，美国将与民主的朋友和盟友合作，扩大集体竞争优势。

我们要加强科技基础建设，优先发展网络安全，增强网络空间能力和韧性，提升网络安全在政府的重要性。我们将共同努力管理和分担风险，鼓励私营部门和政府在各个层面进行合作，为所有美国人建立一个安全可靠的网络环境；将扩大对基础设施和人员的投资，以有效抵御恶意网络活动，为不同背景的美国人提供机会，建立无与伦比的人才基础；将重申在网络问题上参与国际事务的承诺，与盟友和伙伴共同努力，维护网络空间现有的秩序，并塑造新的全球规范；将追究行为者对破坏性的恶意网络活动的责任，并通过网络和非网络手段，对网络攻击做出迅速和相应的反应。

更好的重建需要我们致力于恢复民主。美国的民主、平等和多样性理想是美国优势的根本和持久来源——但它们不是既定的。接受这一优势意味着实现美国建国时的承诺，加强和更新民主进程和理想，并通过行动证明民主对于应对时代挑战至关重要。美国将打击压制选民和剥夺公民权的行为；要求政府公开透明、落实问责制，并铲除腐败，正视金钱摧残政界的现实；将重新投身于法治，重视宪法规定的三权分立和司法独立；重拾人民对政府官员的信心，包括对联邦执法机构、情报机构、外交官、公务员和军人的信心；还应重视言论自由、新闻自由、和平示威权，以及其他核心公民权利。

在数百万美国人勇敢地面对新冠肺炎疫情、要求种族公正之际，在大流行病和经济危机对美国黑人和棕色人种造成特别沉重的打击之际，如果不推进种族平等，就不可能真正实现更好的重建。这就需要对警务和刑事司法系统进行深入改革，并采取紧急措施确保所有人的投票权。但这还不够。要打击系统性的种族主义，就需要采取积极行动，提出解决贫富差距、健康差距以及教育机会、结果等方面的不平等的政策和做法。

我们还必须记住并庆祝美国是一个移民国家，多样性使美国在国内外都保持强大。我们必须重申美国作为避难所的承诺，以及保护那些在美国的海岸上寻求庇护的人的义务。这就是为什么我们结束了上届政府的家庭分离政策和歧视性旅行禁令。我们不可能在一夜之间解决在南部边境面临的所有挑战。但是，我们将遵循美国的价值观，安全且公平地持续推进。

一个充满活力的民主国家拒绝任何形式的政治暴力。尽管在打击国际恐怖主义方面取得了重大成功，但美国仍然面临着弥散的威胁。国内暴力极端主义挑战了美国民主制度的核心原则，我们需要制定保护公共安全的政策，维护美国传统，尊重法律；要调整反恐策略，调整国防资源以应对不断变化的威胁；要提升联邦政府的协调性和统一性，充分利用一切条件，与州、地方、部落、私营部门和其他国家展开合作。解决美国普遍存在的极端暴力主义，最重要的是拥有强大的执法和情报能力，多方合作，并实现情报共享。

我们保卫民主的工作不会止步于我们的国家。美国必须与志同道合的盟友和伙伴一道，重振世界各地的民主。美国将与全球其他民主国家共同努力，遏制和抵御敌对对手的侵略。美国将与盟友和伙伴站在一起，打击针对民主国家的新威胁，这些威胁包括跨境侵略、网络攻击、虚假信息，以及基础设施和能源胁迫；将捍卫和保护人权，解决各种形式的歧视、不平等和边缘化问题；将严厉打击造成收入不平等的避税天堂和非法融资，打击为恐怖主义提供资金和外国有害影响的行为；将统筹运用经济工具，发挥集体力量，促进共同利益；将共同努力，让任何干涉民主进程的人付出真正的代价；将与志同道合的民主国家一道，开发和保护值得信赖的关键供应链和技术基础设施，并促进大流行疾病防范和清洁能源开发；将带头促进关于新兴技术、空间、网络空间、健康和生物威胁、气候和环境以及人权的共同准则，并达成新的协议；将召开全球民主峰会，以确保盟国和伙伴在我们最珍视的利益和价值观上进行广泛的合作。

总体来说，这一议程将加强美国的持久优势，并使美国在与任何其他国家的战略竞争中获胜。恢复美国的信誉和重新确立前瞻性的全球领导地位，将确保美国制定国际议程，与其他国家共同努力，形成新的全球规范和协议，促进我们的利益，反映我们的价值观。通过巩固和保护美国的盟友和伙伴网络，并进行明智的国防投资，反击对美国的集体安全、繁荣和民主生活方式的威胁。

同时，振兴美国的核心优势是必要的，但还不够。我们将面对不公平和非法的贸易行为、网络盗窃和胁迫性的经济行为，这些行为伤害了美国工人，削弱了美国的先进和新兴技术实力，并试图削弱美国的战略优势和国家竞争力。美国将确保国家安全关键技术和医疗物资供应链安全；将继续根据国际法捍卫对全球公域的使用权，包括航行自由和飞越权；将通过外交和军事手段来保护盟友；将支持周边国家和商业伙伴捍卫自主政治选择的权利，不受胁迫和外国不正当影响；将促进由地方主导的发展，以打击对地方优先事项的操纵。

我们还认识到，在符合国家利益的情况下，战略竞争不会也不应该妨碍美国与中国合作。的确，恢复美国的优势将确保我们以自信和有力的姿态与中国打交道。我们将同中国开展务实的外交，努力减少误解误判的风险；我们将欢迎与中国在气候变化、全球卫生安全、军备控制和防扩散等两国命运交织的问题上开展合作。与此同时，我们将召集盟友和伙伴加入我们的行列，集中谈判筹码，展示集体力量和决心。

最后，为了使美国的国家安全战略有效，必须对国家安全劳动力、机构和伙伴关系进行投资，激励新一代青年从事公共服务，确保我们的劳动力代表国家的多样性，并使决策过程现代化。执行有效的国家安全战略需要专业知识和明智的判断。然而，近年来，美国国家安全机构和工作人员的经验、诚信和专业精神，尽管大体能应变，却经受了严峻的考验。我们必须承认这是国家安全面临的挑战，并应迅速采取行动解决它。

随着新冠肺炎疫情得到控制，我们将确保国家安全工作人员能够继续安全有效地工作。美国应保护国家公务员，招纳新一代国防专家，重建人力资本，形成一支强大的外交官、专家、情报官员、现役军人和公务员队伍；将提升国家安全人员的培训质量，在保证灵活的条件下，提倡多元性、公平性和包容性。

我们将创造新的机会，让非职业专家在一定时间内为政府服务。我们将吸引私营部门在气候变化、全球公共卫生、新兴技术等各种问题上的关键人才，并激励他们在联邦政府工作。面对如今复杂的挑战，美国将为劳动市场提供必要的尖端技术，发展新的组织结构和创新文化。国家安全人员体现了美国的多元文化，为美国带来优势，但在实施过程中还需强调诚信专业、责任归属和透明度。

当我们以全面的外交、经济、卫生和发展工具发挥领导作用时，美国能取得更大的成就。出于这个原因，为了避免在执行更适合他人的任务和使命时过度依赖美国军队，国家安全预算将优先为外交和发展提供新的资源；还将对情报部门进行投资，加强其及时分析和预警的能力，为政策制定提供信息，并在威胁演变为危机之前阻止它们。

国内政策与外交政策在传统意义上的区别已日益模糊，国家安全、经济安全、公共健康安全和环境安全之间的差别也是如此。我们必须重新审视各个机构、部门与白宫之间的关系，并进行改革以反映现实。我们将确保科学技术、工程与数学、经济与金融、稀缺语言以及关键地区研究等方面的人才参与政府决策。因为联邦政府没有，也永远不会垄断专业技术，我们将稳步发展新的伙伴关系，确保州、市、民间社会、非营利组织、侨民、信仰组织和私营部门法人代表更好地加入政策审议过程。我们还将开发新的机制，协调不同利益相关方，确保政策顺利执行。

四、结论

这是一个转折点。我们正处于一场关于世界未来方向的基本辩论之中。若要取得胜利，必须证明民主仍然可以为美国人民提供服务。这意味着我们要重建更好的经济基础，恢复美国在国际机构中的地位，在国内高举我们的价值观，在世界各地大声疾呼捍卫我们的价值观，提高军事能力现代化，同时以外交为主导重振美国的联盟网络和伙伴关系，使世界对于各国人民而言更加安全。

美国需要以自信和有力的姿态面对世界。若能与民主伙伴合作，我们将迎接每一个挑战，超越每一个挑战者。只要我们一起努力，就能够而且一定会更好地重建家园。

4.8 网络安全与基础设施安全局（CISA）全球战略

一、CISA 概览

（一）关于我们

CISA 与政府和行业的伙伴合作，防御当下威胁，并共同为未来打造更安全、更有弹性的基础设施。

（二）CISA 局长的优先事项

CISA 局长有 5 个具体的业务重点领域，在某些情况下，涉及以下目标和目的：

- 供应链和 5G；
- 选举安全；
- 软目标安全；

- 联邦网络安全；
- 工业控制系统。

（三）我们是国家的风险顾问

网络安全与基础设施安全局（CISA）是网络和实体基础设施国家风险管理的顶级机构。

（四）全球视野

在当今全球化和互联互通的世界中，美国的关键基础设施、系统、资产、功能和公民面临着一系列严重风险和威胁。国家或非国家行为者的对手和竞争者试图通过各种策略来推进其目标，包括显著削弱美国力量的基础、降低社会功能、破坏人民对机构的信任，以及提高其利用漏洞以及破坏关键基础设施的能力等行动。极端天气事件、自然灾害、恐怖主义和敌对国家行为体是对关键功能和核心系统的威胁，也是可能产生全球性连锁效应的系统性风险。随着网络设备被进一步集成到生活和商业中，其漏洞为对手提供了额外的攻击媒介。例如，全球供应链面临着以下风险：恶意软件和硬件活动、物理攻击或自然事件造成的破坏，以及出于政治和经济目的的操纵；老化、过时和资源不足的基础设施可能无法维持系统性的对抗；应急人员和决策者之间的应急通信可能会遭遇中断或缺乏互操作性。此外，局部事件可能会导致严重依赖伙伴国的物品的供应链短缺。这些风险中有许多是复杂的，并且分散在不同的地理位置和不同的利益相关者之间。

CISA 有能力充当信息共享、分析、规划和响应的核心协调员，同时与志同道合的国际合作伙伴协同工作。作为美国政府的国家计算机安全事件应急响应小组（CSIRT），CISA 与其他国家的 CSIRT 开展全球社区合作，充当"网络世界的第一响应者"。作为该社区的一部分，CISA 利用其网络和合作伙伴关系来增强全球网络安全的安全性和弹性，通过共享信息、交流最佳实践以及提高利益相关者和公众的意识，帮助保护外国合作伙伴、私营部门和个人免受敌对行为者的伤害。

（五）任务

通过与国际伙伴合作，加强网络生态系统的安全，提高关键基础设施的弹性，并应对于美国利益至关重要的紧迫威胁和风险，从而增强国家安全和弹性。

（六）愿景

在全球业务和政策环境下，政府和业界的安全专业人员以及风险管理人员可以在与利益攸关方进行互动和能力建设的同时，共同阻止威胁，并应当关键基础设施面临的风险。CISA致力于在所有关键基础设施部门推广安全性和弹性措施的最佳实践，以及推广全球通信基础设施资产和系统，包括开放、可互操作、可靠和安全的互联网连接。

（七）CISA如何应对网络/物理/通信/混合威胁和风险？

在如今这个相互依存、相互联系的世界中，关键基础设施的安全和保障需要全球公共和私营伙伴的共同努力。CISA对基础设施安全的关注包括：解决爆炸安全、化学安全、软目标安全问题和减轻内部威胁。根据CISA的法定权力，CISA与国际合作伙伴合作，通过信息共享来增强和促进跨境和全球关键基础设施的安全性和弹性，以便从最佳实践、专业知识和经验教训的交流中受益。

有了这些关键任务集，CISA必须做更多的工作来应对当今的复杂挑战，并为未来可能出现的威胁做好准备。CISA可以利用其全球网络来增强合作伙伴的能力，建立更好的集体实践状态，并应对对于美国国家安全利益至关重要的紧急威胁。

CISA致力于在一个全球化运营和政策环境中促进一个开放、可互操作、可靠和安全的互联世界，使网络防御者和风险管理者能够共同防止和减少对关键基础设施的威胁。美国邀请全球合作伙伴加入，为保障今天、保卫明天而战。

（八）什么是CSIRT？

CISA是美国的国家计算机安全事件响应小组（CSIRT），并在与CSIRT全球社区的互动中扮演着独特的角色。CSIRT是一个具体的组织实体（拥有一个或多个成员），负责为一个组织提供事件管理功能。当CSIRT存在于组织中时，通常是协调和支持事件响应的焦点。

DHS定期与国家级CSIRT联系。"负有国家责任的CSIRT"是指由一个国家或经济体指定，在网络保护或事件响应方面负有具体责任的组织，其任务通常是支持国家安全目标、处理政府网络和关键基础设施中的安全问题。国家级CSIRT必须得到政府的明确认可。

CSIRT作为网络世界的"第一响应者"，负责保护政府、公司和个人免受攻击者的侵害，分享最佳实践，并提高网络安全同行、政府、私营部门和公众的网络安全意识。从历史上看，这个技术社区专注于网络保护或计算机网络防御，并且在任何情况下都依赖于技术合作。这使得CSIRT可以在不考虑政治问题的情况下开展合作，并始终专注于事件响应和缓解。

二、CISA 对国际合作伙伴的愿景

CISA 保护美国关键基础设施免受当下威胁，同时也关注未来出现的风险。作为保护和增强美国联邦民用网络系统和关键基础设施安全性和弹性的"领头羊"，CISA 采用了一种减少全美系统漏洞的风险管理方法，从而提高保护和防御姿态，以应对恶意网络活动、混合威胁、恐怖主义和有针对性的暴力，以及各种基础设施安全风险。CISA 与公共和私营部门合作，确保所有者、运营者和利益相关者知情并充分"武装"，从而做出有关其系统和资产的风险管理决策。

DHS 和 CISA 的国际优先事项是由其独特的国土安全使命驱动的。因此，国际伙伴关系被视为执行网络安全和关键基础设施任务的基本要素。在此背景下，CISA 希望建立、维持和推进国际伙伴关系，以：

- 从战略上为 CISA 的目标、优先事项和核心职能以及更广泛的 DHS 和美国国家安全目标提供国际支持；
- 增进对网络安全、基础设施安全和应急通信中的漏洞和风险的认识，并指导相关的全球战略沟通；
- 促进信息共享，以帮助预防、减轻和管理网络及物理风险，提高关键基础设施、供应链和全球网络生态系统的安全性和弹性；
- 提高运营能力，解决已确定的能力差距以及满足技术和信息需求；
- 分享专业知识和最佳实践，以构建和加强网络保护、风险管理和事件响应能力；
- 管理系统性风险，以帮助维持国际稳定；
- 广泛塑造不断发展的网络生态系统，以支持其整体的网络安全使命。

CISA 将通过四方面的努力加强与国际社会的接触：推进业务合作；开展能力建设；利益攸关方参与和外展服务；塑造政策环境。这 4 项工作既与国际伙伴关系方针相吻合，又与更广泛的战略目标相一致。这些工作的核心是信息共享。

适当和安全的信息共享是 CISA 国际合作活动的关键部分。CISA 利用自动指标共享（Automated Indicator Sharing，AIS）和国土安全信息网络（Homeland Security Information Network，HSIN）等关键项目来扩大关系网。这些项目帮助美国及其盟友防范、识别、警告和应对威胁事件；利用信息，构

建公共和私营部门关键基础设施所有者和运营商的防范能力；维护和确保运转良好、有弹性的基础设施，这对于增强公众信心和维护国家安全、经济安全至关重要。

三、推进业务合作

（一）长期目标：加强态势感知

提高 CISA 对物理和网络事件及应急通信问题的持续态势感知能力，并识别可能影响关键基础设施的威胁，以促进快速响应，并减轻负面后果。

鉴于网络日益互联互通、关键基础设施部门之间日益相互依赖以及跨境数据的流动，与外国同行开展业务合作是有效预防、发现、阻止和减轻威胁及危害的关键工具。在本文件中，业务合作被定义为与国际合作伙伴的联系，其特征是互惠互利的信息共享，可以使双方知情并增进关系。通过此类国际业务合作，CISA 可以提高其集体态势感知能力，并能够开发应对、减轻关键基础设施和网络安全面临的威胁及危害的创新方法。通过分享最佳运营实践、开展联合演习、处理威胁信息并提供相关缓解建议，或以某种方式进行合作，使美国的安全和防务努力与志同道合的伙伴保持一致，将 CISA 的合作伙伴关系发展为可信赖的关系，实现关键的业务信息共享，从而改善沟通能力，营造联合作战的环境并支持弹性工作。最终，CISA 希望合作伙伴关系更加成熟，并在海外部署人员，以有效地执行 CISA 的使命。

1.战略目标

公共、私人所有者和运营商管理着支持美国经济和社区的大量关键基础设施。这些系统和资产提供了对美国至关重要的国家关键职能，它们的破坏、腐败或功能障碍将对国家安全、经济、公共卫生和安全造成破坏性影响。基础设施系统正在迅速发展，通过利用新技术来增强其服务，而对手也在不断发展。世界各地的基础设施所有者和运营商越来越多地面临新的风险，同时必须应对民族国家的对抗行动。作为美国联邦政府关键基础设施安全和网络安全的领导者，CISA 推动国家采用基于风险并能应对不断变化的威胁环境的共同政策和最佳实践。此外，作为国家网络安全资产响应的负责部门，CISA 与跨部门伙伴合作，部署入侵检测、未授权访问预防和近实时网络安全风险报告的功能。在部署这些功能时，CISA 会优先考虑可能严重损害国家安全、外交关系、经济、公众信心、公共健康与安全的评估的安全措施和补救系统。

2.预期结果

通过了解不断变化的风险，优先安排风险管理活动以更好地保护基础设施，同时聚焦网络威胁防御和网络资产响应，采取行动应对新出现的威胁，提高全球关键基础设施的安全性。美国将与志同道合的伙伴合作，保护全球民用信息技术系统免受网络威胁和入侵。

（二）中短期目标1：评估和应对不断演变的风险

1.战略目标

- 建立、维持和推进国际关系，以预防威胁事件发生，保护基础设施，减轻并管理风险；提高全球网络生态系统的安全性和弹性，并保护隐私。

- 增强CISA对威胁活动和主要威胁的战略利益的理解，并及时获取关于关键信息系统和其他关键基础设施的风险状况的可用数据。

- 通过预防、保护和响应行动，提高CISA分析和确定风险优先级，以及预防或减轻重大威胁活动和漏洞的影响的能力。

- 酌情向国际合作伙伴提供建议、分享威胁迹象和其他信息。

- 通过与国际合作伙伴交换可操作的、相关且及时的威胁情报，利用CISA的权力及DHS和跨机构间的权限，高效地打击威胁。

- 保持对国际和系统性网络安全和基础设施风险趋势的认识，包括影响全球信息和通信技术供应链的风险，以及其他影响国家安全、公共健康和安全以及经济安全的系统性风险。

- 与相关国际伙伴合作，制定应对新兴风险的战略和可行的解决方案。

- 促进应急响应人员和政府官员与志趣相投的伙伴使用相似的沟通机制，以确保个人安全、国家安全。

- 召集政府、私营部门和国际合作伙伴，推动最佳实践和集体防御，从而提升美国广泛的关键基础设施和更大的全球网络生态系统的安全性和弹性。

- CISA利用国家风险管理方法来评估网络风险，为特定威胁制定计划，并实施量身定制的解决方案，以保护关键资产和系统，并利用来自国际合作伙伴的反馈，制定更具战略性的计划，以匹敌并超越对手的步伐和创新。

2.预期结果

与国际伙伴合作，并以国际安全社区成员的身份参与相关活动，同时与伙伴国的关键基础设施和工业控制系统所有者和运营商合作，以确保全球环境安全可靠，减少共同面临的威胁。

（三）中短期目标 2：加强美国关键基础设施的安全性和弹性

- 通过与国际合作伙伴以及公私营部门合作，开展有协调性的准备活动以最大限度地减少物理损害的影响，增强美国关键基础设施的安全性和弹性，助力国际合作伙伴未雨绸缪，从容应对关键基础设施遭受的物理威胁，并从中恢复。

- 通过与国际合作伙伴分享最佳实践和经验教训，增强 CISA 对迫在眉睫的威胁的了解，以及应对自然灾害、特殊事件和大规模集会等事件的能力。

- 通过共享信息、风险管理方法，以及分享最佳实践和培训信息，增强美国关键基础设施和关乎美国利益的海外资产（特别是在与美国共享关键基础设施的周边国家的资产）的安全性和弹性。

- 通过评估跨部门的关键基础设施风险和全球相互依存关系，为美国和国外关键基础设施利益相关者提供专业知识和服务。

- 通过开展漏洞和风险评估，促进安全技术的研究和开发，并提供其他技术服务，提高关键基础设施面临威胁和危害时的安全性和弹性，从而支持影响美国国家和经济安全的海外关键基础设施的所有者和运营商。

- 通过与国际伙伴合作，增强工业控制系统的安全性和弹性，降低美国关键基础设施面临的风险。

- 通过对战略威胁的共同理解和确保关键基础设施免受此类威胁的最佳实践的机构间工作，使国际伙伴、私营部门安全专业人员、关键基础设施运营商以及政府合作伙伴有能力改善全球范围内关键职能的弹性和完整性。

四、开展能力建设

（一）长期目标：合作伙伴能力建设

与国际合作伙伴保持联系，并支持其发展自身的能力，以有效地发现威胁，评估潜在影响，并采取适当的应对措施来减轻风险，从而推动合作并使 CISA 各部门从中受益。

所有威胁和危害（尤其是源于网络 – 物理连接的那些）的全球影响促使 CISA 协助各国建设自身能力来管理风险、加强网络安全性和弹性、提升应变能力，并应对当前和突如其来的风险。同时增强其他国家的组织能力，使

CISA 能够全面增强国土安全，维护国际安全，提升全球社会韧性。在利用其他国家的技术、研究和能力的同时，分享经验教训、最佳做法和信息共享将是与国务院合作开展这项工作的基石。

1.战略目标

为了应对当前和不断发展的网络安全风险，有必要提升全球安全水平和应变能力，包括网络安全尽职调查以及 CSIRT 的发展和成熟。多年来，DHS 和其他机构已投入大量资源来支持此类工作。由于受援国的政治变化、缺乏良好的跟进机制或缺乏激励训练有素的人员继续工作的机制，网络安全和基础设施能力建设投资的长期效益往往没有得到充分实现。CISA 希望与国际合作伙伴合作，探索优先考虑和维持能力建设投资的方法，例如为整体网络安全能力建设提供更容易获得的资源。

2.预期结果

- 增加有能力连接到 CISA 关键信息共享系统的外国同行数量。这包括加快优先合作伙伴关系的协调和行动速度，以便能够在稳定状态和紧急操作期间共享实时威胁信息。
- 增强美国至关重要的海外基础设施的安全性和弹性。
- 提高对那些希望对美国及美国的外国伙伴造成伤害的人的防范意识、识别和早期预警。
- 在吸收和借鉴国外同行的最佳做法和经验教训之后，CISA 各组成部分的能力得到提升。

（二）中短期目标：提高合作伙伴的能力和意识

- 加强和支持双边、区域和全球计划，提高各国在网络安全、关键基础设施保护和物理安全方面的能力。与政府、行业和公民社会合作建立全球网络安全和关键基础设施安全能力。
- 通过与选定的国际合作伙伴就共同关心的关键问题进行最佳实践和经验教训交流，加强国内国际安全。
- 贡献 CISA 的专业知识，帮助各国发展自己的能力，从而保护国内和海外资产，同时有效地使 CISA 能够在美国感兴趣的特定领域向具有专业知识的国家学习。
- 推动制定有关应急通信治理和能力建设的国际政策和标准，完善互操作性，以便响应者能够在日常操作和重大事件中共享语音、视频和数据通信。

- 鼓励增加受过网络和物理安全培训的专业人员的数量，以确保有适当的人才供应来满足国际需求。

五、利益攸关方参与和外展服务

（一）长期目标：加强协作

加强与外国同行的合作，以建立对威胁和危险的共识，并为保护重要基础设施和信息系统做好准备。

1.战略目标

CISA的国际使命取决于战略利益攸关方的参与，以建立广泛、多样且强大的公共和私人利益相关者和专家网络，推动用集体努力来保护关键基础设施和加强全球网络安全态势。CISA的目标是建立和完善合作伙伴关系，建立沟通渠道，促进信息、最佳实践、思想和经验教训的交流，并保持及时的、相关的、持续的全球努力，以解决共同的问题。借助利益攸关方参与和外展活动，CISA不仅可以提高广大受众的认识，还可以维持一个符合美国倡议和优先事项的平台。

2.预期结果

- 增进公私合作伙伴之间对网络主干和关键基础设施系统及资产风险、漏洞和其他新出现威胁的相互了解。
- 开展合作活动或双边/多边安排的意愿得以提高，这将促进美国与重点国家的实时业务信息共享。
- 推广CISA和DHS的最佳实践，鼓励利益相关者采用它们，从而提高关键基础设施的安全性和弹性。

（二）中短期目标1：增进对威胁的共识和应对准备

- 推广美国和DHS的方法和资源，以管理包括通信系统在内的关键基础设施面临的网络安全风险，并增加与国际合作伙伴讨论关键基础设施安全和网络物理联系的机会。
- 召集国际伙伴讨论新问题，采取措施减轻对关键基础设施的影响，同时支持多边倡议，使CISA通过每次参与接触到大量伙伴。
- 推广美国公私伙伴关系模式、过程和经验教训，尤其是在那些拥有关乎美国利益的海外资产的国家。
- 推进公众教育并寻求国际合作，推广最佳网络安全实践，维护开放、互操作、安全、可靠的互联网。

1.战略目标

强化与产业界的伙伴关系，适时进一步促进公共部门和私营部门之间的全球业务协调。

2.预期结果

- 与外国政府和私营部门合作伙伴一起分析、评估和管理不断增长和演变的风险的国际方法，能够成熟地进行相关风险管理工作，识别潜在选项，实现预期结果。

- 建立值得信赖的全球合作伙伴网络，促进最佳实践和方法交流，并讨论新出现的优先事项，以便在共同关心的问题上与志同道合的合作伙伴、私营部门和民间社会进行合作。

（三）中短期目标 2：推进全球业务公私协调与合作

- 与其他美国政府机构合作，以确保各国相关技术产业政策不会对全球网络安全工作产生负面影响；继续探讨此类政策，评估其对全球网络安全和国内关键基础设施的潜在影响，并评估管理技术相关产业政策潜在影响的能力。

- 促进国际社会在标准和最佳实践方面的凝聚力，从而在新技术出现时减轻并发风险，并鼓励全世界为该技术的发展提供公平的竞争环境，使全球市场具有确定性和可预测性，同时力求避免有害影响的产生，同时保持或提高创新能力。

六、塑造政策环境

（一）长期目标：塑造政策生态系统

塑造支持美国优先事项并满足未来需求的全球政策环境。

CISA 将确保其总体使命和目标得到广泛支持，并以符合 CISA 当局和美国政策目标的方式反映出来，同时塑造法律环境，并有效推动研发等举措。通过推动国内倡议和在国际层面推广美国模式，CISA 将领导全球努力，支持以共同的方式在确保关键基础设施和网络空间安全方面迎接共同挑战。通过与DHS 和跨部门的合作，CISA 将指导美国政府在与外国同行进行双边、区域和多边合作方面的整体努力，以促进采用支持安全、有保障和有弹性的本土和全球社区的标准、法规和政策来抵御威胁和风险。

1.战略目标

必须始终在更大的国家安全、经济安全以及外交政策目标的范围内考虑国际参与。CISA将通过其独特的能力、专业知识和权威，与国际合作伙伴通过国际论坛支持和推进美国目标。CISA还将与国际合作伙伴进行协作，以提高风险意识和应对能力，系统地应对混合风险和新出现的威胁（及其潜在影响），保持国际稳定并制定国际标准，防范信息信通技术带来的风险，并降低供应链风险。

2.预期结果

- 制定并采用反映CISA优先业务事项和要求的国际标准。
- 相关的多边机构采取建立信任的措施和行为规范，推进DHS在网络安全和基础设施安全方面的优先事项。
- 采用支持CISA及其利益攸关方的优先事项和业务的美国政策和法规。

（二）中短期目标1：提高美国在国际论坛上的话语权

- 促进CISA、DHS和美国政府在国际场合的利益。
- 倡导建立信任的措施和行为规范，促进全球网络安全和物理安全合作，包括提高国际伙伴对各种国际政策和程序可能对网络和关键基础设施带来负面影响的认识，增强其认知，同时阻止来自外国对手的网络威胁。
- 支持合作伙伴国家制定战略、政策和计划的努力。这些战略、政策和计划既要反映国家模式和多方利益相关者模式，又要符合CISA的使命和优先事项。
- 促进国际标准的制定和采用，谋求加强网络安全，加强关键基础设施的安全性和弹性并改善通信。
- 推动美国的跨机构合作，影响并塑造涵盖网络安全和相关规范的国际标准，增强弹性并降低风险。

1.战略目标

与国际伙伴合作和协调，系统地应对混合风险和新兴威胁（及其潜在影响），维持国际稳定。

2.预期结果

建立强大的国际政策和标准生态环境，使美国能够评估和确定维护国际和平稳定可接受的风险水平。

（三）中短期目标2：开发支持美国利益的能力和标准

- 通过国际机构和合作伙伴开展工作，提高国际合作伙伴的意识和能力，系统地应对混合风险和新兴威胁（及其潜在影响），保持国际稳定。

- 支持国际社会创建流程、框架和标准，共同促进来自可信供应商的信息通信技术的普及和部署，降低供应链受损的风险（无论是来自下一代技术还是敌对行为者）。
- 通过设计来提高安全性和弹性，以确保系统、资产和服务在设计时考虑到国家关键职能的持续运行。
- 保障选举基础设施的机密性、完整性和可用性，推动自由、公正的民主选举以及减少影响选举的虚假信息活动。

七、确定参与的优先级和形式

评估和平衡参与标准的应用需要CISA与跨部门合作伙伴的密切合作，以确保全面反映威胁环境。根据当前需求和领导层的优先事项，CISA 的利益攸关方参与司（Stakeholder Engagement Division，SED）国际事务处通过寻求双边和多边国际参与来引领CISA 的整体国际参与。

与国际伙伴的交往加强并促进了国内努力，对于执行确保美国关键基础设施（包括网络和通信系统）安全性和可靠性的任务至关重要。CISA 的任务领域已经成熟，既有机会也有必要优先安排与目标合作伙伴进行接触，以实现有意义的投资回报。CISA力求在平衡资源和任务需求的同时取得具体的、可衡量的成果。为此，CISA 使用以下标准来指导双边伙伴关系和多边合作场所的优先次序。

- 亲密盟友：与美国在各个方面都有深入联系的国家（例如澳大利亚、加拿大、新西兰和英国）。
- 伙伴关系：具有重大技术能力和相互投资关系的对等国家或组织，包括参与关键基础设施保护和合作伙伴关系、缓解网络事件或在研发方面共同投资的国家或组织。
- 影响机会：美国应建立明确的目标，寻求机会影响和/或塑造其国家或组织的安全能力发展轨迹，包括与遭受已知对手的风险和威胁的伙伴合作，缓解伤害。
- 战略要务：某些国家或组织正在成为美国的特定战略要务，这包括旨在推进美国区域目标、其他国家安全目标或了解对手的战术、技术、基础设施安全程序和网络安全政策目标的活动。

此外，CISA 依靠各种场所来支持其国际安全优先事项。这些场所包括国际、区域和专业论坛，以及有全球成员和发展态势良好的行业团体。多样化的场所可促进CISA与其他政府实体以及私营部门、民间社会利益相关者的合作，就各方共同关心的一系列安全问题建立国际合作和达成共识至关重要。

最终，CISA在确定合作对象以及合作方式时会考虑多种因素，具体如下。

- 实现：直接推进任务和计划，包括直接提高包括网络安全在内的美国关键基础设施的安全性和弹性的潜力。
- 建设：创造互惠互利的参与机会，包括向合作伙伴国家的技术能力或历史关系学习或做出贡献。
- 协调：促进国际政策的协调统一或鼓励伙伴国家加入美国提出或支持的框架。
- 影响：影响合作伙伴在技术或政策发展、政治选择、类似机会、交换其他利益方面的决定。

八、保卫明天

全球参与和运营对网络安全、基础设施安全、应急通信和风险管理工作至关重要，增强了执行国内任务的能力，提高了国外合作伙伴在相关领域的能力，从而提升了全球网络弹性。

鉴于动态的威胁形势以及全球网络安全和基础设施安全相关政策的重大发展，美国政府必须保持充分参与以塑造在未来能够维护国家安全利益、经济安全利益和竞争力的环境。CISA将发挥关键作用，并将与国际伙伴积极合作，共同守护今天，保卫明天。

4.9 美国网络空间日光浴委员会《对拜登政府的网络安全建议》

一、引言和背景

数字连接几乎给每个美国人带来了经济增长、技术优势和生活质量的改善，但是也造成了一个战略困境。美国现在的网络环境需要一定程度的数据安全、恢复力和可信性，而美国政府和私营部门目前都无法提供这种水平的数据安全、恢复力和可信性。此外，美国政府内部以及公共和私营部门之间在敏捷性、技术专长和团结一致方面的不足正在加剧。

20 多年来，主权国家和非国家行为体一直在利用网络空间来破坏美国的政权、安全和生活方式，这些网络攻击的实施者利用美国网络空间系统和战略的弱点，评估如何在不引起美国报复的前提下对美国造成损害。美国的克制遭到了肆无忌惮的践踏。美国网络空间日光浴委员会是根据《约翰·麦凯恩联邦2019 财政年度国家防卫授权法》成立的，目的是应对这些挑战，并"就保护美国在网络空间免受重大后果的网络攻击的战略方法达成共识"。

为了履行其职责，美国网络空间日光浴委员会于 2020 年 3 月发布了一份最终报告，概述了一项战略方法，并向美国政府提出了 80 多项建议。在编写最终报告的过程中，工作组会见了来自工业界、学术界、联邦、州和地方政府、国际组织和智库的 300 多个利益攸关方，他们通过一系列红队审查和基于情景的活动对他们的建议进行压力测试。在 Solarium 事件之后，委员们评估了每项战略及其配套政策建议，并提供了正式反馈。工作人员将这些反馈制成表格，并利用这些见解和指导进一步完善建议。

在报告终稿发布的几个月里，委员会和工作人员制定了立法提案，为其建议提供支持，他们还与众议院和参议院的相关委员合作，执行委员会的最初建议。此外，委员会发布了 4 份白皮书，其中包含新的和更新的建议，内容涉及从疫情中吸取的关于网络安全的教训、对国家网络总监建议的细节、网络安全劳动力发展战略框架，以及关于如何确保美国信息和通信技术供应链安全的建议。委员会的许多重要建议已被纳入立法，但要应对美国面临的紧迫挑战，仍有更多工作要做，相信通过协调和深思熟虑的行动可以取得很大成就。

这份白皮书旨在为即将上任的拜登政府提供指导，明确新政府早期可能在网络空间采取的策略，并提出未来几个月和几年的行动重点。委员会的最终报告和附带的白皮书将更详细地讨论这本小册子中的建议。

二、早期优先事项：前 100 天

拜登上任后的前 100 天内，可以启动 3 个流程，这将提高整个政府的网络安全水平，降低美国遭受网络攻击的可能性，并减轻影响。

（一）设立国家网络总监办公室

许多委员会、倡议和研究建议建立一个更加健全和制度化的国家一级机制，以协调网络安全和相关的新技术问题，并监督行政部门制定和执行综合国家网络安全战略。随着新技术不断出现和与网络空间有关的问题变得更加复杂，以及其对美国国家安全构成越来越大的威胁，总统对合理建议和及时选择的需求将变得越来越重要。

为了确保白宫强有力、稳定和专家领导的网络安全领导地位，拜登政府应在上任 30 天内提名一名国家网络总监，并得到参议院的批准，然后开始建立国家网络总监办公室。《2021 财年国防授权法案》设立了国家网络总监和国家网络总监办公室。设在总统执行办公室内的国家网络总监是一名经参议院确认的总统顾问，其担任多个重要角色，包括：

- 担任总统在网络安全和相关新兴技术问题上的首席顾问；
- 领导制定国家网络战略，确保在各个部门和机构中实施该战略，并确保机构间工作的有效整合；
- 监督和协调联邦政府在面对敌对网络行动时保卫美国的活动，包括作为与私营部门以及与州、地、部落和属地政府的主要联络点；
- 在国家安全顾问或国家经济顾问的许可下，召集和协调内阁级或国家安全委员会（NSC）主要委员级会议及相关筹备会议。

作为建立国家网络总监办公室的一部分，拜登政府应该确定负责网络和新兴技术的副国家安全顾问与白宫内的国家网络总监之间的关系、角色和责任。委员会认为，这些职责是相辅相成的，共同确保国家安全顾问在审议和执行支持国家安全目标的全国战略方面得到很好的服务。副国家安全顾问应该代表根据《美国法典》第 10 篇和第 50 篇提到的有权开展网络行动的部门和机构的利益和能力，在他们与国家安全委员会（NSC）之间提供重要的联系，并确保国家网络总监对这些实体的网络活动有充分了解。国家网络总监应专注于协调、支持和化解由行政部门领导的全国网络安全和网络防御工作。在此过程中，国家网络总监应领导白宫与私营部门进行接触，以建立信任并促进共同利益，并应代表政府主管国内外的网络问题。为了补充这项工作，拜登政府应该审查和更新《第 41 号总统政策指令》，以指定国家网络总监为联邦网络事件响应工作的牵头协调员，并确立国家网络总监向国家安全顾问提供全面建议政策和行动的责任。同样，其他与网络安全有关的规则制定程序也应更新，以纳入国家网络总监的整合。

（二）制定并颁布国家网络战略

一旦国家网络总监就位，拜登政府应该开始制定和颁布新的美国国家网络战略。2018 年的《国家网络战略》是美国近 15 年来发布的第一个国家网络安全战略，也是美国历史上的第二份国家网络安全战略。

任何有效的网络空间战略都需要联邦政府、州和地方政府以及私营部门内部多个利益相关者的协调努力，这些利益相关者都负责保护和保卫美国在这一领域的安全。因此，战略必须明确地调整和同步利益相关者的战略目标，确定将战略付诸实施的工作路线，明确各种工作的优先级，并阐明常见的风险原则。此外，该战略应该将目前支撑国防部 2018 年《国家网络战略》的"前沿防御"概念融入更广泛的美国网络战略中。该战略应该使"前沿防御"成为综合方法的组成部分，这种方法不仅包括使用严格的军事能力，而且包括使用所有体现国家力量的工具，包括经济努力、执法活动、外交工具，以及发给盟友和对手的信号。

新的国家网络战略应该阐明一个框架，通过分层的网络威慑，成功地扰乱和威慑美国的对手进行重大的网络攻击，并应阐明以下方式和方法：塑造对手的行为、剥夺对手的利益、强加对手的成本。虽然威慑是美国的一项持久战略，但有两个因素使分层网络威慑变得大胆而鲜明。第一，该策略通过抵御能力以及公共部门和私营部门之间的协作来增强网络空间的防御和安全，从而减少对手可以针对的漏洞；第二，该策略结合了前面讨论的"前沿防御"的概念。

最后，新的战略应该包括一个多层次的信令策略和新的声明性策略。信令策略应该阐明一个框架，该框架应清楚地传达美国政府何时、在何种条件下自愿公开网络行动和活动，以便向各种受众传达其能力和意图。这项声明性策略应明确规定，美国将使用网络和非网络能力做出回应，以对抗低于武力门槛的敌对网络战役，而且针对敌方网络活动的代价必须控制在使用武力的门槛以下。从本质上讲，美国政府应该公开宣布它将捍卫未来，并将其声明与在国家权力的所有要素上采取的果断一致的行动相结合。

（三）加强现有政府网络安全工作的一致性、影响力以及与私营部门的合作

虽然私营实体和州、地方、部落和属地政府负责网络防御和安全，但美国政府必须利用其独特的权力和资源，以及外交、经济、军事、执法和情报能力，支持这些行为者的防御努力。此外，正如"太阳风"网络攻击事件表明的那样，联邦政府部门和机构必须增强其能力，既要防止恶性网络事件发生，又要在发生恶性网络事件时能进行检测、识别和有效应对。为了提高美国政府在网络空间中捍卫自身以及与私营部门实体和其他主要参与者合作的能力，拜登政府应该加强网络安全与基础设施安全局（CISA）内的综合网络中心，并建立联合网络规划办公室。

1. 审查联邦机构关于 2022 财年拨款的网络安全预算

大规模的"太阳风"黑客攻击暴露了改善联邦部门和机构内部以及联邦网络安全中心内部网络安全的迫切需要。通过国家网络总监，拜登政府应该对联邦机构的网络安全预算进行为期 90 天的审查。预算审查应确定联邦部门和机构内网络安全行动和规划的现有预算，并应评估目前分配的金额与完成法定授权任务所需金额之间的差异。它应该审查机构、企业、网络安全和联邦信息安全管理法案的预算，以及机构网络安全规划的预算。审查范围还包括各机构执行新任务所需的预算，其中包括《2021 财年国防授权法案》设立的网络安全与基础设施安全局的预算，目的是：追查和识别联邦信息系统内的威胁和漏洞；提供协助联邦机构的服务、职能和能力；部署、运营和维护安全技术平台和工具，包括网络和通用业务应用程序。此外，审查应评估部门风险管理机构的现有预算是否足够，以适应其在《2021 财年国防授权法案》中角色的规范化所带来的新要求。

2. 加强网络安全与基础设施安全局内的综合网络中心建设

《2021 财年国防授权法案》要求对联邦网络中心进行审查，并加强 CISA 内部新生的综合网络中心的建设。为了真正落实与私营部门的网络安全合作，拜登政府应执行这一任务，加强 CISA 内部的综合网络中心建设，指定其为资产响应活动的主要网络安全中心，并改善其与其他主要联邦和私营网络安全中心的联系。这样做将确保协作和整合的系统、流程和人力要素充分发挥作用，从而为关键基础设施网络安全和弹性任务提供运营支持。CISA 的网络使命最初是通过一个国家网络安全和通信集成中心构想出来的，预计它将成为美国政府的主要协调机构，负责在网络安全行动期间打造全政府、公私合作的局面。然而，由于设施和人事政策不足、资源不足、缺乏其他联邦部门和机构的认可、国会对其相对于其他机构的作用和地位含糊其词，以及对私营部门的支持和整合不一致，CISA 全面执行这项任务的能力受到体制上的限制。

3. 在 CISA 内部创建一个联合网络规划办公室

除了呼吁建立一个更强大的综合网络中心来进行实时网络防御外，《2021

财年国防授权法案》还要求在 CISA 内成立一个联合网络规划办公室（Joint Cyber Planning Office，JCPO），以制定计划和安排演习。2021 财年美国国土安全部将为此提供 1056.8 万美元。拜登政府应在 CISA 之下设立一个联合网络规划办公室，以协调整个联邦政府以及公共和私营部门之间的网络安全规划和准备工作，以便为重大网络事件和恶意网络活动做好准备。根据国家网络总监监督的国家网络策略的战略指导，联合网络规划办公室应由中央规划人员和来自综合网络中心的代表以及其他拥有运营网络能力或政府保卫关键基础设施的联邦机构的代表组成。JCPO 应旨在促进跨机构的防御、非情报网络安全运动的全面规划，将这些规划工作与私营部门的工作相结合，并由 CISA 管理和主持。

4.设定部门风险管理机构的期望和责任

《2021 财年国防授权法案》在法律上将行业特定机构列为行业风险管理机构（Sector Risk Management Agency，SRMA），为这些与关键基础设施部门联系的重要机构设定了基线期望和责任。这是建立政府机构的关键性第一步，使政府能够更成熟地为私营部门提供对网络安全的支持。拜登政府应实施《2021 财年国防授权法案》中有关部门风险管理机构的规定，并通过重写《第 21 号总统政策指令》和概述对行业风险管理机构的期望和责任，提高其应对威胁的能力。拜登在上任 100 天内必须做到这一点，这样 SRMA 才能利用 2021 年剩下的时间了解自己的新职责，并提交与这些职责相一致的预算请求。

三、100 天后的优先行政举措

随着白宫建立领导和协调架构，以及在头 100 天制定国家网络安全战略，拜登政府将在剩余任期内将重点放在网络安全问题上的 7 个关键优先事项。

（一）恢复美国在国际网络领域的领导地位

美国眼睁睁地看着自己在网络安全问题上作为国际领导者的实力受到削弱。尽管美国外交官一直在稳步寻求与世界各地的其他政府和组织接触，但这些努力取得的成果还远远不够，如果有足够的资源和优先考虑则不同。美国的国际参与度对于确保稳定的全球体系至关重要，对于设定对手和盟友在网络空间的行为预期至关重要。如果要持续可靠地执行这些预期，在全球范围内建设网络安全能力同样至关重要。美国可以通过加强与民主政体的联盟，组建盟友和志同道合的伙伴的联盟来共同激发网络空间中负责任的国家行为，让恶意攻击的责任人付出巨大代价，并动员全球应对网络威胁。

1. 组建网络空间政策和新兴技术局

为了将网络安全作为一个国际政策问题进行充分优先考虑，拜登政府应该在国务院设立网络空间政策和新兴技术局（Cyberspace Policy and Emerging Technologies，CPET）。CPET 的机制和资源理应满足领导国际联盟的需要，并由其负责实施方方面面的美国网络安全战略。按照 2019 年提出的《网络外交法案》所概述的结构和责任，CPET 必须有权在诸多问题上发挥领导作用，包括倡导负责任的网络空间国家行为规范，加强互信措施，通过外交手段与国际社会一同应对网络威胁，推动建立由多个利益攸关方共同治理、开放且可互操作的互联网模式，通过国际合作来确保数字经济安全，培养合作方/盟友提升网络安全和打击网络犯罪的能力，以及承担国务卿下达的其他任何任务。

2. 扩大美国政府在能力建设、规范和互信措施方面的支持范围

一旦组建 CPET，拜登政府就应借助该局来扩大美国政府在能力建设、规范和互信措施方面的支持范围。国际社会已在联合国等场合上表态同意制定网络规范，但这些规范的实施力度各不相同。在 CPET 牵头下，美国政府应在照顾到多个利益攸关方的前提下，逐行业地实施规范，在国家元首的层级上主导关于网络安全规范的讨论，并参与联合国和其他地方的包容性和排他性论坛。拜登政府应与国会合作，确保 CPET 拥有必要的人力、资源和权限来开展能力建设，从而激励和支持各国在网络空间内做出负责任的行为。此外，国务院应继续制定和实施地区层面和全球层面的网络互信措施，并借此与私营机构等非国家的利益攸关方进行接触。在建设国际网络安全能力的同时，美国政府还应该确保这种能力建设工作在美国的对外政策中发挥不可或缺的作用。美国将以建立国际伙伴关系和国际联盟的方式开展能力建设和拓宽国际合作，进而向恢复美国的领导地位迈出关键一步。

3. 更积极有效地参与国际信息通信技术标准讨论

除了围绕规范和网络信任措施进一步开展工作外，美国政府还必须更积极且更有效地参与关于国际信息通信技术标准的讨论。拜登政府应为此与国会合作，以确保联邦部门/机构拥有所需的资源和权力，从而促进联邦政府、学术界、专业协会和行业的人士深度参与关于制定信息通信技术标准的讨

论。为了提高参与效果，美国政府还应在讨论信息通信技术标准之前和期间主动与各行各业的利益攸关方接触。此外，行政部门的领导人不仅应派出技术专家和标准专家参与各类信息通信技术标准论坛，还应派出外交官参与此类论坛。

（二）投入更多的必要人手来抵御恶意网络攻击

目前公共部门的网络安全职位缺口多达 3.7 万多人。鉴于公共部门已雇用了 5.6 万多名网络安全专业人员，这一缺口意味着公共部门缺少约三分之一的网络安全人员。另外，企业的网络安全职位缺口更是接近 50 万人。在 2009 年时，为了填补联邦政府的网络职位缺口，有专家呼吁白宫网络安全协调员制定联邦级的网络劳动力战略。然而 12 年后，美国联邦政府仍既未制定有效的网络劳动力战略，也未明确由谁负责制定和实施此类战略。

1.建立劳动力领导与协调体制

美国政府中的许多部门和机构在采取措施招募网络工作人员，但并没有中央层面的领导或战略来协调这些工作。为此拜登政府应组建两个联邦网络劳动力开发机构，并与这些机构合作起草一项联邦网络劳动力战略。首先，美国政府应组建一个网络劳动力指导委员会（Cyber Workforce Steering Committee，CW-SC），由国家网络总监担任该委员会主席，其成员则应包括来自白宫管理和预算办公室、人事管理办公室、国家网络安全教育倡议、国家科学基金会、网络安全与基础设施安全局和国防部的代表。CW-SC 应提供出自领导层的战略指导和直接资源，以确保整个联邦政府协调一致地开发网络劳动力。除此之外，对所有部门和机构开放的"网络劳动力协调工作组"则应负责解决各种项目的日常开发和运营问题，同时确保这些项目获得特许和资源，并遵循指导委员会确立的战略方向。国家网络总监应与这两个机构及教育部（教育部在加强全美的网络劳动力开发方面也发挥着重要作用）等其他联邦部门/机构合作制定一项网络劳动力战略，以减少重复工作，确保从战略角度分配资源，以及减轻各机构对人才的争夺程度。在设立这些机构并制定劳动力战略后，国家网络总监便可在倡导有效整合劳动力开发方面发挥核心作用。

2.确保美国政府能在网络工作方面拥有特殊的招聘权限和制定灵活的付薪制度

在使用网络人才方面，不同联邦机构有着不同的招聘权限和付薪制度。许多部门和机构费尽心思制定和使用了一套复杂的职业编码与权限制度，另一些部门则完全抛弃了这一套，转而建立了其特有的人事管理制度。为了形成未来联邦网络劳动力所需的灵活性和创新性制度，拜登政府应致力于消除既有障碍，使所有联邦部门都能拥有特殊的招聘权限和制定灵活的付薪制度。在2018年和2019年发布的报告中，政府问责局概述了联邦网络岗位定密方面的挑战，正是这些挑战妨碍了各部门拥有特殊的招聘权限和制定灵活的付薪制度。人事管理办公室（OPM）后来提供了一些信息，以帮助联邦管理人员利用这些报告开展工作。拜登政府应评价OPM的工作，以判断现有制度是否能有效地管理网络人才。如果不能，美国政府就应该指示OPM设置一系列网络职位，以更好地使用特殊的招聘权限和灵活的付薪制度。

3.扩大"网络企业服务奖学金"计划的范围

"网络企业服务奖学金"（CyberCorps: Scholarship for Service，SFS）计划是一项经济且可放大的网络人才培养计划，并立足于现有学院和大学的教育基础设施。不过近年来其预算始终没有增长，以至于阻碍了SFS最大限度地发挥其潜力。在向国会提交的预算申请中，拜登政府应优先考虑该"网络企业服务奖学金"的需求，以此增加参与该计划的学院和大学的数量，以及增加参与机构所授奖学金的数量。受现实条件的限制，美国政府只能逐步扩大该计划的范围：在10年时间内，其预算的年均增幅应比通货膨胀率高出20%~30%，这意味着该计划在2022财年的预算将达到8000万美元。为了推动网络劳动力的多样性（目前这种多样性明显不足），美国政府还应尽量努力鼓励以少数族裔为主的机构参与该计划。

（三）加大美国在基础设施弹性方面的投资

网络领域中对对手有吸引力的大部分资产、功能和实体由私营部门拥有和运营，因此，网络防御虽然是一项共同的责任，但在很大程度上依赖于私人网络和基础设施所有者和运营商的潜在努力。

1.启动经济延续性规划

《2021财年国防授权法案》要求总统"制定并执行一项计划来维持和恢复美国经济，以及应对重大事件"。拜登政府应开始制定经济连续计划。尽管美国政府保持着运营的连续性和政府计划的连续性，但没有同等的措施来确保经济的连续性，而经济是美国国力的重要来源。规划制定应包括国土安全部、国防部、商务部、财政部、能源部、卫生和公众服务部、小企业管理局以及总统确定的任何其他部门或机构。

作为规划制定的一部分，行政部门应确定在发生灾难时实施计划所需的任何额外权限或资源，或制定计划来支撑和维持部门和机构，使得它们能实现经济的连续性。规划过程应分析国家关键职能，侧重于美国经济可靠运行所必需的货物和服务的国家级分配。它还应概述构成或被集成到这些分配机制的关键私营部门实体，这些实体对特定部门或区域整体经济的维持和运作负有主要责任。此外，该计划应确定关键材料、货物和服务，响应和恢复优先级，投资恢复领域和必须保存数据的领域。

2.探索以机器速度共享信息的可行性

拜登政府应责成国土安全部部长和国家情报局局长起草一份报告，说明建立一个联合的、基于云的信息共享环境的可行性和合理性，在这个环境中，联邦政府的非机密和机密网络威胁信息、恶意软件取证和来自监控程序的网络数据一般可用于查询和分析。

3.改善对私营部门的情报支持

虽然情报界在以美国政府为防护者的情况下信息安全足够强大，但它缺乏恰当的政策和措施来处理主要责任不在美国政府范围内的情况。归私营部门运营的数字基础设施亟须依托美国情报界的独家情报来开展防御，外国的恶意行为也比过去更加诡计多端，然而现行的情报政策和程序却未能考虑到这些问题。因此，情报界依然被严格限制在保持对不断演变的网络威胁的警觉，以及在美国实体被攻击时提供必要的告警能力的范围内。美国政府必须解决其向所有私营部门利益相关者和相关组织提供情报支持的能力方面的更普遍限制，如信息共享和分析中心以及系统性风险分析和弹性中心。

为此，拜登政府应对情报政策、程序和资源进行为期 6 个月的全面审查，以确定和解决情报界向私营部门提供情报支持的能力的关键限制。行政部门应在审查结束后向国会报告其调查结果，其中应包括应对报告中确定的挑战的具体建议或计划。应审查情报机构，以确定当前支持私营部门利益相关者收集方面的限制，审查降级和解密网络威胁的程序，并审查与网络相关的信息共享允诺流程。此外，拜登政府应建立一个正式的程序，征求和汇编私营部门的意见，以便为国家情报优先事项、情报收集要求以及美国对私营部门网络安全行动的更有针对性的情报支持提供信息。

（四）保护美国的高科技供应链

制定和颁布信息通信技术产业基础战略。尽管《2021 财年国防授权法案》

启动了多项举措，以帮助美国了解问题的范围，放开一些公共投资工具，并更积极地参与至关重要的标准制定论坛，但美国仍然缺乏一项全面的总体战略来确保美国的信息通信技术供应链，确保规则有利于美国的工人和经济，并帮助美国的公司、合作伙伴及盟友国家的公司在面临反竞争的情况下进行全球竞争。拜登政府应制定并颁布一项产业战略，以保护美国的高科技未来。该战略应建立在坚实的伙伴关系基础上——与美国工业、盟国政府以及盟国和伙伴国的外国公司——并应建立在 5 个不同的支柱上。该战略应：

- 通过政府审查和行业协商，确定关键技术、设备和原材料；
- 通过将私人投资与关键的制造业需求相结合，在绝对必要的地方提供政府投资，以混合投资和经济保护相结合的方式来帮助经济集群，确保关键领域的最低可行制造能力；
- 通过加强联邦政府层面的协调，增强对私营部门的情报支持以及针对关键技术的更强大的漏洞测试，保护供应链免受损害；
- 通过释放更多的中频段频谱，将未来政府对信息通信技术的投资与开放和可互操作的标准挂钩，以刺激国内信息通信技术市场；
- 通过战略性地利用美国进出口银行、美国国际开发金融公司、美国贸易发展署和美国国际开发署的现有工具，增强美国公司和合作伙伴公司的全球竞争力。

（五）维护美国的军事网络优势

美国拥有世界上最成熟、最先进的军事网络能力。然而，除非增加关注、评估和投资，否则这种军事网络优势可能会萎缩或消失。以下许多建议出现在《2021 财年国防授权法案》中，但需要行政部门予以关注和实施。

1. 对网络任务部队进行部队结构评估

网络任务部队（Cyber Mission Force，CMF）目前被认为具有全面的作战能力，其有 133 个团队，共约 6200 人。但这些要求是在 2013 年确定的，早在美国政府认识到对手构成的网络威胁的紧迫性和突出性的一些关键事件及国防部的"前进防御战略"制定之前。今天，组成 CMF 的团队负责一系列不同的国防部网络任务，包括保卫国防部信息网络（DoD Information Network，DoDIN），通过地理作战指挥部为军事行动提供支持，以及在日常竞争中保卫国家以对抗恶意对手的行为。这些活动代表了 CMF 任务范围（在 DoDIN 外执行）及其行动规模（增加行动以应对更危险的威胁环境的扩大），尽管其部队结构目标保持不变。拜登政府的国防部应该对美国网络司令部的网络任务部队进行部队结构评估，以反映其任务需求和期望日益增长的范围及规模。

2.为网络司令部主要部队制定计划

拜登政府的国防部应提交一份预算说明，其中应包括用于美国网络司令部的训练、人员配备和装备的主要部队计划的类别。根据《美国法典》第 10 卷第 238 条，国防部必须向国会提交一份预算说明，其中包括网络任务部队的主要部队计划类别。不过，这项法律颁布于 2014 年，当时美国网络司令部还未升级为统一作战司令部。因此，需要一个新的预算理由说明，为美国网络司令部建立一个主要部队类别。该资金类别将赋予美国网络司令部对特别需要的货物和服务的采购权。它还提供迅速解决作战指挥/勤务经费争端的程序，与国防部 5100.03 号指令的意图一致。虽然《2021 财年国防授权法案》确实包含了一些改善内容，最显著的是建议网络司令部能够超出现有预算和采办限制，取消 7500 万美元的年度支出上限，但这些建议并没有对网络司令部的部队计划类别产生重大影响。

3.更新网络部队的交战规则和使用指南

《交战规则》和《网络部队使用指南》已有十多年的历史。作为下一次网络态势评估的重要组成部分，拜登政府国防部应制定一份研究报告，评估美军的交战规则和网络部队的使用规则，并在必要时提出修改建议。这项研究应根据具体情况，考虑到部队分配的任务集。鉴于网络空间作战的独特性，特别是在低于使用武力门槛的情况下，《交战规则》《网络部队使用指南》必须与在网络空间内和通过网络空间采取的行动相关。

4.评估建立军事网络储备

《2021 财年国防授权法案》要求行政部门对建立军事网络储备的必要性进行审查。拜登政府国防部应评估军事网络储备的必要性和相关需求，及其可能的组成和结构（即保留模式、非传统储备、战略技术储备或其他模式等）。对军事网络储备的评估应探讨不同类型的后备力量模式如何解决更广泛的人才管理问题，考虑网络储备力量如何有意招募关键的私营部门参与者。此外，评估还应研究如何有效地招募和留住没有军事专门知识但有兴趣服役的文职人才；同时，评估网络储备人才在吸引私营部门和政府非国防部文职工作人员方面可能产生的影响。最后，评估应说明国防部在应对危机时如何利用现有机制引进高技术人员，评估确定网络知识技能的缺陷，并通过更有针对性的招聘来解决这些短板。

5.审查"进攻性网络战的防御概念"和"授权机构"

国防部继续稳步提高其网络进攻能力。在 2018 年《国防网络战略》中，国防部明确提出了一项"前沿防御"战略，从源头上干扰恶意网络活动或降低恶意网络活动的影响。这种积极主动的方法通过利用美国网络司令部的"持续参与"概念，提高了美国在网络战领域的地位。新战略还从《2019 财年国防授权法案》的几项关键条款中获得了支持，授权构建现有攻击性网络行动框架：第 1632 条授权国防部将网络监视和侦察作为传统的军事活动进行；第 1636 条制定了美国应对外国势力网络攻击和其他恶意网络活动的政策等。行政部门随后制定了第 13 个国家安全总统备忘录，授权进攻性网络行动。尽管总统授权美军可在非美国网络上采取行动，但顾名思义，"前沿防御"是一种以防御为导向的战略，目的是在对手发动攻击之前消除迫在眉睫的威胁。这些努力是特朗普政府网络政策的亮点之一，但拜登政府应审查和完善"前沿防御"的概念和进攻性网络行动的授权，在重点关注相关快速行动的同时，确保该过程进行了充分的风险和收益评估。

（六）保护美国的全面作战和威慑能力免受网络威胁

美国的全方位作战和威慑能力对于美国持续的国家安全至关重要，也为美国的网络威慑战略奠定了坚实的基础。如果这些能力丧失，分层网络威慑就会崩溃。因此，美国必须保护这些能力免遭网络威胁。以下所有建议均出现在《2021 财年国防授权法案》中，亟须行政部门予以关注和实施。

1.制定网络攻击情况下的核指挥、控制和通信系统防御计划

美国的核能力是总体国家威慑态势的基石。如果没有可操作的核能力，美国阻止对手行动（包括网络攻击）的所有方案都将失败。为了确保核武器系统的连续功能并降低其脆弱性，拜登政府应执行《2021 财年国防授权法案》的授权，制定行动概念，保护核指挥、控制和通信系统免受网络攻击。

2.要求国防工业基地参与威胁情报共享计划

《2021 财年国防授权法案》规定国防部部长就国防工业基地内部以及国防工业基地和国防部之间共享威胁情报计划的可行性和适用性提交报告。这是一个良好的开端，但拜登政府应在此基础上推出政策指令，要求参与国防工业基地建设的公司在与国防部签署合同时，作为合同条款之一，参与国防部的威胁

情报共享计划。

3.需要对国防工业基地网络进行威胁排查

《2021财年国防授权法案》要求国防部部长提交一份报告，说明在国防工业基地网络上排查网络威胁计划的可行性和适用性。拜登政府应在此基础上推出政策指令，要求参与国防工业基地建设的公司在与国防部签署合同时，作为合同条款之一，建立机制允许在国防工业基地网络上强制排查网络威胁。

四、拜登政府的积极网络立法议程

通过利用现有的权限和拨款，行政部门可以在重建美国网络安全方面取得巨大进展，但如果没有国会的支持和批准，美国网络空间日光浴委员会的一些建议就无法实施。拜登政府应与国会合作，确保美国有能力预防、抵御、应对重大网络事件，并最终从中恢复过来。政府积极的网络安全立法议程应侧重于在政府中普及更全面的网络专业知识、制度化国际网络互动、构建更安全的国家网络生态系统、投资网络弹性建设、保护美国民主。

（一）在政府中普及更全面的网络专业知识

联邦政府的行政和立法部门都将受益于更全面的网络政策专业知识和更强大的指标和数据对网络政策的推动作用。拜登政府应与国会合作，实施美国网络空间日光浴委员会最终报告中构建这一能力的两项建议：在行政部门内部成立网络统计局；编撰立法和构建网络威胁情报整合中心。

1.成立网络统计局

虽然人们普遍认为，针对美国公民和企业的网络攻击频率和严重程度正在增加，但美国政府和更广泛的市场需要了解更多网络攻击的性质和范围信息，以便制定细致有效的应对措施。为了解决其他政策领域的类似差距，美国设立了统计机构，如经济分析局、劳工统计局和人口普查局，为公共决策和私人决策提供信息。拜登政府应与国会合作，在商务部或其他部门/机构内设立一个网络统计局，该政府机构负责收集、处理、分析和传播有关网络安全、网络事件的基本统计数据，构建覆盖美国公众、国会、其他联邦机构、州和地方政府以及私营部门的网络生态系统。

2.编撰立法和构建网络威胁情报整合中心

网络威胁情报整合中心在政府了解影响美国的重大网络威胁方面发挥了关键作用，可快速准确地协助提供威胁归因所需的分析和协调行动。然而，要完成整个任务，网络威胁情报整合中心需要更充分的资金、人力等资源，全面支持联邦部门和机构开展业务，并向私营部门和国际合作伙伴提供情报产品。拜登政府应与国会合作，通过编撰立法和构建网络威胁情报整合中心，确保其资源充足。

（二）制度化国际网络互动

虽然拜登政府可以采取一些措施，通过国务院重新确定国际网络参与的优先次序，但为了提升国际网络参与程度并使之制度化，美国政府须设立新机构并配备大使级别的负责人，内设助理秘书级的负责人负责网络空间政策和新兴技术的对外交流。同时，修订1961年《对外援助法》的第二部分，为全世界重要的网络安全能力建设项目提供更有效的结构性支持。

1.整合国务院网络空间政策局

拜登政府应与国会合作，从法律上设立一个国务院专门负责网络空间政策的机构，配备一名负责网络空间政策的大使级领导，其级别相当于助理国务卿，向主管政治事务的副国务卿或更高级别的官员报告相关事宜。拟议的2019年《网络外交法案》为这项未来立法提供了基础。除了指导志同道合的伙伴和盟友组成联盟外，该机构还负责以下任务：倡导负责任的网络空间国家行为准则和建立信任措施，与国际社会就网络威胁做出外交回应，倡导互联网自由，确保数字经济安全，在合作伙伴和盟国构建网络安全保障能力和打击网络犯罪能力，承担国务卿指派的其他任务。美国政府应与国会合作，为新设机构提供额外资金，用于执行国际网络任务，特别是构建强大联盟所需的人员和项目支出。

2.最大限度地提高国际网络安全能力建设的灵活性

通过向遵守既定规范的国家提供资源和专门知识，激励负责任的国家行为，进而提升网络安全能力。此外，美国还为志同道合的外国政府提供切实可行的途径，帮助他们的国家网络安全事业发展得更加成熟。对于那些希望减少境内网络犯罪和其他恶意活动但又缺乏相应手段的国家来说，这种支持提高了全球范围内的网络安全状态。虽然美国政府通过广泛的机制参与了网络能力建设，但主要资源之一（经济支持基金）只能用于支持非"军事或准军事"活动。许多外国政府将民用公共部门网络安全基础设施纳入此类机构之中，这种限制使得民用网络安全保障人员无法获得相关支持。因此，拜登政府应与国会合作，授权使用拨款加强外国民用网络安全，不因受援国的网络安全机构设在特定机构内而无法得到援助。

（三）构建更安全的国家网络生态系统

如今，网络生态系统不仅包含互联网信息技术、网络技术和运营技术，还将人员、流程和组织与技术和数据紧密结合起来。这个生态系统提高了通信速度、工作效率、功能和经济增长速度。但是，尽管这个生态系统是国家运转的核心，但是它也带来了重大的挑战，并在美国各地造成了潜在的危害。对手利用其漏洞及其广泛的社会影响力获得不对称优势，发展危及美国关键基础设施安全的能力，扰乱国家选举，监视和觊觎美国人民的数据、系统和网络恢复的能力。拜登政府应该采取措施，将网络安全责任从最终用户转移至网络所有者和网络服务运营商、开发人员和制造商，在适当的规模上更有效地实施安全解决方案，降低整个生态系统的脆弱性。

1.组建国家网络安全认证和标识机构

虽然确定的安全标准和最佳实践有助于减少信息技术产品的漏洞，但如果产品开发人员将安全性视为产品的差异化因素，就可以更有效地采用这些标准和实践。如果缺乏无障碍和透明的认证和标识机制，以及方便消费者比较产品的安全级别，关键基础设施所有者和经营者就不会在购买决策中考虑安全性。拜登政府应与国会合作，通过立法，在国土安全部和国防部的协调下，授予商务部资金和权力，引导非营利、非政府组织进行竞争性投标，并指定和资助中标者成为国家安全机构网络安全认证和标识机构。

2.通过物联网安全法案

在新冠肺炎疫情防控期间，相当一部分劳动力居家办公，家庭物联网设备，特别是家庭路由器，已成为国家网络生态系统和对手攻击的重要而脆弱的对象。第116届国会通过的《2020年物联网网络安全改进法案》是提高美国物联网生态系统安全性的重要一步，其规定了联邦政府购买物联网设备的强制安全要求基线。拜登政府应与国会合作，通过物联网安全法案，确保美国市场上销售的物联网设备产品中加入了法案规定的基本安全措施。法律应关注Wi-Fi路由器安全性等已知的挑战，要求这些设备具有合理的安全措施，如国家标准与技术研究院最近阐述的"物联网设备制造商基本网络安全活动建议"等。

3.为州、地方、部落和区政府制定IT现代化拨款计划

疫情彰显了关键服务数字化的重要性。在危机爆发期间，美国人越来越依

赖于联邦和州政府的援助项目，这些项目的遗留系统承受的压力几近崩溃边缘。为了在未来的流行病或灾难性网络事件中幸存下来，国家需要安全、可靠地远程访问数字服务。现代化和数字化虽短期内成本高昂，但在提供服务方面实现了更高的效率和灵活性。长期来看，它也减少了开支，提高了生产效率，缩小了富人和穷人之间的数字经济差距。尽管如此，州、地方、部落和区政府以及小型企业为了追求短期的融资优先权，经常推迟数字化建设。这种短期的利益权衡会产生破坏性的长期后果。美国现在正在为几十年的短期思考付出代价。与拜登政府投资美国有形基础设施的意图一致，政府还应与国会合作，在未来新冠肺炎疫情经济刺激法案中纳入对州、地方、部落和区政府的拨款，推动这些实体更快地向云端转移，并实现数字基础设施的现代化。拟议的《州和地方信息技术现代化网络安全法案》为未来立法提供了基础。

4. 明确最终产品的法律责任

硬件、软件和固件组装程序漏洞为对手在系统中留下了可利用的机会。政府要及时创建和实施修补程序来缩短安全漏洞的生命周期，限制那些试图利用这些修补程序的人，提高对手的运营成本，减少利用这些修补程序可能带来的好处。为了鼓励硬件最终产品装配商更快地开发和发布补丁来缩短漏洞的生命周期，拜登政府应该与国会合作，在法律上谨慎地规定确定软件、硬件和固件的最终产品组装商的相应义务，明确其应对由组装时已知的漏洞或在合理时间内发现但未修复的漏洞造成的损害负责。

5. 出台《数据泄露通知法》

《数据泄露通知法》要求，数据泄露受害者实体（无论出于何种原因）必须通知其客户和其他相关方，并采取措施补救数据泄露造成的损失。尽管美国50个州、哥伦比亚特区、关岛、波多黎各和维尔京群岛都以某种形式通过了这类法律，但尚无针对此类通知的国家标准。因此，美国人的数据保护仅仅是各种保护措施的松散堆积，需要构建国家框架来标准化消费者期望，为从事州际和全球贸易的美国企业提供监管确定性。拜登政府应与国会合作，出台《数据泄露通知法》，规范美国数据泄露通知要求，优先于现有的54项州、区和地区《数据泄露通知法》。

（四）投资网络弹性建设

美国政府应加大对私营部门网络防御行动的支持。然而，鉴于其有限的资源和能力，政府应优先保护对于系统而言十分重要的关键基础设施，即管理系统和关键基础设施资产实体，消除这些系统和资产可能对美国国家安全、经济安全、公共健康及公众人身安全产生的连锁而不稳定的影响。

1.将对系统十分重要的关键基础设施纳入法律

通过第 13636 号行政命令第 9 节，奥巴马政府采取了重要步骤，认识到并非所有关键基础设施对于维护公共健康和安全、经济安全和社会稳定都同等重要，这一努力没有将共担责任和伙伴关系的社会契约编撰成法典或充分实施，以确保秩序安全。此外，第 9 节并未赋予美国政府任何新的要求、资源或权限来支持对于系统而言十分重要的关键基础设施；第 9 节的指定也未对接收该基础设施的实体提出任何额外的要求。拜登政府应与国会合作，在 13636 号行政命令的基础上出台法案，将"对于系统而言十分重要的关键基础设施"概念纳入法律。该法律应确保负责系统重要和关键资产的实体获得美国政府的特别援助，并承担与其独特地位和重要性相称的额外安全性和信息共享要求。

2.建立国家风险管理周期

拜登政府应与国会合作，出台法案确立国家风险管理周期和国家关键基础设施恢复战略，协调和精简国家风险管理工作。这一周期应由国土安全部领导，同时应纳入所有行业风险管理机构；在确定识别、评估和优先排序风险的程序后，将这种概念转化为相关部门和机构战略、预算和方案的优先事项。这些过程和程序政府应与关键基础设施所有者和运营商协商制定，公开发布并征求公众意见，具备适应性和迭代性，表明从以前周期中吸取的经验教训。周期内形成的风险识别和评估结果应直接为关键基础设施复原力战略提供信息参考，最终形成关键基础设施复原力战略，该战略将为下一个 5 年期国家风险管理周期实施的战略风险管理体系确定方案和预算优先事项。

（五）为网络犯罪受害者提供帮助

在新冠肺炎疫情防控期间，网络欺诈和其他网络恶意活动的增加提醒人们，重大紧急事件给犯罪分子带来了进一步加重公共服务和美国人民负担的机会。拜登政府应与国会合作，建立国家网络犯罪受害者援助和康复中心，资助非营利组织设立网络犯罪受害者捐赠款项目，建立机构，为网络犯罪受害者提供相关的帮助。

（六）保护美国民主

美国政府应确保选举的安全性和民主的弹性。美国人对民主制度的信任和信心仍然是国家复原力的基本要素，也是一个吸引网络恶意行动者的目标。构成美国选举系统的机构、工具和人员依赖网络连接性和数据，出现新的媒介来扰乱美国政治系统，包括投票箱内外的政治系统。负责保护美国选举进程的联邦机构需要改革组织、持久的资金流和选举现代化进程，确保各州和政治体系中的政党及竞选活动能够改善和维持其网络安全能力。此外，美国人必须有更好的设备来识别网络信息行动，并将网络攻击造成的损害降到最低。这些情报行动威胁会破坏民众对美国民主及其制度的信任和信心，还会危及美国的选举等。

1.加强和改善选举援助委员会结构

选举援助委员会等负责保护国家选举进程的联邦机构需要组织改革、持久的资金流和现代化进程，确保各州和美国政治体系各组成部分能够改善和维持其网络安全能力。拜登政府应与国会合作，增强选举援助委员会保护美国民主的能力。

2.提升数字素养、公民教育和公众意识

民主也受到对手信息行动（通常是基于网络的行动）的威胁，意在破坏公众对民主体制的信任。这些行动散布的有害言论针对真理概念，传达西方民主体制不可挽回地走向破败，内部分裂日益加深。建立公众对这类信息抗御力的过程始于对公民教育的重新关注，提醒美国人民主的内涵——民主不是与生俱来的，而是民众奋斗的结果，民主值得人们为之奋斗并不是缘于其完美性质，而在于民主能给人们带来积极的变化，每个人都必须通过合法手段有效地推动这一变革。拜登政府应该与国会合作，为提升美国全民数字素养和公民教育水平提供帮助。